ELITE

# 精英

## 中国科技界的——院士研究

唐家龙 著

知识产权出版社
全国百佳图书出版单位
—北京—

**图书在版编目（CIP）数据**

中国科技界的精英：院士研究/唐家龙著．—北京：知识产权出版社，2021.11
ISBN 978-7-5130-7580-0

Ⅰ.①中…　Ⅱ.①唐…　Ⅲ.①院士—研究—中国　Ⅳ.①G316

中国版本图书馆 CIP 数据核字（2021）第 201873 号

**责任编辑**：韩　冰　王海霞　　**责任校对**：潘凤越
**封面设计**：北京乾达文化艺术有限公司　　**责任印制**：孙婷婷

## 中国科技界的精英——院士研究

唐家龙　著

---

| | |
|---|---|
| **出版发行**：知识产权出版社有限责任公司 | **网　　址**：http://www.ipph.cn |
| **社　　址**：北京市海淀区气象路 50 号院 | **邮　　编**：100081 |
| **责编电话**：010-82000860 转 8126 | **责编邮箱**：hanbing@cnipr.com |
| **发行电话**：010-82000860 转 8101/8102 | **发行传真**：010-82000893/82005070/82000270 |
| **印　　刷**：北京建宏印刷有限公司 | **经　　销**：各大网上书店、新华书店及相关专业书店 |
| **开　　本**：720mm×1000mm　1/16 | **印　　张**：18.75 |
| **版　　次**：2021 年 11 月第 1 版 | **印　　次**：2021 年 11 月第 1 次印刷 |
| **字　　数**：278 千字 | **定　　价**：88.00 元 |

ISBN 978-7-5130-7580-0

---

# 前言
# PREFACE

首先，谈一谈本研究的意义。

院士，中国人才金字塔的塔尖。杜甫在《望岳》一诗中自问自答：岱宗夫如何？一览众山小。院士即山中之岳。然而，在中国漫长的历史中，院士进入国人视野的时间也只有百年左右。

过去，我们崇尚的是孔孟之道、老庄学说，更多的是希望科举取第、金榜题名，而疏于对科学技术这类“奇技淫巧”的专注——在这里丝毫没有贬低我国古代的科学贡献的意思，况且中国历史上有非常多的发明和发现。现在，科技正发挥着越来越重要的作用。2016年5月，中国正式提出与经济发展配套的创新驱动发展“三步走”战略，要在2050年建成世界科技强国。历史事实和鲜活现实告诉我们，落后就会挨打，无论是在军事上落后，还是在经济上落后，无论是在科技上落后，还是在制度上落后，都会挨打。即便在今天，我国国内生产总值已经突破了100万亿元人民币，占世界经济的比例接近1/5，仍然面临着这样一个严苛的现实。

习近平总书记在2016年全国科技创新大会、中国科学院第十八次院士大会和中国工程院第十三次院士大会、中国科学技术协会第九次全国代表大会（简称“科技三会”）上讲，科技兴则民族兴，科技强则国家强。人才是实现一切强的根本，人才兴则科技兴，人才强则科技强，然则中国才能强。院士作为中国科学技术和工程技术领域的“山中之岳”，只有坚屹如山，才能会当凌绝顶，支撑中国科技事业迈向世界高峰，引领世界创新之风潮。

科技精英是人类社会中宝贵的财富。杰出科学家人数的多少，在一定程度上决定了一个国家的综合科技实力。各个国家科学院（工程院）的院士是各国科技界精英中之翘楚，这已经成为各国共识。在科技界的分层中，院士能够“荡胸生层云”，能够“造化钟神秀”，为一国乃至世界科技进步做出重要的科学贡献。

历史是人民创造的，但我们也不能否定，世界科技史上那些赫赫有名的英才们，有的开创了一个时代，有的缩短了人类进步所需要的时间。于是，我不禁有所好奇，科技精英是如何诞生的？具体到中国，院士是如何登上科技人才之巅的呢？具备怎样特点的人，来自什么地方的人更容易成为院士？目前国内对此还缺乏较为重要而系统的研究文献。

其次，简要地介绍一下本书的内容。

本书以中国科技界的精英为题，主要聚焦于中央研究院院士、中国科学院和中国工程院两院院士相关的事实、数据、文献，力图从中国长达一个多世纪的院士数据（年纪最长的中央研究院院士出生于1865年）中了解中国院士制度演进的历程，分析各个时期院士的年龄、性别、教育和地理分布特征，了解决定候选人晋阶为院士的个体属性因素和宏观经济社会环境因素，以期从中挖掘院士成长的部分奥秘，并试图从科学的社会秩序、普遍主义原则等科学社会学的理论角度，检验中国科技界的分层与社会学中功能主义、冲突理论的契合或背离。全书一共八章，每章简介一二，作为导读。

第1章讲科技界的精英与社会分层。全章以社会分层在科技界的实际表现为中心内容，紧扣默顿关于现代科学精神的核心原则——普遍主义，以科尔兄弟关于科技界的社会分层的论述为基础，指出科技界具有鲜明的分层结构的必然性。特别指出，科学秩序区别于一般的社会秩序，包括政治秩序和经济秩序，科技界的分层主要取决于科学家的社会声望。以朱克曼女士对美国截至20世纪70年代诺贝尔奖得主的分析为蓝本，结合科尔兄弟对美国物理学界社会分层的实例分析，介绍了美国科技界社会分层的结构和比例关系，形成了美国科技界分层的金字塔结构图。并以中国科技人才、历年学历学位毕业人数、国家人才计划、院士、国家最高科学技术奖获得者等为序列，构建了中国科技界分层的人才金字塔。无论是美国还是中国，科技界的分层都体现出高度的分化。分化的结果如果源于唯才是举的普遍主义原则——各就各位，那么这一社会分层将不会面临巨大的社会冲突，这正是科尔兄弟对美国科学界进行分析后得出的结论。而中国院士制度从诞生之日起，就内蕴着行政的有力介入，在成长之中则面对着市场化改革中经济秩序的干扰，这可能是对中国科技界所面临的科学建制如何规范、科技如何更好发展的一个重要挑战。

第 2 章讲院士与院士制度。套用说文解字的字面意思，院士是“围”着某个领域，有着由博返约、知一合十能力的人。民国时期中央研究院建立院士制度时，傅斯年赋予了国外通常所言的会员、成员以中国意蕴的“士”，意在凸显院士的尊贵和高雅。但同时，在西学东渐的学习进程中，仍然面临着“士”（知识分子）与“仕”（学而优则官）的纠缠，科学秩序与政治秩序、经济秩序之间随着市场化改革的推进而更加深入互动，导致本应主导科学领域的普遍主义原则与市场经济下的经济理性混沌起来。院士制度从原本的“名”——荣誉制度，演变为“利与力”——利益与权力追逐的对象，科学技术领域的“优异”让位于权力之杖和资本之矛。经过民国时期的探索、新中国成立后的摸索和改革，在借鉴国际上较为古老和成熟的英国皇家学会、法国科学院、美国科学院等院士制度的基础上，中国已经确立起较为成熟的以官办为主的院士制度，也就是说，院士作为国家科学技术领域最高的荣誉制度已经确立。中国科学院和中国工程院院士在国家科学技术进步和经济社会发展中做出了卓越的贡献，但如何确保以科技成就和贡献为唯一原则，并调动和发挥好候选人、当选院士的作用，避免“第四十一席”（本该当选院士而没有被选上）现象，院士制度依然面临着当前和未来的持久挑战。

第 3 章讲院士的年龄。科学发现具有一个最佳的创造年龄。由于英国、法国在 17、18 世纪时有一批正值当打之年、能够“乘风破浪”的精英，为英国和法国在那个时代成为世界科学中心奠定了基础。这是老一辈科学学家赵红州先生的洞见。对于科学家的荣誉性认可，需要有一个制度化的年龄安排。由于我国院士制度的建立比英国、法国晚了近300年（从民国时期的中央研究院算起），因此中央研究院第一批当选院士的年龄具有很大的差异，最年长者出生在1865年，甚至有着清王朝乡试举人的功名。现在看来，民国时期的首届院士不仅年龄差距大，而且年龄分布较为分散，坚持以学术为标准的遴选原则，保证了制度的权威性。从一定程度上讲，这是普遍主义原则在第一次院士制度落地时取得的胜利。总体来看，1948年以来各个时间段汇总的院士当选年龄分布曲线呈现出一种基本正态分布的形态，院士的平均当选年龄在60岁左右。但从不同年代来看，中央研究院和中国科学院早期学部委员的社会年龄显著地低于后续各次遴选；随着时间演进，社会年龄呈现出先提升、后降低的态势，直到2017年之后才降低到（55±2）岁的相对稳态。同时，中国科学院院士当选时的年龄普遍低于同期当选中国工程院院士的年龄。新中国成立后，由于教育事业受到冲击和院士增选不连续，造成我国1945—1955年前后出生的人当选院士的数量较少。从国际比较来看，中国院士的平均当选年龄（60岁）与重大科学发现成果对应的最佳创造年龄（37岁）之间存在着23年的时间差，与诺贝尔奖得主的平均得奖年龄（51岁）之间存在着9年的时间差。

第4章讲中国的女院士。科技界存在着女性缺席的玛蒂尔达效应，中国也不例外。在家庭中，妇女能顶半边天，甚至整片天。在科技领域也不乏这样杰出的女性科学家，包括院士。但总体来看，由于传统的性别角色、教育获得、职业进入与晋升中面临的挑战，科技界精英中女性参与度和显示度不高的现象仍然普遍存在——事实上，这是一个世界性的现象和难题。数据分析发现，1955—2019年，中国科学院18次院士遴选中，共有77名女院士当选，占中国科学院院士总数的5.38%。1994—2019年，中国工程院15次院士遴选中，共有58名女院士当选，占中国工程院院士总数的5.07%。中国科学院女院士的平均当选年龄为58.84岁，略高于男院士；中国工程院女院士的平均当选年龄为60.91岁，低于男院士1岁左右。中国科学院院士的平均当选年龄，无论男女均一致地低于中国工程院院士。与诺贝尔奖得主相比，我国两院院士中女院士占比相对较高，平均当选年龄相对较高。同时发现，女院士健在率高于男院士，与社会一般情形一致，但中国工程院已故女院士平均寿命低于已故男院士平均寿命0.07岁。中国科学院已故院士当选后的平均服役时长达到了22年接近23年，其中已故女院士的平均当选年龄比男院士高出1.88岁；中国工程院已故院士当选后的平均服役时长达到了14.55年，已故女院士当选后的平均服役时间为15.58年。两院院士在受教育水平方面体现出显著差别，中国科学院女院士中博士所占比例超过了50%，而中国工程院中仅有34.48%；同时，中国科学院女院士的受教育水平远高于中国工程院女院士。这在一定程度上表明，科学研究可能需要更多的知识传承和优势累积，而工程技术领域可能需要花费更多的时间在实践上。在对中国科学院、中国工程院的院士研究中，均观察到女院士的平均受教育水平高于男院士，中国工程院女院士留学比例比男院士高出7.98个百分点。这表明，中国科技精英中的女性可能面临着玛蒂尔达效应——需要更高的受教育水平才能取得与男性同等的地位。

第5章讲院士的地理分布。中国人才地理分布经历了从“黄河流域时代”向“长江流域时代”转变的历史进程。自南宋以来，精英集中涌现于江浙的现象在当代院士人才的孕育进程中一如往昔。对1948—2019年全时段的院士籍贯、出生地、工作地分析发现，院士籍贯分布的集中度较高，东、中、西部分布极不均衡，东部地区院士数量占全体院士数量的比例高达65.30%。江苏和浙江籍的院士数量分别占全体院士数量的18.03%和14.89%，二者合计占全国近1/3。院士出生地的分布模式与籍贯地相近，在总体上集中度有所下降。长三角江浙沪三地出生的院士之和超过了全国院士总数的1/3。院士工作地分布极度不均衡，在东部地区工作的院士达到1948人，比出生在东部地区的多了302人，占全体院士的比例高达75.36%。在北京当选的院士有1186人，占全体当选院士的比例高达45.88%，院士数量是全国平均水平的15.6倍。从不同院别来看，中央研究院院士地理分布不均衡性高于中国科学院，中国科学院院士地理分布不均衡性高于中国工程院。但从院士地理分布的时代演进来看，分布不均衡性有所减缓。从20世纪50年代到2010年，再到2010年以后，院士地理分布的基尼系数总体不均衡性保持相对较高水平，都呈现先增加然后降低、再下降或略有上升的态势。但2010年的基尼系数均低于20世纪50年代的基尼系数4~7个百分点，这意味着新当选院士的地理分布更加均衡化了。

第6章讲影响候选人晋阶院士的个体因素。普遍主义原则的重要体现，就是每个人都能够各就各位，自由地进入理想的职业和职位。基于德国心理学家勒温的理论，人才的成长离不开个人和环境的作用。因此，候选人能否如愿当选为院士，会不会受到个体属性和环境因素的影响呢？这其实是对普遍主义原则在我国院士遴选中适用性的一个检验。第6章讨论个人因素，第7章讨论宏观因素。利用2017年中国工程院院士遴选公开信息，使用无序多分类Logistic模型发现，行政职务、国家级人才称号、获得国家科技奖励等因素对于候选人当选具有显著的正向促进作用，学历、海外经历等因素没有显著影响。具有行政职务是候选人能力的表征，是权力或资源获取权、分配权的代名词，也是社会关系的重要渠道。研究发现，处级和局级及以上的候选人在第二轮评审和最终当选评审轮次通过的可能性远远大于处级及以下候选人的可能性。人才称号作为工具性认可的代理指标，对于候选人能否进入院士增选名单具有重要的指向性含义。国家科技奖励作为普遍主义的代理变量，不仅成为晋阶院士的一块“敲门砖”，也是候选人最终当选与否的决定性因素。总体来看，个体因素事实上已经在候选人入围增选名单中发挥了初次筛选作用。职务、称号、奖励等因素成为入围后再晋级的主要支撑要素。

第7章讲影响候选人晋阶院士的宏观因素。人们常说，是金子总是要发光的。但消费主义时代启迪我们，是金子也会被花光的。一个高智商的人才，成长于恶劣的环境，可能会将自己的聪明才智在无形中“花光”。因此，出生在什么地方、生长在什么地方、工作在什么地方，显然非常重要——努力的人也需要一个能够努力的环境。基于候选人工作地的宏观经济和社会发展因素，并引入第 6 章考虑过的个体属性因素，总体上发现，关于经济发展水平、经济开放度、区域差异三个研究假设没有得到验证，关于研发投入与城镇化的实证结果基本符合理论预期。研发投入是与候选人关系更直接和更紧密的变量，一个省份的研发投入较多有利于候选人当选为院士，这是符合理论预期，也符合地方政府预期的幸事。但在这里必须注意到，经济发展水平、研发投入、经济开放度、城市化水平等因素之间高度相关，在同时控制多个因素的情况下，可能由于协变量之间的多重共线性而掩盖了其对响应变量的实际作用。这意味着，当我们控制研发投入水平时，经济发展水平对候选人当选不具有显著的影响。即便总体的收入水平较高，但如果研发投入水平较低，也可能不会体现出对领军人才成长的显著作用。经济开放度为负的结果同样值得引起警惕，这意味着盲目地开放而不注重自主创新可能无助于科技的进步或人才的培养。

第 8 章讲普遍主义原则下的院士增选问题。基于普遍主义原则，荣誉性认可的遴选标准必须以科学家的成就和贡献为唯一标准。院士的出生地、工作地、年龄、受教育水平、职称、职务等社会属性不能作为评判其成就和贡献的条件。院士制度在中国的实践是否符合这一标准呢？政治秩序和经济秩序对科学秩序的冲击，可能导致在院士制度的实施中普遍主义原则难以得到恪守。引入中国科学院院士遴选数据进行实证研究，并与中国工程院的实证结果进行对比时发现了有趣的现象：一方面，普遍主义原则在两院院士遴选中得到了坚守。2017 年中国科学院院士增选较为完美地体现了普遍主义精神，作为普遍主义代理变量的国家层面的工具性荣誉认可——国家科技奖励在 5% 的统计水平上显著提升了候选人晋阶院士的可能性。普遍主义原则对于中国工程院院士增选亦有适用性。但是，另一方面，中国工程院院士增选过程中，年龄、地域尤其是行政职务等对于普遍主义原则有所干扰，妨碍了院士制度在体现现代科学精神上的纯洁性。从中国工程院院士提名渠道的时间序列分析中也发现，不同渠道提名的候选人中选比例差别较大，企业集团提名>院士提名>中国科学院提名>部委遴选>省市遴选>科协提名，表明普遍主义原则仍然发挥作用，但权力和资本的存在可能使增选过程有所异化，从而形成对普遍主义原则的挑战。因此，要避免权力之杖和资本之矛对科学秩序的冲击而带来不良社会影响，必须深化院士制度改革，坚持充分借鉴成熟经验，切断“权力→能力→成就→荣誉”或者“资本→能力→成就→荣誉”的恶路径，避免将科技人才的竞技场变成权贵和资本的竞技场。

最后，谈一谈本研究的缺陷和不足。

科技界的分层是一个有趣的研究话题。默顿在1938年出版的博士论文《十七世纪英格兰的科学、技术与社会》开创了科学社会学，并引发了一系列有趣且有用的研究。在围绕本书选题进行研究的过程中，笔者有幸阅读和浏览了众多的经典论著，也包括一些时事、新闻等，深感对科技界分层的研究值得关注，对中国院士制度的研究值得深入，这一研究既具有理论意义——到底中国科技界的分层是按纯粹科学的逻辑演进还是取决于韦伯所界定的政治秩序、经济秩序和社会秩序的共同作用，也具有现实意义——如何规范和推动院士制度发挥制度引领作用，为我国建设世界科技强国，实现中华民族伟大复兴提供有形的战略科技力量和无形的智识的支撑与支持。确立以“优异”为唯一标准的荣誉性认可制度——院士制度，对于当前国内正在开展的“破四唯”（破除唯论文、唯职称、唯学历、唯奖项倾向）具有重要的示范和引领作用。

研究中，笔者收集整理了2585名本土院士（还有3名外籍院士转为中国籍院士）的个体信息，一条一条地搜寻、审读，有时还需要返工重新整理，耗费了大量的时间和精力。然而，苦劳未必构成功劳，回归到普遍主义原则之下，本书不能因为辛苦就可以虚称对学术有功，仍然存在诸多方面的不足。例如，在全书的总体设计、整体贯通性上都还有很多值得完善的地方，尤其是笔者想要探讨的普遍主义原则与社会分层的分析框架，以及政治秩序、经济秩序与科学秩序的关系，这些方面都还很肤浅。另外，书中一些章节的布局还不够合理，有的章节原本预想的内容没有得以体现，包括院士（及候选人）的成长经历、师承关系、科学成就、空间分布、职业流动、仕途之路等，对于院士制度的改革、建议虽然阅读了相关文献，但在书中基本没有论及。

以上种种，限于笔者自身理论水平的高度、知识掌握的深度和工具方法等的不足，难免存在诸多缺失、不妥甚至谬误之处，恳请诸君批评指正。

**唐家龙**

2021 年 1 月 31 日于望海楼南

# 目录

CONTENTS


第 1 章　科技界的精英与社会分层 ………………………………………… 001

1.1　科学界的社会分层 / 001

1.1.1　社会分层现象 / 001

1.1.2　科学界的社会分层现象 / 003

1.2　科技界的分层结构和分层方式 / 006

1.2.1　科学与技术的区别 / 006

1.2.2　科技界的分层结构 / 008

1.2.3　科技界社会分层的方式 / 012

1.2.4　关于科技界精英的界定 / 016

1.3　中国科技界的分层结构 / 019

1.3.1　关于科技人才的界定 / 020

1.3.2　中国科技界分层的基底 / 020

1.3.3　中国科技界分层的中间层 / 022

1.3.4　中国科技界分层的顶层 / 024

1.3.5　中国科技界分层的金字塔 / 025

1.4　结论 / 028

本章参考文献 / 030

**第 2 章　院士与院士制度** …………………………………………………… 033
2.1　院士称谓 / 033
2.1.1　关于院士的说文解字 / 033
2.1.2　院士称谓的由来 / 034
2.1.3　院士称谓的变迁 / 035
2.2　院士制度及其变迁 / 037
2.2.1　院士制度溯源 / 038
2.2.2　从无形学院到英国皇家学会 / 040
2.2.3　院士制度在中国 / 042
2.3　主要发达国家院士制度概览 / 046
2.3.1　英国的院士制度 / 047
2.3.2　法国的院士制度 / 048
2.3.3　美国的院士制度 / 051
2.3.4　日本的院士制度 / 053
2.4　结论与讨论 / 055
2.4.1　结论 / 055
2.4.2　讨论：小议尚贤 / 056
本章参考文献 / 057

**第 3 章　院士的年龄：从旧中国到新时代** ………………………………… 059
3.1　年龄与社会认可 / 059
3.2　最佳创造年龄与院士当选年龄 / 060
3.2.1　科学家的社会年龄 / 060
3.2.2　最佳创造年龄 / 061
3.2.3　最佳当选年龄 / 063
3.3　我国院士的当选年龄变迁 / 064
3.3.1　院士最佳当选年龄分析 / 064
3.3.2　最佳当选年龄的历史变化 / 067

3.4 当选院士的出生年代：从旧中国迈向新时代 / 080
3.4.1 时代背景 / 080
3.4.2 院士出生年代的总体分析 / 082
3.4.3 院士出生年代的变迁分析 / 084
3.5 结论与讨论 / 091
3.5.1 结论 / 091
3.5.2 讨论：关于认可的时机 / 092
本章参考文献 / 094
本章附表 / 096

**第 4 章 院士与性别：中国科技精英中的女院士** ……………………… 101
4.1 科技界社会分层中的女性 / 101
4.1.1 科技界中女性缺席现象 / 101
4.1.2 科技领域中的女性参与率 / 102
4.2 两院院士中的女性科学家 / 105
4.2.1 女院士的数量和比例 / 105
4.2.2 当选时女院士的学部分布 / 106
4.2.3 女院士当选年份和年龄 / 111
4.2.4 与超级科技精英的对比 / 115
4.2.5 女院士健在时长差异 / 117
4.3 女院士的受教育情况 / 121
4.3.1 女院士的受教育水平 / 121
4.3.2 女院士的留学状况 / 123
4.3.3 女院士受教育水平的年代变迁 / 125
4.4 结论与讨论 / 128
4.4.1 结论 / 128
4.4.2 讨论：关于玛蒂尔达效应 / 130
本章参考文献 / 133

本章附表 / 135

第 5 章　院士与地域：中国科技精英的地理分布 ………………………… 138

5.1　人才地理分布与环境因素 / 138

5.1.1　环境对人才成长的作用 / 139

5.1.2　人才地理分布的决定因素 / 140

5.1.3　古代精英人才的地理分布 / 141

5.2　我国院士的地理分布：从民国到新世纪 / 143

5.2.1　全体院士的地理分布 / 144

5.2.2　中央研究院院士的地理分布 / 156

5.2.3　中国科学院院士的地理分布 / 160

5.2.4　中国工程院院士的地理分布 / 166

5.3　院士时空分布的马太效应 / 171

5.3.1　洛伦兹曲线的时空变化 / 171

5.3.2　基尼系数的时空变化 / 172

5.4　结论与讨论 / 174

5.4.1　结论 / 174

5.4.2　讨论：关于马太效应 / 176

本章参考文献 / 178

第 6 章　晋阶院士之路：个体因素的作用

——来自 2017 年中国工程院院士遴选的证据………………… 180

6.1　问题的提出 / 180

6.2　文献回顾 / 182

6.3　数据来源与变量描述 / 186

6.3.1　数据来源 / 186

6.3.2　变量定义 / 187

6.3.3　变量描述 / 189

6.4 实证分析 / 197
6.4.1 模型设定 / 197
6.4.2 回归结果 / 198
6.4.3 稳健性检验 / 204
6.5 结论与讨论 / 207
6.5.1 结论 / 207
6.5.2 讨论：关于“学而优则仕” / 208
本章参考文献 / 210

**第7章 晋阶院士之路：宏观因素的影响**
——来自2017年中国工程院院士遴选的证据…………………… 215
7.1 问题的提出 / 215
7.2 文献回顾和研究假设 / 217
7.2.1 经济发展水平与院士候选人晋阶 / 218
7.2.2 经济开放度与院士候选人晋阶 / 219
7.2.3 研发投入与院士候选人晋阶 / 220
7.2.4 城市化水平与院士候选人晋阶 / 221
7.2.5 地域差异与院士候选人晋阶 / 222
7.3 数据来源与变量描述 / 223
7.3.1 数据来源 / 223
7.3.2 变量定义 / 223
7.3.3 变量描述 / 226
7.4 实证分析 / 231
7.4.1 模型设定 / 231
7.4.2 回归结果 / 232
7.4.3 稳健性检验 / 236
7.5 结论与讨论 / 239
7.5.1 结论 / 239

7.5.2 讨论：环境的作用 / 240

本章参考文献 / 242

**第8章 晋阶院士之路：普遍主义原则与科学秩序** …………………… 245

8.1 院士增选中的普遍主义 / 245

8.1.1 普遍主义及其冲突 / 245

8.1.2 普遍主义和冲突理论的研究假设 / 249

8.1.3 对普遍主义原则和冲突理论的再检验 / 251

8.1.4 基于普遍主义原则的院士提名渠道分析 / 256

8.2 回归普遍主义原则 / 261

8.2.1 政治秩序、经济秩序对科学秩序的扰动 / 261

8.2.2 重塑普遍主义原则下的科学秩序 / 263

8.3 结论与讨论 / 265

8.3.1 结论 / 265

8.3.2 讨论：普遍主义之路 / 266

本章参考文献 / 268

**后　记** ………………………………………………………… 271

# 图目录


图 1-1　美国科学界的分层结构：基于朱克曼的著述 ………………… 009
图 1-2　美国科学界的分层结构：基于科尔兄弟的著述 ……………… 011
图 1-3　1978—2016 年公有单位专业技术人员人数及增长率 ………… 021

图 3-1　古今中外 1928 项重大科学发现和 1249 名杰出的科学家做出
　　　　科学发现的最佳年龄曲线 ……………………………………… 062
图 3-2　1948—2019 年我国当选院士的年龄分布 ……………………… 065
图 3-3　1948—1980 年当选院士的年龄分布 …………………………… 070
图 3-4　1991—1999 年中国科学院当选院士的年龄分布 ……………… 071
图 3-5　2001—2009 年中国科学院当选院士的年龄分布 ……………… 072
图 3-6　2011—2019 年中国科学院当选院士的年龄分布 ……………… 073
图 3-7　1948—2019 年中央研究院和中国科学院院士当选年龄分布 …… 074
图 3-8　1994—1999 年中国工程院当选院士的年龄分布 ……………… 075
图 3-9　2001—2009 年中国工程院当选院士的年龄分布 ……………… 076
图 3-10　2011—2019 年中国工程院当选院士的年龄分布 …………… 077
图 3-11　1994—2019 年中国工程院当选院士的年龄分布 …………… 078
图 3-12　1948 年以来我国当选院士的平均年龄变迁 ………………… 079
图 3-13　1948 年以来当选院士的出生时代 …………………………… 083
图 3-14　1948 年以来我国当选院士的出生年份统计频数图 ………… 083
图 3-15　1948—1980 年历年当选院士的出生年份分布图 …………… 085

图 3-16　1948—1980 年当选院士的出生年份分布图 …………………… 085
图 3-17　1948—1980 年当选院士的当选年龄分布图 …………………… 086
图 3-18　1991—1999 年各年当选院士的出生年份分布图 ……………… 087
图 3-19　1991—1999 年当选院士的出生年份分布图 …………………… 088
图 3-20　2001—2009 年各年当选院士的出生年份分布图 ……………… 089
图 3-21　2001—2009 年当选院士的出生年份分布图 …………………… 090
图 3-22　2011—2019 年各年当选院士的出生年份分布图 ……………… 090
图 3-23　2011—2019 年当选院士的出生年份分布图 …………………… 091

图 4-1　中国科学院现有院士当前所在学部分布图 ……………………… 109
图 4-2　中国工程院现有院士当前学部分布图 …………………………… 110
图 4-3　1955—2019 年中国科学院女院士的当选年龄分布 …………… 113
图 4-4　1994—2019 年中国工程院女院士的当选年龄分布 …………… 114
图 4-5　1901—2020 年诺贝尔奖女性获奖次数 ………………………… 115
图 4-6　诺贝尔奖女性得主和中国科学院、中国工程院女院士的
平均当选年龄 ……………………………………………………………… 117

图 5-1　院士籍贯和出生地分布的洛伦兹曲线 …………………………… 151
图 5-2　院士工作地分布的洛伦兹曲线 …………………………………… 155
图 5-3　中央研究院院士地理分布的洛伦兹曲线 ………………………… 160
图 5-4　1955—2019 年中国科学院院士地理分布的洛伦兹曲线 ……… 165
图 5-5　1994—2019 年中国工程院院士地理分布的洛伦兹曲线 ……… 170
图 5-6　20 世纪 50 年代至 2019 年我国两院院士地理分布的洛伦兹
曲线 ………………………………………………………………………… 172
图 5-7　2006 年前后当选院士的工作地分布对比 ………………………… 174

图 8-1　院士成长三角示意图 ……………………………………………… 250
图 8-2　2007—2019 年不同推荐方式下中国工程院院士当选人数 …… 259
图 8-3　科技精英对技术和生产的功效示意图 …………………………… 264

# 表目录


表 1-1　奖励的知名度和声望与获得者的平均引证次数 ………………… 014
表 1-2　知名度、声望和平均引证次数的相关分析 …………………… 015
表 1-3　1994—2020 年国家杰出青年科学基金项目资助情况 ………… 023
表 1-4　以国家最高科学技术奖获得者为参照的人才金字塔结构 …… 026

表 2-1　日本学士院学部、科别和人数概况 …………………………… 054

表 3-1　院士当选年龄的平均值和标准差分布（1948—2019 年） …… 067
附表 3-1　1948 年中央研究院当选院士基本信息 ……………………… 096
附表 3-2　截至 2020 年最年轻的诺贝尔奖得主 ……………………… 099
附表 3-3　截至 2020 年最年长的诺贝尔奖得主 ……………………… 099
附表 3-4　截至 2020 年各领域最年轻的诺贝尔奖得主 ……………… 100
附表 3-5　截至 2020 年各领域最年长的诺贝尔奖得主 ……………… 100

表 4-1　中国科学院和中国工程院中的男院士和女院士人数 ………… 105
表 4-2　基于 ttest 检验的中国科学院和中国工程院院士性别差异检验结果 ……………………………………………………………… 106
表 4-3　中国科学院和中国工程院当选院士学部、性别分布 ………… 107
表 4-4　中国科学院和中国工程院现有院士学部、性别分布 ………… 108

表 4-5　1955—2019 年中国科学院和中国工程院历次当选女院士情况 …… 111
表 4-6　中国科学院和中国工程院男女院士的平均当选年龄 …… 115
表 4-7　1901—2020 年各类诺贝尔奖获得者统计 …… 116
表 4-8　中国科学院不同性别院士健在比例差异 …… 118
表 4-9　中国工程院不同性别院士健在比例差异 …… 118
表 4-10　中国科学院和中国工程院不同性别院士当选后在世时间差异 …… 119
表 4-11　两院院士分性别的受教育水平分布 …… 122
表 4-12　中国科学院分性别、年代的受教育水平分布情况 …… 126
表 4-13　中国工程院分性别、年代的受教育水平分布情况 …… 127
表 4-14　2011—2014 年国家杰出青年科学基金项目分性别申报和获批情况 …… 131
附表 4-1　1901—2020 年诺贝尔奖自然科学和经济学女性得主基本信息 …… 135
附表 4-2　1955—2019 年两院院士分性别的留学国家分布 …… 137

表 5-1　1948—2019 年我国院士籍贯和出生地分布 …… 145
表 5-2　1948—2019 年我国院士籍贯的东中西部地区分布 …… 147
表 5-3　1948—2019 年我国院士籍贯的地理行政区划分布 …… 147
表 5-4　1948—2019 年我国院士出生地的东中西部地区分布 …… 148
表 5-5　1948—2019 年我国院士出生地的地理行政区划分布 …… 149
表 5-6　1948—2019 年院士当选时的工作地分布 …… 152
表 5-7　1948—2019 年我国院士工作地的东中西部地区分布 …… 154
表 5-8　1948—2019 年我国院士工作地的地理行政区划分布 …… 154
表 5-9　1948 年中央研究院院士籍贯和出生地分布 …… 157
表 5-10　1948 年中央研究院院士工作地分布 …… 158
表 5-11　1955—2019 年中国科学院院士籍贯和出生地分布 …… 161
表 5-12　1955—2019 年中国科学院院士工作地地理分布 …… 163

表 5-13 1994—2019 年中国工程院院士籍贯和出生地分布 ………… 167
表 5-14 1994—2019 年中国工程院院士工作地地理分布 …………… 168
表 5-15 中国科学院、中国工程院院士地理分布基尼系数的比较 … 171
表 5-16 不同时期我国两院院士地理分布的基尼系数变化 ………… 173

表 6-1 变量定义 ……………………………………………………… 189
表 6-2 变量的描述性统计 …………………………………………… 190
表 6-3 2017 年中国工程院院士候选人年龄组别与晋级情况 ……… 191
表 6-4 2017 年中国工程院院士候选人性别与晋级情况 …………… 192
表 6-5 2017 年中国工程院院士候选人受教育水平与晋级情况 …… 192
表 6-6 2017 年中国工程院院士候选人海外经历与晋级情况 ……… 193
表 6-7 2017 年中国工程院院士候选人职务级别与晋级情况 ……… 194
表 6-8 2017 年中国工程院院士候选人人才称号与晋级情况 ……… 195
表 6-9 2017 年中国工程院院士候选人获国家级奖项与晋级情况 …… 196
表 6-10 中国工程院院士候选人遴选的多分类 Logistic 模型回归结果 ……………………………………………………… 198
表 6-11 有序多分类 Logistic 模型和分阶段二分类 Logistic 模型 …… 205

表 7-1 变量的描述性统计 …………………………………………… 226
表 7-2 2017 年中国工程院院士候选人所在地区经济发展水平与晋级情况 ……………………………………………………… 227
表 7-3 2017 年中国工程院院士候选人所在地区研发投入与晋级情况 ……………………………………………………… 228
表 7-4 2017 年中国工程院院士候选人所在地区经济开放度与晋级情况 ……………………………………………………… 229
表 7-5 2017 年中国工程院院士候选人所在地区城市化水平与晋级情况 ……………………………………………………… 230
表 7-6 2017 年中国工程院院士候选人所在区域与晋级情况 ……… 230

表 7-7 2017 年中国工程院院士候选人晋阶的多分类 Logistic 模型结果 …… 232
表 7-8 有序多分类 Logistic 模型和分阶段二分类 Logistic 模型结果 …… 237

表 8-1 2017 年院士候选人当选与获得国家科技奖励情况 …… 252
表 8-2 2017 年中国科学院院士候选人个体属性和社会属性变量描述 …… 253
表 8-3 基于国家科技奖励对中国科学院院士增选的 Logistic 模型分析 …… 254
表 8-4 2007—2019 年中国工程院院士候选人提名推荐渠道 …… 258
表 8-5 2007—2019 年中国工程院院士提名推荐方式与当选情况 …… 259

# 第1章 科技界的精英与社会分层

## 1.1 科学界的社会分层

### 1.1.1 社会分层现象

从人类跨越原始社会以来，社会分化和分层的现象就日趋明显。或者可以说，除了原始社会，在经验上还没有观察到一个没有阶级或未分层的社会。根据马克思的阶级理论，奴隶与奴隶主、农民与地主、工人与资本家，这是以生产资料的占有方式为基础的阶级划分，是奴隶社会、封建社会和资本主义社会中最常见的分层现象。在资本主义条件下，“划分的原则在于占有或不占有生产手段（如工厂建筑、机器和原料）和工人的消费品。这样，我们基本上只有两个阶级，即生产手段所有者或资本家阶级和不占有生产手段被迫出场劳动的工人或无产阶级”（熊彼特，2013：24）。出于资本逐利的天性，资本家无偿地占有了工人的剩余劳动，不断扩大再生产，最终形成了剥削资本家财富的积累和工人的绝对和相对贫困，最终导致了两大阶级的对立。区别于马克思从生产关系视角对社会分层的导入，韦伯更多地从市场化的角度来理解阶级。韦伯认为，社会分层是权力的表象，是一种秩序安排。他在《经济与社会》中指出，共同体内部的权力分配受到阶级、身份和政党的影响，经济因素、市场状况、身份荣誉等都会造成社会地位的差异（韦伯，2019：1284-1301）。对于阶级，韦伯指那些处于同样阶级状况中的所有人，包括：①由于财产差异形成的“有产阶级”；②由于货物与服务适销性形成的“商业阶级”；③包括工人阶级、小资产阶级、无财产的知识阶层和专业人员，以及由于受教育而享有特权的阶级构成的“社会阶级”（韦伯，2019a：513-520）。陈义平认为，韦伯将社会分层区分为经济秩序、社会秩序和政治秩序的三元划分的观点构成了对马克思社会分层理论的挑战，更加符合群体政治角逐的现实（陈义平，2005：46-48）。

现代社会学认为社会分层是指社会成员在社会生活中由于获取社会资源的机会和能力不同，在社会地位上呈现出高低有序的不同等级、不同层次的现象，影响社会分层的根本因素是社会分工和社会制度（吴增基、吴鹏森、苏振芳，2014：159）。社会分层是指社会成员、社会群体因社会资源占有不同而产生的层化或差异现象，尤其是指建立在法律法规基础上的制度化的社会差异体系（李强，2004：1）。一个更加贴近现实的事实是，随着新中国成立后尤其是改革开放以来中国经济的迅猛发展，中国社会的分层也越来越分明。改革开放以后，我国社会出现了社会身份分层体制的重大变迁，贫富差距分化更加明显，阶层结构出现了定型化倾向（李强，2004：42-63）。李春玲（2019）认为，回顾新中国成立 70 多年来我国社会分层研究，总体的理论取向体现为冲突论分层观和功能论分层观之间的摇摆和轮动。1949—1978 年，我国社会主要强调阶级之间的利益冲突，追求社会经济均等，否定社会分化，因此是一种冲突主义观点；在改革开放后，突出了市场导向、业绩导向的功能主义观点；进入 21 世纪后则因为发展不平衡、社会不平等现象屡见屡发，因此又出现了冲突主义观点的回归。

随着我国经济社会发展、科技进步、国家治理体系的不断完善与治理能力的不断提升，随着新一轮科技革命和产业革命的勃兴，工业互联、大数据、数字经济的深入发展，社会各阶层将迎来越来越多的机会窗口。尤其是新技术、新产业、新业态和新模式“四新”经济的兴起，对于新的社会分层和流动将产生深远的影响。但对于这些新趋势、新变化将如何影响社会分层还缺乏更多的研究。

### 1.1.2　科学界的社会分层现象

与一般的群体一样，科学界也存在着社会分层现象，但科学界的社会分层与一般的社会分层有所不同。17 世纪时，人们的职业兴趣开始转移，相对于牧师、律师、剧作家、画家、音乐家、诗人，越来越多的人开始对科学感兴趣，选择以科学为职业。科学上升为一种社会价值尺度，可以让当时新兴的资产阶级通过参与科学而提升社会地位。例如，查理二世对化学和航海表现出了浓厚的兴趣，也正是由于查理二世对科学的嗜好，一些商人得以加入皇家学会，同时也推动科学与应用技术结合起来（默顿，2000：36-70）。事实上，默顿多次明确地表述，英国皇家学会会员从事的科学研究或多或少，要么直接地、要么间接地服务于经济—社会的需要。因此，科学界的分层离不开经济—社会大系统自身的演进和发展。

但总体上，科学的发展受到自身机制的支配，必须遵循普遍主义、公有主义、无私利性、有条理的怀疑主义等规范。默顿指出，四种制度上必需的规范构成了现代科学的精神实质。其中，作为核心的普遍主义原则事实上奠定了科学界社会分层的基石。普遍主义要求科学排斥特殊主义。因此，“关于真相的断言，无论其来源如何，都必须服从于先定的非个人性的标准”“不依赖于提出这些主张的人的个人或社会属性；他的种族、国籍、宗教、阶级和个人品质也都与此无关”（默顿，2003a：365-366）。与此同等重要的是，普遍主义规范要求各种职业都要对有才能的人开放（默顿，2003a：368）。

由此看来，默顿对于科学界的社会分层持有的正是结构功能主义的观点。结构功能主义学派的戴维斯和摩尔提出了关于社会分层的基本观点（顾昕，1987）：①每一个社会里都有分层化的地位安排；②此种分层化的地位安排是必需的、具有正功能的；③激励人们工作的动机乃是不同地位所给予的不同报酬。对于任何一个社会来说，如果想要正常运转，就必须把每个个体安置在不同的社会地位之上，并鼓励每个个体去做该做的事情。如此一来，才能够满足经济社会发展的需求，让有才能的人掌握权力和资源的话事权。可以合理地假定，全社会每个个体的智力呈现一种正态分布，大多数人的智力处于中等水平，而只有极少数人的智力超群。那些“有才能的人”获得了进入科学领域的职位，通过竞争机制和各种影响因素形成了不同的职业声望，从而进入科学界不同的社会阶层中。这样必将导致科学界的分层演变为一个金字塔形的结构，从而明显地区别于社会学中关于收入分配研究中的纺锤形社会结构。科尔兄弟对美国 120 位大学物理学家的研究经历和发表的成果进行了分析，最后发现大多数物理学家进入了多产或沉默（少产）两个类别。发表成果的数量和质量与科学家得到的荣誉、奖励具有强相关性（科尔 J. 和科尔 S.，1989：102－104）。科研成果与科学界的社会分层——在很大程度上科学界的声望是基于荣誉产生——由此产生了联系。

虽然科学社会学家在任何情况下都不否认智力因素在科学发展中起到了关键的作用，但他们坚持认为社会因素也是重要的（科尔 J. 和科尔 S.，1989：2）。对于科学界的社会分层来说也是这样，智力并非分层的全部决定因素，还受到资源获取能力、社会认可等社会因素的影响。朱克曼指出，科学界的社会分层无外乎是人才和资源在各个领域配置过程的结果——包括选择性招聘和青年科学家的社会化过程，无外乎是获取出版资源和研究设施能力差异的结果，无外乎是通过引用科学家的工作对科学家贡献的认可和荣誉奖励带来的结果（Zuckerman，2010）。在科研奖励系统和科研交流系统中，由于马太效应的存在，一个人的荣誉和声望会给他带来更大的荣誉和声望（Merton，1968）。这种社会心理因素对社会分层的驱动，进一步扩大了科学界不同声望者之间的差距，加剧了分层的分化。随着年龄的不断增长，社会分层在科学研究中的优势和劣势会不断地积累（默顿，2010）。于是，对资源、设施、认可等因素占有的多寡导致分层在科学家群体中展开，随着一部分人的优势累积、一部分人的劣势累积，分层越来越明显，最终形成高、中、低层次分明的金字塔形结构。

如果回顾近代科学发展史，人们会发现，科学不是一般人玩的游戏，玩的也不是均等化的游戏。“贵族和富有的平民们转向科学，不是把科学当作一个谋生的手段，而是作为专心致志的对象”（默顿，2000：139）。这在一定程度上说明，科学需要财富和资本的支持。科尔兄弟指出，科学界是一个高度分层的体制，科学家所得到的承认是不一样的。权力和资源集中在少数精英手中是一个普遍现象，因此科学界有着明显的不平等现象（科尔 J. 和科尔 S.，1989：40-41）。尽管如此，为什么科学界的冲突水平远没有其他社会体制中那么明显或严重呢？如果从韦伯对社会分层关于声望、权力和财富的三元分析框架来看，科学界的分层事实上更加注重的是声望而非财富和权力。在科学共同体内，科学家的声望决定了其在社会分层中的地位，而声望是通过同行承认而获得的。默顿指出，“科学家的个人形象在一定程度上取决于他那个领域的科学界同仁对他的评价，即他在什么程度上履行了这个高标准的极为重要的角色”（默顿，2003b：395）。

因此，科学秩序区别于一般的社会秩序，包括经济秩序和政治秩序。科尔兄弟指出，在美国社会中，影响分层的因素包括拥有的金钱、财富和声望等，主要取决于个人的职业、教育或继承的财富。但在科学界，是根据与从业者相符的声望来描述其在科学分层体系中的位置的（科尔 J. 和科尔 S.，1989：32）。它关注声望，争夺的重点在于“名”而不在于“权”和“利”，也就无怪乎科学界的社会分层没有那么明显的冲突了。但是，正如我们后面的研究和观察所呈现的，一旦名和权、利交织的时候，科学界的冲突可能会上升到新的高度。马克思和恩格斯曾经断言，科学依赖于它存在于其中的社会（巴伯，1991：32）。当现实社会中科学的普遍主义原则和功利主义功能出现竞争时，前者可能就会让位于后者，对名的追逐可能会受到利益和权力的左右，从而出现科学秩序扭曲的现象。更有甚者，当名、权、利三者汇聚时，会出现显著的秩序噪声。因此，任何社会在演进过程中都会萌发对于科学建制和科技政策的需求，以求达到科学的普遍主义和特殊主义之间的平稳。于此而言，本书下一章论及的我国目前的院士制度，不仅是近代科学的精神实质西学东渐的成果，也是理论冲突推动我国科学建制不断深化和优化的结果。

## 1.2 科技界的分层结构和分层方式

### 1.2.1 科学与技术的区别

细心的读者会注意到，前面的表述中我们基本上使用的是科学界这一概念，并没有提到科技界。然而科学和技术二者有着较为明确的区分。在国家上一轮科技中长期规划（2006—2020 年）期间乃至之前，从国家层面到地方层面已经有很多领导和学者对这二者进行了区分和解读。再后来，不少专家学者还对科学、技术、创新三者的区别和联系进行了阐释。

科学和技术是有区别的，默顿在他的博士论文中就有阐述，但没有详细地区分二者，有时甚至将它们作为一个整体代之以科学论之。毫无疑问，默顿清晰地了解科学与技术的界限，不然也不会在论题中冠之以“科学、技术与社会”一名了。在谈到科学产出率时，默顿提到了重大发现和重大发明，以此来说明 17 世纪的英格兰经历了向科学和技术的兴趣转移（默顿，2000：73-75）。他专门用了三章来分别讨论科学、技术与经济发展的关系，以当时采矿业、交通运输业、军事中面临的现实的技术需求为背景，来讨论为什么那个时代尤其是 17 世纪晚期会涌现出那么多对科学家和发明家的需求和新的职业。

“科学”一词源于拉丁文的“scientia”，本义为学问或知识。在西方，科学最早包含在哲学中，称为自然哲学（陈劲等，2013：28）。在日本，最初“science”被译为理学，后来才被译为科学。在日语中则常用“科学技术”一词，主要源于日本社会接受欧洲的科学，看到科学通过技术这一媒介发挥出了改变社会的巨大力量。后来，随着物理学、化学、生物学等各自成为独立的学术领域，科学就成为这些领域的总称，即由各个分“科”构成的“学”问（古川安，2011：3-4）。科学的概念是如此的复杂，以至于有学者用一整本书对它进行了界定（查尔默斯，2007）。遗憾的是，该书主要论述认识科学的方法论或方法问题，没能给出对科学的具象的表达。也许这就是科学的真谛。关于科学和技术的定义，还有一种更加简明的观点：科学是研究天地万物的理论体系，是对我们生活世界的知识的追求；技术指的是将理论方法应用到改造环境中，是知识的应用（特赖菲尔，2015：1–3）。詹姆斯认为，所有的科学研究都始于观察。他指出，科学的发展始于天文学。

基于笔者粗浅的认识，科学和技术可以简单地理解为：科学就是发现，技术就是发明；科学发现是知识和规律的识别，不一定有即时的用途，但技术发明往往伴生着现实的应用。随着科学技术的进步，科学发现形成的知识、规律被越来越快速地应用到现实的生产和生活中，解释经验中的技术问题，从而使得科学和技术的界限越来越模糊。在当代，一些科学发现甚至可以直接应用于现实，进一步模糊了科学和技术之间的区别。例如，人类基因组的研究成果可能会直接用于导致医疗手段的巨大改善（特赖菲尔，2015：162）。同时，有的技术发明可能还需要伴生新的科学知识才能实现。科学和技术的洪流时而分叉、时而汇聚，时而重合、时而分享，成为科学技术演进过程中并非特殊的现象。对中世纪科学技术演进过程的分析表明，基于科学自身发展的内在规律，为了科学的技术发明活动，为了技术的科学发现活动，导致科学技术一体化不可避免（古川安，2011：46–55）。当然，当时的社会和体制因素发挥了更大的作用，毕竟人类社会对精神生活和物质生活的欲望与需求从来就没有停歇。

对于普通人来说，科学和技术相对于日常生产都是阳春白雪一样的东西，要求每个人都清晰无误地明白这二者的区别，也许太过苛责了。有鉴于此，本书后面将同时使用科学界和科技界这样的说法。科学和技术发展的历史逻辑和当前的逻辑在于，我们过去不能、现在也不能完全将科学和技术割裂开来。无论是科学对技术支持的需求，还是技术实现对科学的需求，抑或经济社会发展对于科学技术的需求，已经涌现出了这么多科学与技术的结合和组合，包括越来越多的交叉学科、综合科学的兴起和兴盛，越来越多的工程学科和技术科学的涌现，都必须而且必将使科学和技术紧紧地拥抱在一起，而不是兄弟阋墙或彼此轻视。

### 1.2.2 科技界的分层结构

参加过学术会议的人会比较清晰地了解到科技界或者学术界的分层结构，尽管他们可能并没有意识到这是社会分层在默默地发挥作用。从会议的议程安排、发言人的选择和顺序安排、会议方接待的规格等方面，都可以找到科学界的社会分层在现实世界的真实映射。随着时光的流逝，一部分年轻人会逐渐显露峥嵘，走上历史的舞台甚至开启新的篇章。当然这是社会分层的下一序章——分层与社会流动，这里不做过多的论述。

那么，科技界到底具有一个什么样的分层结构呢？朱克曼（1979）、科尔兄弟（1989）对此都有较为详细的论述。

总体来看，朱克曼的分层是基于科学家的社会声望来划分的。在这里，“科技界”的概念外延广义上是指科技工作者，狭义上是指专业科技人员，更狭窄的定义则专指科学家群体。朱克曼认为，诺贝尔奖获得者可以作为一小批具有最高成就的科学家，而来自各大学和各研究所、代表科学界各个阶层的一批范围较广的科学家可以作为分层的类型（朱克曼，1979：3）。与其他群体相比，这些精英在各个复杂的工业社会中都拥有较高的地位（朱克曼，1979：10）。也就是说，科技界在整个社会分层中占有相对较高的分层地位。

朱克曼利用当时可得数据，描述了美国科技界的分层情况。她发现美国的科技界大致可以分为六个层次。第一层为科学工作者，有49.3万人在美国人口普查中自称为科技工作者；第二层为全国科学基金口径下的科技劳动力，登记在《全国科技人员登记册》中，有31.3万人；第三层为入选《美国男女科学家》一书的科学家，有18.4万人；第四层的那些科学家，主要指获得科学博士学位或数学博士学位的人，有17.5万人；第五层为美国科学院院士，1974年时为950人；第六层为美国的诺贝尔奖获得者，有72人。如图1-1所示，六个层次，从诺贝尔奖获得者到自封的科技工作者，对应的人数比例约为1：13：2400：2600：4300：6800。基于诺贝尔奖获得者相对于美国科学院院士和其他科学家或科技工作者群体在数量上的稀有性和突出的贡献，朱克曼将诺贝尔奖获得者称为科学界的超级精英（朱克曼，1979：10-14）。这也正是她颇具影响力的专著一书名称的由来。

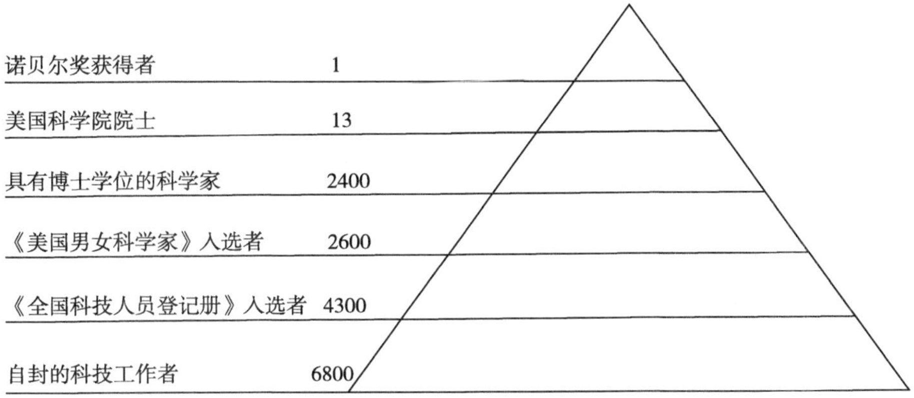


**图 1-1　美国科学界的分层结构：基于朱克曼的著述**

科尔兄弟系统地对科学界的社会分层进行了研究，以专章“科学界的分层轮廓”专门讨论了科学界的分层结构（科尔 J. 和科尔 S.，1989：44-50）。首先，科尔兄弟在关于职业声望的调查研究中发现，科学家的角色处于受到最高评价的职业之中。例如，1963 年的调查发现，科学职业的声望分值为从“核物理学家”的 92 分到“经济学家”的 78 分不等。科学家的角色处于受到最高评价的职业之中。因此，他们认为，科学家的角色在所有的社会中都处于精英的位置（科尔 J. 和科尔 S.，1989：42）。尽管如此，由于局内人和局外人视角的不同，人们可能往往不了解科学界内部分层竟然是那么的等级悬殊。

不同于朱克曼把诺贝尔奖获得者放在至高无上的地位，科尔兄弟对科学界的分层构造有所不同，他们从个人所处的等级体系角度来考察科学的分层体系。

最高层级，即占据等级体系顶端的是为数不多的伟大天才人物，他们开创了新的范式，如爱因斯坦（提出了相对论）、普朗克（创立了量子力学）、波尔（提出了原子结构学说）。用中国的话说，他们就是开山鼻祖，开山立派的“老祖宗”。

仅次于此的，是那些获得了最高科学荣誉的科学家，包括诺贝尔奖获得者或入选国家科学院的科学家。这些科学家组成的精英阶层，在当时全球 100 多万科学家中，人数总和也就是几千人。但他们拥有显赫的权力、权威以及对设备和资源的控制权。有趣的是，科尔兄弟指出，“当我们以历史的眼光来看问题时，即使是许多肯定是处于当代科学界最高阶层成员之中的诺贝尔奖获得者和国家科学院院士，可能也会是初为科学界的砌砖工而不是建筑师”（科尔 J. 和科尔 S.，1989：44）。

位于第三顺位的是科学管理者，他们参与制定最高层的科技政策，包括总统科学顾问、大型实验室（如美国能源部下属的布鲁克海文国家实验室）的负责人等。科尔兄弟称他们是科技管理精英或创业科学家。当然，不同层次的划分中，一些科学家或许会位列多个层级，既是开山鼻祖也是创业科学家。历史和现实并不排斥这样的情况。科尔兄弟认为，科技发展中，科技界存在两种不同类型的功能角色：一类人因其在思想体系的进步上做出了巨大贡献而成为科技界社会分层的高位人选；另一类人则是由于占据着科技组织管理领导人的位置。科学史的记载中经常忘记后一类人，即我们前面提到的科技管理精英或创业科学家，但这些处于关键位置的科学“管理者”对推动思想体系的进步与那些做出著名突破的人是同样重要的（科尔 J. 和科尔 S.，1989：45）。这不由得让人感叹，一切历史都是现代史，科技史也不能例外，总是在（有限的）记忆中选择，在选择中记忆（录）。对那些在思想体系的进步上做出贡献的人，让他们留名百载千年又何妨呢？

处于第四层级的是那些不太著名的、影响较小的科学家。在这里科尔兄弟做了进一步的区分。对这些科学家，仍然存在一个分层，他们以实例做了说明。在当时美国的物理学界，大约有 2500 名成员在能授予博士学位的系中任职。他们认为最多只有 250 名即 10% 的人属于精英，剩下的 2250 名中仍然可以根据声望和科学发现的重要意义做进一步区分。

前面的层级划分，主要考虑的是科学产出率较多的研究者群体，这些科学家大多在学术机构中任职。但很多科学家或者科技工作者很少产生新思想，也极少发表任何东西，因此他们在科学共同体中不太知名。然而，作为教师或者作为学院或大学科学系中的第一流成员，他们很可能已经获得了地方上的声望。科尔兄弟将这些人归于第五个层级。

借用金庸武侠小说中的层次划分，我们可以将科尔兄弟对科学界的社会分层进行具象化的呈现。最顶层是一代宗师，如张三丰、黄裳这样的人物，开创了武当太极拳、九阴真经这样的绝世武学，相当于科技界新范式的创建者。第二层是当世高手，如东邪黄药师、西毒欧阳锋、南帝段智兴、北丐洪七公等人，虽然没有创立新的武学，但他们的武学冠绝一个时代，可以与当世任何一个高手争锋，相当于诺贝尔奖得主和美国科学院院士。当然，相对而言，这些武侠高手的数量少了一些。第三层是各大门派的掌门，如少林、武当、华山、衡山、泰山、峨眉等各派的掌门，他们武功一流，作为门派的掌管者，时不时希望带领自己的门派称雄一方甚至称霸武林，相当于科技管理者或创业科学家。第四层是武林人士，包括全真七子、渔樵耕读四人，也包括江南七怪等人，属于武林中叫得上号的二流甚至三流人物，相当于那些不太著名的、影响较小的科学家，笔者将其称为小有声望的非著名科学家，但这个层次内部仍然可以继续进行丰富的层次划分。第五层是江湖中各门派世家的一般弟子等，或称江湖人士，主要指那些以出卖武力为生的从业者，相当于科技界的从业人员——普通教师和科技工作者（见图 1-2）。

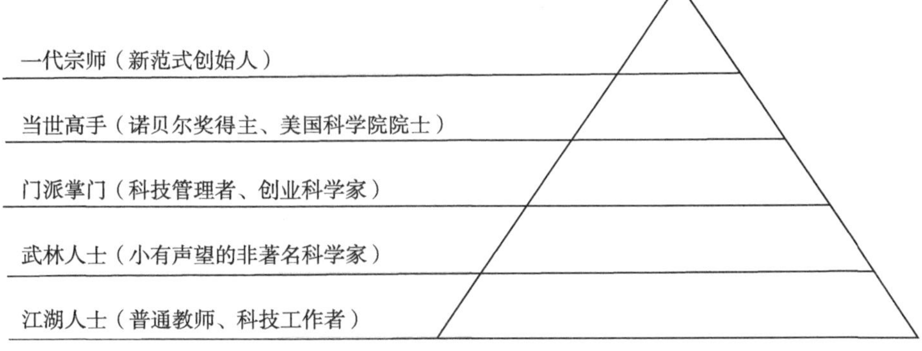


**图 1-2　美国科学界的分层结构：基于科尔兄弟的著述**

需要说明的是，科尔兄弟在论述中依次讨论了图 1-2 中的第二和第三层次的科学家，并指出这二者在科学发展中具有同等重要的作用。因此，一些研究中将第二和第三层次的科学家列入了同一等级（孙玲和尚智丛，2011）。但是，如果考虑到当世高手在一定程度上超脱了掌门人的掌控甚至成为太上长老的情况——而这在武学界/科学界并不是罕见的现象，那么将科技领域的领军者降等为科技管理的话事人，就在一定程度上损害了前述关于普遍主义的原则。当然，这里的划分并不只是一个形式上的归类。历史上，存在某些科学家、创业科学家横跨第一、第二、第三层次的情况。例如，西奥多·冯·卡门，他是 20 世纪伟大的航天工程学家，领导创建了喷气推进实验室（后来成为美国国家航空和航天喷气实验室），开创了数学和基础科学在航空航天和其他技术领域的应用，美国国会授予他第一枚“国家科学勋章”，他也被誉为“航空航天时代的科学奇才”。我国著名科学家钱伟长、钱学森、郭永怀都是他的亲传弟子。再如“原子能之父”恩利克·费米，他于 1938 年获得了诺贝尔物理学奖，提出了宇宙线起源理论，既是卓越的理论物理学家，也领导建立了人类第一台可控核反应堆。

另外，科尔兄弟指出，根据科学产出率指标，国家也是有分层的。他们引用普赖斯半开玩笑的说法，国家必须发表（科学论文），要么就默默无闻（科尔 J. 和科尔 S.，1989：48）。事实上，基于这一点的引申，可以联想到国家之间的科技竞争，以及汤浅光朝关于科学中心国际转移的理论。意大利、英国、法国、德国和美国等国家，正是由于在一定时期内涌现出大量的具有全球重要性的重大科技成果，才能显赫一时甚至一个世纪，成为世界科技强国。

### 1.2.3 科技界社会分层的方式

如前所述，科技界存在着明显的社会分层。这个分层的形成在很大程度上与科学家成就得到的认可（recognition，又译为“承认”）程度有关。基于马斯诺的需求层次理论，认可这种方式，其实包含了归属与爱、尊重、自我实现等多重心理需要的满足。通过科学界的认可，科学家能够在同行中找到归属感，感到受人尊重，能够捕获自我实现的心理体验，从而得到同行乃至社会的认可成为科学家追求的目标。由于不同科学家得到的认可程度不同，使得科学界呈现出一个等级体系。在导师默顿关于认可的理论指引下，科尔兄弟正是沿着“认可”这个方向展开了他们的社会分层研究（顾昕，1987）。

默顿将认可（承认）区分为两重含义：一是工具性认可，二是荣誉性认可。工具性认可关心个体潜在的成长为优异人才的能力，希望找到揭示潜在优异人才的方式，以便尽早使潜在性变为现实。荣誉性认可关心个体已经取得的成就，认可就是为了进行奖励。默顿认为，这两种认可方式并非互斥的，而是具有本质上的关联性。前者假设存在着埋没天才或才华的障碍，希望能够尽早发现并排除不利影响，从而进行补救，让他们达到没有不利因素下“理应”达到的成就。后者则认为成就摆在那里，就看有没有被发现，希望对尚未获得承认的科学家给予认可，让他们获得“理应”有的声望（默顿，2003b：578-582）。

与默顿对工具性或荣誉性认可的理论而抽象的探讨不同，科尔兄弟对通过职位认可和通过名望认可的认可方式进行了分析。对职位的认可是科学工作中最广泛的形式（科尔 J. 和科尔 S.，1989：63）。在笔者看来，“职”和“位”是有所区别的，“职”具有普遍性，“位”却具有特殊性。由于“位”的特殊性，使“职”的普遍性具备了特殊性，从而使同样的“职”在处于不同的“位”时形成了职位上的势差，造成职业声望的社会差异，从而实际上形成了科技界的社会分层。从国内来看，“位”于“985”或“211”高校任“职”的教授、副教授或校长、副校长，其社会声望和影响力显然要高于没有头衔的一般高校的相应人员。甚至任职于不同机构中的学科，其社会声望也不一样。科尔兄弟早在很多年前就揭示了这一点，他们指出，“科学家之中，对于大学系的声望等级，有很多的一致意见。实际上，所有物理学家都同意，哥伦比亚和哈佛有出色的物理系，正如大多数社会学家都会赞同伯克利有优秀的社会学系一样。绝大多数科学界精英都是通过在有声望的大学系中任职而得到承认”（科尔 J. 和科尔 S.，1989：64）。

由于每位科学家都要工作，基于职位的分层具有普遍性，从而使基于职业的社会分层成为科技界分层最广泛的基础，或者从统计意义上说，形成了一个研究科技界的总体。但必须看到，基于职位的分层与一般的社会分层事实上有着本质的不同，并不能体现出科技界社会分层的鲜明特征。这是因为在职位相同的情况下，科学家对科学发现、技术发明的贡献可能存在着巨大的差异。反过来说，职位差别的存在，满足了最广大的科技工作者作为社会个体的基础性要求——对工作的需要。

因此，最有影响力的分层机制还是基于科学家社会声望的认可方式。其主要手段是授予荣誉奖励和学会的会员身份（科尔 J. 和科尔 S.，1989：51）。因此，获得诺贝尔奖、费米奖、图灵奖、菲尔兹奖、阿贝尔奖等知名奖项，或者当选美国科学院院士成为美国科学家具有的（甚至世界性）社会声望的重要标签。对国内的科学家和科技工作者来说，那些获得国家最高科学技术奖、国家自然科学奖、国家技术发明奖、国家科学技术进步奖，或者获得何梁何利基金奖，或者成为中国科学院、中国工程院院士的人而言，已经跻身中国科学界分层的顶端。

至高的荣誉奖励和头衔推动科学家成为科技界分层的顶端，这是基于其知名度、声望和公正性。诺贝尔奖、美国科学院院士身份之所以能够成为科技界的明珠，正源于此。我们复制了科尔兄弟专著中关于诺贝尔和会员身份等荣誉奖励的知名度和声望，以及获得者过去十年中的平均引证次数（使用 1965 年版的 SCI），见表 1-1。显然，诺贝尔奖的知名度、声望和平均引证次数均名列前茅。尽管表中国家科学奖章获得者的知名度相对于声望和平均引证次数得分偏低，但总体上显示出知名度和声望、研究成果之间的一种较为紧密的相关关系。

**表 1-1　奖励的知名度和声望与获得者的平均引证次数**

| 奖励的名称 | 知名度分值 | 声望分值 | 平均引证次数（1965 年版 SCI） |
|---|---|---|---|
| 诺贝尔奖 | 100 | 4.98 | 199 |
| 美国科学院院士 | 95 | 4.22 | 127 |
| 巴克莱奖（美国物理教师协会） | 73 | 3.65 | 168 |

续表

| 奖励的名称 | 知名度分值 | 声望分值 | 平均引证次数（1965 年版 SCI） |
|---|---|---|---|
| 美国物理协会奖 | 55 | 3.40 | 109 |
| 核和平奖 | 50 | 3.80 | 88 |
| 国家科学奖章 | 33 | 4.02 | 154 |
| 美国哲学学会会员 | 20 | 2.79 | 115 |
| 巴兰汀奖章（富兰克林所） | 14 | 2.60 | 60 |
| 尤金·库克·宾海姆奖章（流变学学会） | 10 | 2.80 | 75 |
| 布鲁克金质奖章（太平洋天文学会） | 6 | 3.20 | 95 |

注：本表引自科尔 J. 和科尔 S.（1989：61）。

对知名度、声望和平均引证次数进行相关分析发现，知名度与平均引证次数的相关系数达到了 0.7238，并且在 5% 的统计水平上显著相关；声望与平均引证次数的相关系数达到了 0.8055，在 1% 的统计水平上显著相关（见表 1-2）。因此，如果平均引证次数是关于奖励获得者的科学成就的合理度量的话，我们可以认为，将诺贝尔奖等（知名度和声望）作为社会认可机制是一种较为合理的选择。

**表 1-2　知名度、声望和平均引证次数的相关分析**

| 项目 | 知名度分值 | 声望分值 | 平均引证次数 |
|---|---|---|---|
| 知名度分值 | 1.0000 | | |
| 声望分值 | 0.8476** (0.002) | 1.0000 | |
| 平均引证次数 | 0.7238* (0.018) | 0.8055** (0.0049) | 1.0000 |

注：1. 原始数据引自科尔 J. 和科尔 S.（1989：61）。

2. * 表示 $p<0.05$；** 表示 $p<0.01$；*** 表示 $p<0.001$。

奖励是一种制度安排，但需要考虑奖励的时机（timing）的选择。基于工具性认可和荣誉性认可，默顿指出，正式奖励系统需要考虑对不同等级的成就予以承认，而不是仅限于承认最高的成就。如果对一个具体的科学家来说，这就涉及整个职业生涯中的成就分阶段地获得认可的问题。对此，默顿强调，奖励时机的选择非常重要。他列举了若干具有重要启示意义的例子。法拉第 63 岁时，说他很久以前就得到了他所需要的帮助和认可，他也高度珍惜这些荣誉，虽然他从来不是为了荣誉或刻意追求荣誉而工作。但他目前这个年龄，即使给了他新的荣誉，也不再像年轻时那样对他有很大吸引力了。与此相反，斯宾塞对迟到的荣誉感到不满，他在晚年谢绝了给予他的一切荣誉。他认为，这些荣誉对“最有前途”的人——可能是年轻人——最有用。凡勃伦也遇到过类似的“糟心事”，当他年纪较大时，美国经济学会希望他担任主席，他回应说“当我需要它时他们并未给予我。”因此，当“荣誉”来得太迟时就显得“太轻”，同时可能会因为来得“太早”而变得“太多”。但是，这两种情况都能够使人消除对自己的怀疑。赫胥黎就把“荣誉”比喻为“治疗沮丧发作的唯一解毒剂”（默顿，2003b：600-604）。

因此，认可时机的选择非常重要。这一点无论是在科学秩序中，还是在经济秩序和政治秩序中都有着无比的重要性，因为它将决定个体在社会分层中的位置，与声望、利益和权力等因素关系紧密。本质上，认可是一种激励机制。什么时候引入激励机制、实施激励措施，在进行我国国家治理体系和治理能力现代化建设的今天，仍然是值得重点关注的问题。

### 1.2.4　关于科技界精英的界定

经典精英理论的创始人维尔弗雷多 · 帕累托是较早对精英进行论述的先驱。他认为，人类社会具有异质性。他假设，在人类的每一项活动中都可以通过对每一个人的能力打出一个类似考试的分数，那么就可以将自己活动领域内拥有高分的人作为一个集合，称之为精英阶级。处于这个精英阶级中的人就是精英。他用简单的二分法将民众的阶级一分为二：精英阶级和非精英阶级，或者上层阶级和下层阶级。对精英阶级，他又区分为执政的精英和不执政的精英（帕累托，2016：302-304）。帕累托指出，对精英的划分也不尽然合理，因为总有名不符实者，有些执政者如部长、议员、将军，有些非执政者如律师、医生，总有我国古代谓之滥竽充数的南郭先生或现代称之为“水货”的存在。

显然，这种二分法对于我们当前的研究只具有开胃菜般的启发作用。如果要生硬地将科技界的精英与上述精英的概念融合，那么我们就需要拆解前面分层中的金字塔了。可以大致地将大部分的普通科技工作者和教师归类到普遍民众的范畴，属于非精英阶层。而对其上的，可能一部分要归类于执政精英，如科技管理者、最高层的科技政策制定者，另一部分则要归类为不执政的精英。因此，如果泛泛地理解，可以认为科技精英跨越了科技界分层的最底层，可能位于底层之上的任何层。这样做具有一定的合理性。首先，科技界本身的职业声望就处于社会职业序列中的最高层级。因此，即使是位于科技界分层的最底层的普通科技工作者和教师，其在整个社会中占据的社会分层的位置也是比较高的。其次，科技界分层的内部，小有声望的科学家其实在不同的机构、地域的影响力也存在着差异，有的在机构或地域的影响力甚至会大于更高层级的科学家。更优秀的科学家可能更关注全球性和全国性的话题，从而在一个机构或地域内，名气小的科学家影响力可能更大。从科尔兄弟的分层与朱克曼的分层比较来看，科尔兄弟对科学界的分层更加具体，也更加符合科学界的现实，而精英具体地对应于哪些人群，其指向也更加明确。

对于我国科技界而言，要界定出科技精英人才亦非易事。或许可以从一些文献对科技领军人才的定义中得到启示。例如，李燕（2015）认为科技创新领军人才指在某一特定领域或行业中，通过科技创新引领整个领域或行业发展，并做出突出贡献的精英人才。这一界定中直接采用了“突出贡献”+“精英”的定语。李超平和江峰（2015）综合多位学者观点，将领军人才概括为：在各行各业、各领域中具备顶尖的知识、技术、学术水平或经验，并能充分发挥团队核心及带头作用，能推动生产力进步或生产关系调整，满足所处时代经济社会发展需求的人才集合体。由此可见，要成为精英，也需要让人才与“顶尖”“核心”“带头”等词语关联起来。

从国内分析科技领军人才的具体对象来看，科技精英人才涉及诺贝尔奖获得者（刘少雪，2012；楼武林、吴殿廷、张艳平，2010）、“两弹一星”专家（马建光，2010）、国家最高科学技术奖获得者（李祖超、李蔚然、王天娥，2014）、两院院士（吴殿廷等，2005；熊麟，2013）、973 首席科学家（陈晓剑、李峰、刘天卓，2011）、长江学者（李峰、吴蝶，2016）、高被引科学家（喻恺、田原、严媛，2013；邓侨侨，2014；高芳祎，2015）等。

当然，科技精英中最重要的还是处于人才金字塔顶端的那些杰出科学家。如图 1-2 所示，当我们提到科学界社会分层中的一代宗师和当世高手时，由于他们占整个科学界的人数比例非常小，占整个社会的人数比例更小，因此把他们称为超级精英——不同于朱克曼仅将诺贝尔奖得主称为超级精英。

但这种做法无疑是武断的。什么样的成果得到承认、成就的贡献大小、谁来认可等因素直接影响到荣誉能否得到承认。评什么、标准为何、谁来评，这是三个绕不过去的永恒话题。国内掀起的“破四唯”（指破除项目评审、人才评价、机构评估中存在的唯论文、唯职称、唯学历、唯奖项的倾向），其实与科技精英的评判类似，这将是一个科学共同体和社会多种因素交织下长期有待解决的难题。不仅如此，社会对个体成就的判断是不断变化的。这一点在中国也不鲜见，例如 20 年前，多数高校对评教授、发表论文、学历、项目等并没有特别严苛的要求，但今天的“青椒”（指青年教师）则面临着日益艰难的职称晋升之路。而且，“每一个社会，部分是无意、部分是有意地出现了一些独特的鉴定者”。这些人，有时虽然并没有官方地位，但其能量之大，有时可以让人“默默无闻”（默顿，2003b：599）。

如果评价结果并不存在任何的利益，那么这件事情会相对容易许多。但正如科尔兄弟所指出的那样，“在哈佛大学或布鲁克海文实验室任职的科学家，担任国家科学基金会首脑的科学家，获得诺贝尔奖的科学家，或者其一生的工作对某领域产生了广泛影响的科学家”，“拥有着财富”，但是，“没有获得广泛荣誉的科学家，在一所小的、相对不知名的学校中任职的科学家，没有多少财富”（科尔 J. 和科尔 S.，1989：41）。显然，名、权、利三者往往紧密地结合在一起。但无论是政治秩序、经济秩序还是本书论及的科学秩序，都与名、权、利紧紧关联，或者与其中二者、三者都有紧密关系。只要开展评估评价，那就必然会出现优中劣的等级、好中差的区分，从而引起社会声望配置的社会差异，引起科学界的社会分层，进一步影响社会分层结构。除非最优秀和最好的评价指标是无限供给的，但这显然不符合现代科学精神中的任人唯才的普遍主义原则。事实上，无论是诺贝尔奖还是科学院的院士头衔，都不可能无限制地给予每一个人，要么由于名额的限制，要么由于获得认可需要时机而错过。因此，不是每一个合格者都有机会成为超级精英。例如，默顿特别提及了一个特殊的例子。法国科学院早期规定，无论何时只能有 40 位院士。其结果是，笛卡儿、帕斯卡等天才或非常杰出的人物都没能跻身其列，没有获得官方的认可，成为遗憾的“第四十一席”（默顿，2003b：599）。与之类似，没能获得诺贝尔奖但可以与诺贝尔奖得主比肩的杰出科学家也不在少数，朱克曼列出了多达数十人的“第四十一席”名单（朱克曼，1979：396-402）。

## 1.3　中国科技界的分层结构

中国已经成为世界科技大国，在科技论文、国际专利申请上已经成为世界第一。日本文部科学省科技与学术政策研究所 2020 年 8 月的报告称，在自然科学领域的论文篇数上，中国已超过美国跃居第一位。[1] 根据 2020 年 4 月世界知识产权组织（WIPO）发布的 2019 年各国 PCT 国际专利申请数量排名，中国的 PCT 申请数首次超过美国位居世界第一，以 58990 件力拔头筹，傲视美国、日本、德国、韩国、法国、英国等国家。[2] 这些成就

---

❶ 中国网，日研究报告：中国自然科学论文篇数超美居世界首位，http://news.china.com.cn/txt/2020-08/10/content_76582627.htm，检索于 2021 年 1 月 14 日。

❷ 中国经济网，中国 PCT 国际专利申请量跃居世界第一，http://www.ce.cn/culture/gd/202004/09/t20200409_34645349.shtml，检索于 2021 年 1 月 14 日。

的取得与我国广大科技工作者的努力和贡献分不开。

### 1.3.1 关于科技人才的界定

对于什么是科技人才，无论是学术界还是实际工作部门，仍然没有一个社会普遍认可、统一、科学的定义。在西方发达国家，科学技术人才被广义地定义为从事科学技术工作的员工，或具有高学位的研究开发人员。他们的特点就是知识密集和资本积累密集，专业化程度高，生产和创新潜力大。从这个意义上说，科学家、工程师、技术人员、艺术家、科技行业的企业家、现代高科技组织的管理人员都可以被广义地认为是科技人才。在科技部印发的《“十三五”国家科技人才发展规划》中，科技人才是指具有专业知识或专门技能，具备科学思维和创新能力，从事科学技术创新活动，对科学技术事业及经济社会发展做出贡献的劳动者。主要包括从事科学研究、工程设计、技术开发、科技创业、科技服务、科技管理、科学普及等科技活动的人员。相对而言，科技人才是劳动者中素质较高的一类群体，拥有创新性思维、具备创新精神、能从事创造性劳动是现代科技人才的典型特征。

但实践操作中很难全面获取这些数据，因此，我们从操作性的角度，将易于公开获取的高学历学位人员、专业技术人员、研究与试验发展人员、入选人才计划者、获得院士头衔者等纳入笼统的科技人才的范畴。

### 1.3.2 中国科技界分层的基底

根据国家统计局官网数据，截至 2019 年，我国自 1998 年以来毕业的本科生、研究生的人数共计达到 6907 万人，其中本科生为 6131.49 万人。自 2004 年以来毕业硕士 614.23 万人，博士 76.92 万人。这里，没有将专科毕业生（普通专科和成人专科）纳入考虑，但其累计量已经达到 7196.87 万人，是一个相当惊人的数据。当然，不是所有的本科及以上毕业生都会介入科技领域的工作；也不能否认，部分专科毕业生也可能在从事科技活动。而且，在统计时段之前的本科生和研究生虽然相对数量不如当前累计数量大，但其中仍然有不小比例的人在从事科技工作。

显然，仅以学历为基础的统计可能会夸大人群中从事科技工作群体的规模。根据中国科技统计官网数据，改革开放 40 年以来，我国科技人力资源数量大幅攀升，截至 2016 年年底中国公有经济单位的专业技术人员数量已经突破 3000 万人（见图 1-3）；其中教学、工程、卫生、农业、科学研究等科技领域的专业技术人员突破了 2400 万人，教学类超过了 1200 万人，工程类超过了 600 万人，农业类接近 75 万人，卫生类接近 450 万人，科学研究类也超过了 30 万人。❶

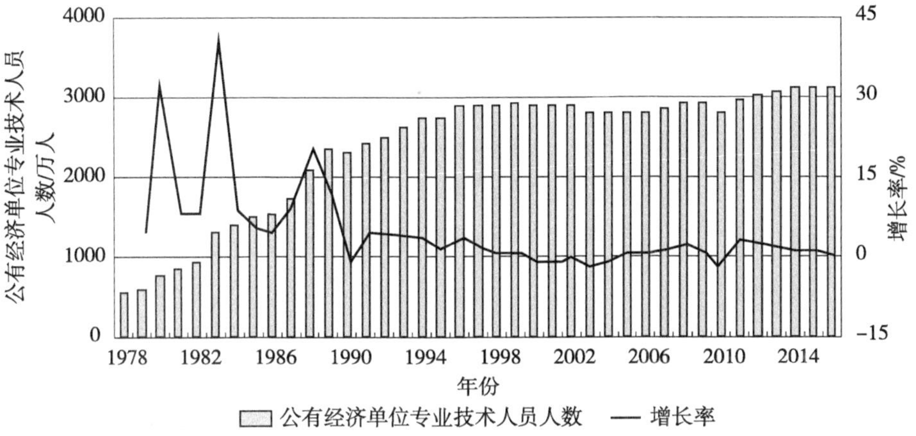


**图 1-3　1978—2016 年公有单位专业技术人员人数及增长率**

数据来源：中国科技统计网，《1978—2018 改革开放 40 年主要科技指标》。

当然，还有大量的民营经济就业人员没有进入统计口径，而且民营经济中通常并没有专门的专业技术职称，近几年才开始开展民营企业的专业技术人员职称评聘工作。尽管如此，以 2400 万科技领域的专业技术人员作为科技界分层的基底还是具有一定参考价值的，虽然有的初级和中级，甚至高级职称的专业技术人员可能并不具备专科及以上学历。毕竟，我国大

❶ 中国科技统计，1978—2018 改革开放 40 年主要科技指标，http://www.sts.org.cn/Page/Content/Content?ktype = 7&ksubtype = 3&pid = 46&tid = 106&kid = 2034&pagetype = 1&istop = [IsShow]，检索于 2021 年 1 月 14 日。

量的科技活动主要依托的还是公有经济单位，企业的研发大多也是与高校院所等公有经济单位开展合作进行的。

从全社会的研究与试验发展（R&D）人员角度来考察科技活动人员的情况，这显然排除了科技管理和科技服务类人员。根据《中国科技统计年鉴 2019》，2018 年年底全国有 R&D 人员 657.14 万人，其中女性 176.02 万人，本科学历的 275.55 万人，硕士学历的 97.59 万人，博士学历的 45.20 万人。专业技术人员的口径远远宽泛于 R&D 人员。而 R&D 人员的统计对象包含了民营经济主体，更加具有合理性。

### 1.3.3 中国科技界分层的中间层

为简便起见，将国家统计局公布的 2004 年以来毕业的研究生数量 614.23 万人作为分层的第二个层次，将博士生数量 76.92 万人作为分层的第三个层次。尽管这样处理不具有严谨的逻辑性，但作为参考，我们分析了中国普通高校的专任教师数据，截至 2019 年，全国 1265 家普通本科高校共有专任教师 123 万人。显然，这个数量与博士生的规模相对较为接近。由于早期教师大多并没有博士学位，因此高校内没有博士学位的群体数量依然不少。可以观察到，越来越多的普通本科高校招聘时要求应聘教师岗位的人员具有博士学位。在我国，公有经济单位的专业技术人员是与职称直接关联的。职称序列包括从初级、中级、副高级到正高级的各个层级。普通高校一般按照这个序列进行人员的聘用并根据职称级别给付工资。遗憾的是，无论是教育部还是人力资源和社会保障部都没有公布关于不同职称级别的人员数据。

关于科技界分层的第四个层级，我们引入国家级人才计划人选作为核算依据。根据人力资源和社会保障部统计公报，截至 2019 年年末，全国享受政府特殊津贴人员累计 18.2 万人，国家百千万人才工程人选者 6100 多人。[1]国务院政府特殊津贴是国家对于高层次专业技术人才和高技能人才的一种

---

[1] 中华人民共和国人力资源和社会保障部，2019 年度人力资源和社会保障事业发展统计公报，http://www.mohrss.gov.cn/gkml/ghtj/tj/ndtj/202009/t20200911_385449.html，检索于 2021 年 1 月 14 日。

奖励制度，设立于 1990 年，荣誉获得者通常被称为享受国务院政府特殊津贴专家。据笔者所知，每年由各省市向人力资源和社会保障部推荐，人力资源和社会保障部最后对各省市推荐名额予以认可。在一定程度上可以认为，享受国务院政府特殊津贴是稍微超越省部级层面的荣誉，获得者的知名度和声望可能比省部级层面的人选会高一些。因此，可以将这类人作为衡量省级层面人才的一个不太精准的参考值。国家百千万人才工程设立于 1994 年，它坚持以培养（而不是选拔）为主的原则，分为三个层次，最上面的一个层次要求推选出年龄在 45 岁左右，处于世界科技前沿，在世界科技界享有盛誉的学术和技术带头人。自 1994 年以来，经过二十几年，选拔出国家百千万人才 6100 多人，说明相对于享受国务院政府特殊津贴这一遴选条件，其标准更加严格一些，在年龄上的限制尤其明显。因此，它在一定程度上能够代表中青年人才在国家层面可以获得的荣誉性奖励。

对于科技界的人而言，国家杰出青年科学基金、优秀青年科学基金、长江学者奖励计划（分特聘教授、讲座教授、青年学者三类）、国家千人计划、国家万人计划等是更加耳熟能详的人才计划。

国家杰出青年科学基金 1994—2020 年共资助了 4559 位青年科学家的项目（见表 1-3）。受到资助的青年科学家不断成长，涌现出了白春礼、陈竺、李静海、李家洋、王志新、刘德培、田刚、卢柯等一批又一批的知名科学家，其中 31 人当选为中国科学院院士或中国工程院院士，成为我国科技界的超级精英。

**表 1-3　1994—2020 年国家杰出青年科学基金项目资助情况**

| 年份 | 资助项数 | 年份 | 资助项数 | 年份 | 资助项数 |
|---|---|---|---|---|---|
| 1991 | — | 2001 | 145[①] | 2011 | 198 |
| 1992 | — | 2002 | 160 | 2012 | 200 |
| 1993 | — | 2003 | 159 | 2013 | 198 |
| 1994 | 49 | 2004 | 157 | 2014 | 198 |
| 1995 | 81 | 2005 | 160 | 2015 | 198 |
| 1996 | 84 | 2006 | 158 | 2016 | 198 |

续表

| 年份 | 资助项数 | 年份 | 资助项数 | 年份 | 资助项数 |
| --- | --- | --- | --- | --- | --- |
| 1997 | 112 | 2007 | 170 | 2017 | 198 |
| 1998 | 100 | 2008 | 180 | 2018 | 199 |
| 1999 | 133 | 2009 | 179 | 2019 | 296 |
| 2000 | 151 | 2010 | 198 | 2020 | 300② |
| 合计 | 710 | 合计 | 1666 | 合计 | 2183 |

注：1994—2000 年国家杰出青年科学基金项目统计数据来自国家自然科学基金委官网新闻（走过十年——国家杰出青年科学基金资助情况概述，http://www.nsfc.gov.cn/publish/portal0/tab440/info60017.htm，检索于 2021 年 1 月 14 日），其余各年数据来自官网项目资助统计栏目。

①2001 年数据存在争议，国家自然科学基金委官网显示为 148 项，但光明日报列示为 145 项，而国家自然科学基金委对杰青设立十年的回顾时，报道说前十年为 1174 项（科金，2004），这意味着 2001 年立项数为 145 项。

②2020 年数据为公布的建议立项数。

### 1.3.4 中国科技界分层的顶层

如上所述，获得国家最高科学技术奖、国家自然科学奖、国家技术发明奖、国家科学技术进步奖以及何梁何利基金奖等的科学家和中国科学院院士、中国工程院院士共同构成了中国科技界的顶层。限于时间和精力，我们在这里仅报告两院院士（指中国科学院院士和中国工程院院士，后同）相关数据和国家最高科学技术奖获得者数据。

关于院士的情况。根据笔者统计，1955—2019 年中国科学院院士人数和 1994—2019 年中国工程院院士人数分别为 1431 人和 1144 人，其中有 34 名中国科学院院士在 1994 年和 1995 年被聘为中国工程院院士；另外，有科学院 2 人、工程院 3 人因违法违纪被撤销或终止了院士资格。因此，以中国籍当选的两院院士实际人数为 2541 人。关于院士的分析，将在后文中进行详细说明。

关于国家最高科学技术奖获得者。1999 年 5 月 23 日，国务院发布

《国家科学技术奖励条例》，规定国家设立国家最高科学技术奖、国家自然科学奖、国家技术发明奖、国家科学技术进步奖和国际科学技术合作奖等奖项。国家最高科学技术奖是中国科技界的最高荣誉，应该说超过了两院院士称号和其余奖项的高度，是当之无愧的中国科技界的加冕之王。该奖项每年获奖者不超过两名，奖励金额高达 500 万元人民币，2018 年调整为 800 万元人民币，奖金分配结构也有变化，全部奖金由获奖者个人支配。2000 年至今（2020 年公布了 2019 年的当选者，2020 年的在 2021 年公布），共有 33 位杰出科学工作者获得国家最高科学技术奖（截至 2020 年 12 月 31 日），最年轻的获奖者在获奖时已经 75 岁，其余大部分是为科学事业奋斗终生的、年逾 80 岁的高龄科学家。

### 1.3.5　中国科技界分层的金字塔

基于前述大致的分析，我们已经构建了中国科技界社会分层的一些参考数据（截至 2019 年）：

（1）公有经济单位的科技领域的专业技术人员突破了 2400 万人。

（2）硕士毕业生 614.23 万人。

（3）全国 1265 家普通本科高校，共有专任教师 123 万人。

（4）博士毕业生 76.92 万人。

（5）享受国务院政府特殊津贴人员 18.2 万人。

（6）国家百千万人才工程入选者 6100 多人。

（7）国家杰出青年科学基金获得者 4559 人。

（8）中国籍当选的中国科学院和中国工程院院士 2541 人。

（9）国家最高科学技术奖获得者 33 人。

如果从人才梯次的角度看，这里还缺少青年长江学者、优秀青年科学基金获得者、万人计划人选，但总体上，上述数据构成了一个层级明显、梯次分明的科技界的分层结构，至少可以作为中国科技界社会分层的一个参考。如果以国家最高科学技术奖获得者作为 1，其他类别以倍数关系表示，那么新的对应关系见表 1-4。这意味着 1 位最顶端的国家最高科学技术奖得主，对应77名两院院士，对应138名国家杰出青年科学基金获得者，如此等等。

**表1-4 以国家最高科学技术奖获得者为参照的人才金字塔结构**

| 类别 | 原始数据/人 | 对照数据 |
| --- | --- | --- |
| 国家最高科学技术奖获得者 | 33 | 1 |
| 中国科学院和中国工程院院士 | 2541 | 77 |
| 国家杰出青年科学基金获得者 | 4559 | 138 |
| 国家百千万人才工程入选者 | 6100 | 185 |
| 享受国务院政府特殊津贴人员 | 182000 | 5515 |
| 博士毕业生 | 769200 | 23309 |
| 普通本科高校专任教师 | 1230000 | 37273 |
| 硕士毕业生 | 6142300 | 186130 |
| 公有经济单位的科技领域的专业技术人员 | 24000000 | 727273 |

在此回顾朱克曼关于美国科学界的社会分层，1名诺贝尔奖得主对应13名美国科学院院士，对应2400名具有博士学位的科学家，对应6800名自封的科技工作者。为了便于比较，我们对2019年中国科学院院士、博士和科技领域的专业技术人员数据与美国20世纪70年代的科学院院士、博士科学家、自封的科技工作者数据进行对照。中国科学院院士：博士毕业生：科技领域的专业技术人员=1：538：16771，而美国科学院院士：博士科学家：自封的科技工作者=1：185：523。

使用以上数据时要谨慎，必须充分考虑二者的时代有着巨大差异，美国20世纪70年代的数据与目前有了很大的差别。根据估算，与20世纪70年代相比，2006—2008年美国总体劳动力科学家的比例已经从1.8%上升到3.3%，这个增加的比例在很大程度上来源于计算科学领域科学家数量的迅速增长；总体劳动力中拥有学士及以上学位者的比例则从14.7%上升到32.9%（谢宇、齐沃德，2018：46）。根据美国科学院官网介绍，美国科学院院士数量已经超过2400人，外籍院士500多人，其中有190人获得过诺贝尔奖。[1] 根据国家统计局数据，我国 2019 年就业人数达到 77471 万人，本科毕业人数 6131 万人，所占比例仅为 7.91%，与美国的 32.9% 相比仍然存在巨大差距。如果将专科毕业人数加总进来，这个比例上升为 17.2%，仍然只达到美国的一半左右。总地来看，无论是科技工作者的基底数量，还是美国科技工作者中科技精英的数量都是不断增加的。

需要指出的是，随着中国科技实力的增强和中国科技人才的国际化，已经有一大批中国籍科学家获得了国际的认可，取得了突出的成就，获得了包括美国科学院在内的各国顶级科研机构的认可。自 1965 年以来，我国已经有多位科学家入选美国科学院外籍院士，包括华罗庚、周光召、陈竺、袁隆平等多位杰出代表。2016 年，中国医学科学院研究员屠呦呦获得诺贝尔心理学/医学奖，成为以诺贝尔奖为标准衡量的比肩国际超级科技精英的中国第一人。

从当前国家竞争态势来看，国家之间的竞争归根到底还是人才的竞争。哪个国家拥有人才上的优势，哪个国家最后就会拥有实力上的优势。中国正在大力推进创新驱动发展国家战略，创新战略的实现离不开人才的驱动。随着科学技术在国别经济和世界经济中发挥着越来越重要的作用，从“互联网+”到智能经济，从一般的技术创新到颠覆性创新，都离不开人才资源的重要贡献。更狭义地理解，当代经济社会和科技本身的发展，对人才尤其是科技人才资源的依赖性越来越大。具有科学技术知识、创新意识和创造能力的科技人才已成为最有价值的资本和核心资源，是经济增长的主要源泉和主体要素。

正所谓人才强，科技才能强，科技强，中国才能强。因此，充分调动发挥科技界不同层次人才的作用，利用好对科技人才的工具性认可、荣誉性认可的奖励性政策，给予科学家成长的环境、发挥作用的空间，形成一支又一支在各个领域具有战略导航、攻坚克难作用的科学家队伍，培育铸就一支更加坚强有力的科技创新人才队伍，是中国迈向世界科技强国的必由之路。

---

[1] 美国科学院官网，Membership Overview，http://www.nasonline.org/membership/，检索于 2021 年 1 月 15 日。

## 1.4 结论

无论是从美国的经验事实还是从中国的实际来看，科技界存在着明显的社会分层。这种分层在现代科学精神气质——普遍主义规范的作用下，要求坚持任人唯贤的标准，让有才能的人匹配到适合自己的岗位上。通过前面的论述，我们得到关于科技界分层的如下观点或事实。

科学秩序区别于一般的社会秩序，包括经济秩序和政治秩序。科技界的分层主要取决于科学家的社会声望。区别于社会分层中不平等带来的矛盾冲突，科技界相对更加不平等的分层结构并没有带来明显的社会冲突。这与科学家本身相对于一般社会分层处于社会职业声望的占优位势有关。在此基础上，科学家首要追求的是名，但名和权、名和利往往伴生。当二者或三者纠缠时，可能会对科学精神中的普遍主义发起挑战。

科学家的社会分层基于社会认可带来的社会影响力，社会认可的最广泛途径是职位，最重要的方式是奖励。美国的认可方式主要是（被）给予荣誉和会员身份，如获得诺贝尔奖或成为美国科学院院士。中国的认可方式包括获得国家最高科学技术奖或成为中国科学院、中国工程院院士等，进入国家和省部级人才计划和具有影响力的项目也是获得阶段性认可的重要途径。

科学秩序回归中国话语体系，可以参照金庸武侠小说划分为一代宗师、当世高手、门派掌门、武林人士、江湖人士等多个层次，可以对应美国科技界的新范式创始人、诺贝尔奖得主和科学院院士、科技管理者和政策制定者、小有声望的科学家、一般科技从业人员，对应中国的国家最高科学技术奖获得者、中国科学院和中国工程院院士、国家杰出青年科学基金获得者和国家百千万人才工程人选以及享受国务院政府特殊津贴专家等、拥有博士学位的科研人员、科技领域的科技工作者等层次。显然，中美科技界的层次在数量和质量上不能一一对应，尤其是最顶端科学家的数量和质量。

科技界分层中存在着“第四十一席”现象，是指那些做出了与获得认可的人相同甚至更大贡献的科学家可能名落孙山。因此，给予科学家认可的时机选择是一项重大的科技政策问题，对于作为个体的科学家能不能获得认可、什么时候获得认可，从而占据科技界分层的一席之地甚至更优势的分层，有着重要的影响。对于工具性认可和荣誉性认可这两种赋予科学家社会声望和科研资源，甚至权力和财富的政策工具，如何设计和实施，应当成为一个国家科学建制、人才培育中的重要政策内容。

## ■ 本章参考文献


[1] 熊彼特. 从马克思到凯恩斯十大经济学家 [M]. 宁嘉风，译. 北京：商务印书馆，2013.

[2] 韦伯. 经济与社会：第一卷 [M]. 阎克文，译. 上海：上海人民出版社，2019a.

[3] 韦伯. 经济与社会：第二卷（上册） [M]. 阎克文，译. 上海：上海人民出版社，2019b.

[4] 陈义平. 分化与组合：中国中产阶层研究 [M]. 广州：广东人民出版社，2005.

[5] 吴增基，吴鹏森，苏振芳. 现代社会学 [M]. 5 版. 上海：上海人民出版社，2014.

[6] 李强. 转型时期中国社会分层 [M]. 沈阳：辽宁教育出版社，2004.

[7] 李春玲. 中国社会分层与流动研究 70 年 [J]. 社会学研究，2019（6）：27-40.

[8] 默顿. 十七世纪英格兰的科学、技术与社会 [M]. 范岱年，吴忠，蒋效东，译. 北京：商务印书馆，2000.

[9] 默顿. 科学社会学：理论与经验研究　上册 [M]. 鲁旭东，林聚任，译. 北京：商务印书馆，2003a.

[10] 顾昕. 科学共同体的社会分层 [J]. 自然辩证法通讯，1987（4）：21-29.

[11] 科尔 J，科尔 S. 科学界的社会分层 [M]. 赵佳苓，等译. 北京：华夏出版社，1989.

[12] ZUCKERMAN H. Stratification in American Science [J]. Sociological Inquiry，2010，40（2）：235-257.

[13] MERTON R K. The Matthew Effect in Science：The Reward and Communication System in Science [J]. Science，1968，159（3810）：56-63.

[14] 默顿，马亭亭（译），林聚任（译）. 科学界的优势和劣势累积 [J]. 贵州社会科学，2010（11）：21-23.

[15] 默顿. 科学社会学：理论与经验研究　下册 [M]. 鲁旭东，林聚任，译. 北京：商务印书馆，2003b.

[16] 巴伯. 科学与社会秩序 [M]. 顾昕，等译. 北京：三联书店，1991.
[17] 陈劲，等. 科学、技术与创新政策 [M]. 北京：科学出版社，2013.
[18] 古川安. 科学的社会史：从文艺复兴到 20 世纪 [M]. 杨舰，梁波，译. 北京：科学出版社，2011.
[19] 查尔默斯. 科学究竟是什么？(第 3 版) [M]. 鲁旭东，译. 北京：商务印书馆，2007.
[20] 特赖菲尔. 世界历史上的科学 [M]. 张瑾，译. 北京：商务印书馆，2015.
[21] 朱克曼. 科学界的精英：美国的诺贝尔奖金获得者 [M]. 周叶廉，冯世则，译. 北京：商务印书馆，1979.
[22] 孙玲，尚智丛. 科学共同体社会分层研究综述 [J]. 科学学与科学技术管理，2011，32 (8)：156-161.
[23] 帕累托. 普通社会学纲要（修订版）[M]. 田时纲，译. 北京：社会科学文献出版社，2016.
[24] 刘少雪. 大学与大师：谁成就了谁——以诺贝尔科学奖获得者的教育和工作经历为视角 [J]. 高等教育研究，2012，33 (2)：30-34.
[25] 楼武林，吴殿廷，张艳平. 杰出经济学家成长的环境因素分析与启示：以诺贝尔经济学奖获得者为例 [J]. 传承，2010 (6)：98-101.
[26] 马建光. 论"两弹一星"科技精英群体师承效应 [J]. 学位与研究生教育，2010 (1)：19-24.
[27] 李祖超，李蔚然，王天娥. 24 位国家最高科学技术奖获得者成才因素分析 [J]. 教育研究，2014，35 (12)：61-71.
[28] 吴殿廷，刘超，顾淑丹，等. 高级科学人才和高级科技人才成长因素的对比分析：以中国科学院院士与中国工程院院士为例 [J]. 中国软科学，2005 (8)：70-75.
[29] 熊麟. 基于学缘的中国科学院院士成长特征研究 [D]. 成都：西南交通大学，2013.
[30] 陈晓剑，李峰，刘天卓. 基础研究拔尖人才的关键成长路径研究：基于 973 计划项目首席科学家的分析 [J]. 科学学研究，2011，29 (1)：44-48.
[31] 李峰，吴蝶. 高等教育背景如何影响不同学科科技人才成长：以教育部长江学者特聘教授为例 [J]. 高等教育研究，2016，37 (10)：42-48.

[32] 喻恺，田原，严媛. 日本高被引科学家的成才路径研究［J］. 教育学术月刊，2013（10）：9-13.

[33] 邓侨侨. 机构迁移：高被引科学家名校集聚的特征与原因分析［J］. 科学学与科学技术管理，2014，35（8）：135-143.

[34] 高芳祎. 华人精英科学家成长过程特征及影响因素研究［D］. 上海：华东师范大学，2015.

[35] 科金. 走过十年：国家杰出青年科学基金资助情况简述［J］. 中国科学基金，2004（4）：240.

[36] 谢宇，齐沃德. 美国科学在衰退吗？［M］. 北京：社会科学文献出版社，2018.

# 第2章 院士与院士制度

院士制度是科学活动体制化的重要形式。科学的发展受到特定的制度因素的制约，要实现科学的进步，就需要激励对科研有兴趣和有能力的人积极参与。科学活动的体制化能够为科学发展提供一个平台，其结构的变迁对科学事业发展可以起到削弱、改变或阻碍作用（默顿，2003a：344）。院士制度也有这样的功效。

## 2.1 院士称谓

### 2.1.1 关于院士的说文解字

“院士”二字，以“院”为出发点，以“士”为落脚点。从本义上，士者，事也。数始于一，终于十。从一从十。孔子曰：“推十合一为士”（许慎，2007：18）。段玉裁批注说，“学者由博返约，故云推十合一”（万献初，2019：223）。《论语·泰伯》中有“士不可以不弘毅”。这里的士就是指读书人（杨伯峻，2017：115-116）。中国古代的读书人，大略上可以区分为入仕之士和在野之士，也就是读书后去做官的和不做官的。中国古代的出仕之人不乏经世致用之心，但与西方的知识分子关心国家、社会、人类价值不同。背后的原因就是他们是依附在统治阶级身上的皮毛，缺乏独立的人格（刘韶军，1992）。这些观点对于我们加深对士的理解和认识有很大的帮助。

院者，周垣也（许慎，2007：354），指四周有围墙，中间有平地。因此，“院”与“士”合，可以将“院士”解意为“围”着某个领域有着“知一合十”能力的人。根据《中国科学院章程》（2019 年修订版）和《中国工程院章程》（2018 年修订版），院士是国家设立的（工程）科学技术方面的最高学术称号，是一种终身荣誉。在本书中，院士代称获得院士称号的科学家和工程师。[1] 因此，中国科学院院士和中国工程院院士（以下简称“两院院士”）就是“围”着某科学技术领域有着“尖深”知识的人。或者说，是在科学技术领域善于学习、会办事的人——解决问题的人。

### 2.1.2 院士称谓的由来

院士和院士制度均为舶来品。当时，晚清和民国的先贤们倡导西学，在 20 世纪 20 年代就开始探索引入类似法国科学院、英国皇家学会这样的科学建制组织。1928 年，民国政府批准在南京成立了中央研究院。但直到 1948 年，我国的院士制度才真正确立，投票产生了中国的第一批院士。院士和院士制度是中国知识分子学习西方“赛先生”的重要成果。但是，最早提出中国要成立科学院和有院士的并不是中国人，而是英国一个叫慕威廉（William Murihead）的传教士。大概是 1857 年，慕威廉提出中国需要格致士（科学家）和格致院（科学院）来实现国家复兴（艾尔曼，2016：375）。

院士的英文通常用 Member of Academy 或 Fellow of Academy，但国外通常称为会员而不是中国化的院士。例如，我国著名的现代教育家、前国立清华大学校长罗家伦在留学期间曾著书《科学与玄学》。书中指出，英国皇家学会的会员分为会员和外国会员两种，本国正式会员称为 Fellow of Royal Society，外国会员称为 Foreign Member（李来容，2010：53-54）。但国外的学会或科学建制制度引入中国后发生了很大的变化，这一变化体现在“院士”称谓上。

据说，中央研究院筹备院士制度时，还没有“院士”这一称谓。如何借鉴和使用外国人的这种科学家的身份制度，有人提议叫“会员”，有人

---

[1] 根据《中国工程院章程》，“具有中国国籍的高级工程师、研究员、教授或具有同等职称的专家”有资格提名并当选为中国工程院院士。

觉得太俗；有人提议叫“学侣”“院侣”，感觉和“僧侣”一词相近，缺乏科学本身的内涵；也有人提议译为“院员”，但也觉得不好听（吴伯芬，2000），因此争论不休。鉴于将 members 译为会员太俗，思忖再三，傅斯年建议使用 academician 并译为院士，将中国传统文化中“士”的尊贵和高雅特征赋予中央研究院的当选人。最后由中央研究院 27 人组成的评议委员会经过两轮投票表决，第二轮中“院士”一词以 13 票的多数最终被选中（李来容，2010：188），并非一些文章中关于定名为“院士”时以讹传讹的一致通过。

1948 年 3 月底，中国的第一批院士正式诞生。至此，院士之谓得以确立。和目前的院士制度有所区别的是，那时的院士不仅包括科学技术领域的顶尖人才，如华罗庚、陈省身、吴大猷、竺可桢等；还包括人文和社会科学领域的顶尖人才，如金岳霖、冯友兰、胡适、陈寅恪、马寅初等。如果把 1662 年英国皇家学会的正式成立作为院士制度的开端，中国学习西方最终建立类似的组织和制度，较西方晚了近 300 年。

从“院士”称谓诞生之日起，它就饱受争议。而“士”在中国的命运多舛、入仕还是在野，这种或官或民的特性注定了院士和院士制度其后在时代演进中的纷纷扰扰。尤其是中国市场化改革之后，院士制度内在的科学秩序和科学精神与市场化条件下的经济秩序发生了强有力的干涉，象牙塔与竞技场耦合的结果，导致科学秩序演进的内在逻辑受到冲击，损害了院士的“尊贵和高雅”。

### 2.1.3　院士称谓的变迁

新中国非常重视科学技术的发展，1949 年 11 月 1 日就正式成立了中国科学院。但是，对于原中央研究院的院士，中国科学院成立时并没有承认（谢泳，2005）。到底是实行院士制还是学部委员制，当时在国家领导人高层层面和中国科学院引起了较大的争论。最终，经中共中央和政务院批准后，决定采用学部委员制。这其实是向院士制度过渡的中间形式。1954 年 6 月，中国科学院开始筹备学部建设，1955 年 6 月在北京召开学部委员成立大会。1955 年，首批产生了 233 名学部委员，其中有 61 位人文社会科学领域的人选。

院士和学部委员有较大的区别。1955 年筹备学部时称学部委员而不是院士，是因为院士的称号比较神圣，但当时我国科技水平还比较落后，学科发展参差不齐，如果在各个学科领域遴选出一批院士来，恐怕会产生不好的影响。而采用学部委员制，它不是一个荣誉称号，还需要承担中国科学院和全国科技的学术领导工作（王扬宗，2005）。但是，由于学部委员制实施后，并没有围绕科学技术发展开展多少学术性的领导工作，后来还是变成了荣誉称号。由于学部委员与院士称谓之间的差别，在国际上闹出了个小插曲。1960 年，中科院副院长吴有训[1]带队参加英国皇家学会纪念会时，主办方通知说“明天的大会，只有各国科学院正式院士才有资格参加，请各国与会院士明日穿戴好本国科学院的院士礼服和冠冕，以便识别，否则，会场警卫将拒绝其入场。”中国当时实行的是学部委员制度，院士制度还没有恢复，并没有正式的院士，使得代表团很尴尬（甘晓，2015）。

“文化大革命”结束之后，科技界迎来了科学的春天。中央决定恢复学部活动，增补学部委员。最初拟增补 185 人，使科学院学部委员数达到 300 人，后期实际增补了 283 人（王扬宗，2005）。增补办法中规定：“中国科学院学部是由我国优秀科学家组成”。显然“优秀”的标准与院士的标准应该有所不同。默顿在科学的评价方法中提到对杰出科学家的认可，使用的是“Excellence”（优异）（默顿，2003b：570）。最终增补的学部委员名单在 1981 年 3 月获得国务院批准。

同时，中国科学院也着手建立院士制度。1980 年，中国科学院中已经没有了哲学社会科学学部（李真真、刘勇卫、申倚敏，2005）。而 1977 年成立的中国社会科学院，其前身就是中国科学院哲学社会科学部。1980 年 7 月，中国科学院联合中国社会科学院向国务院报送了《关于建立院士制

[1] 吴有训是中国近代物理学的开拓者，是我国近代力学奠基人之一、中国科学院院士钱伟长的导师。

度的请示报告》和《中国科学院、中国社会科学院院士条例（草案）》。在草案中提出，院士是给予我国卓越科学家的最高荣誉，是我国最高的学术荣誉称号，并附了科技界和社会科学界第一批院士的 200 人大名单。报送的 200 名院士名单比增补后的 400 名学部委员的数量少了一半，这意味着学部委员增补时的“优秀”标准低于“卓越”标准，至少有一半的人选并未达到院士标准。但这一报告并没有获得批准（王扬宗，2005）。

到 1990 年，学部委员老龄化的严重程度甚至超过了 1980 年，322 名学部委员平均年龄超过了 75 岁（王扬宗，2005）。因此又恢复了学部委员增选工作。在 1991 年第三次增选时，中国科学院确立了延续至今的两年一度的增选制度。就这样，学部委员制作为一种过渡，一直延续到 1993 年。由国务院常务会议决定，中国科学院学部委员改称为中国科学院院士（谢泳，2005）。但当时将所有学部委员都改称为院士，将优秀的学部委员等同于卓越的科学家，一方面造成院士遴选的学术资格标准下降，另一方面也放大了院士的数量规模（王扬宗，2005）。1994 年 6 月，中国工程院成立。

由此，新中国的院士制度完全确立。在当前的文献中，把中国科学院自然科学领域的学部委员全部统称为院士，中国工程院则自成立之初就确立了院士的称谓。至此，院士称谓重新回到中国科技界，随之而开启的两院例行的年度（目前两年一次）院士增选活动则成为中国科技精英华山论剑的重轴戏。

## 2.2　院士制度及其变迁

院士制度是中国学习西方的重要成果。回溯和了解院士制度在西方的演进历程和在中国的建设历程，对比国内外院士遴选和制度管理的异同，对于认识院士制度、了解中国人才金字塔尖的科技精英、更好地发挥院士制度的作用有着重要的正本溯源之效。事实上，在西学东渐的过程中，院士制度作为科学建制化的重要组成部分，作为“师夷长技以制夷”的重要篇章，一直受到具有战略眼光的前辈先贤的关注并践行不止。蔡元培、李煜瀛等人关注到英法等国科学建制的发展，着力推动民国政府于1928年成立了中央研究院（王扬宗，2005）。今天，院士制度仍然备受关注，中国科学院院士和中国工程院院士为中国科学技术的发展做出了突出贡献。先贤开创，奠定了中国院士制度的基石；今人拓展，不断优化科学体制化的道路。无论何者，都致力于为中国的科技精英的社会认可寻找一条合理的路径，为中国的科技事业发展寻找具有引领性的力量。

### 2.2.1 院士制度溯源

院士是学术界对科学家最尊崇的认可方式。这是对科学家已经取得的成就的高度评价和荣誉性奖励（默顿，2003b：580）。院士制度是对获得最高科技成就评价的科学家的制度安排，最早起源于欧洲，现已成为世界各国通行的建制化行为。

从词源来看，院士（Academician）一词的词根源于学术机构和学术环境一词（Academia）。Academia的词根源于古希腊。根据神话传说，在古希腊的阿提卡地区有一位名叫阿卡德摩斯（Akademos）的英雄，他将雅典城从覆城之危中拯救出来，自己却牺牲了。希腊人为了纪念他，把他葬在了雅典城西北的橄榄林园，尊称这个地方为Akademia。公元前387年，柏拉图以崇奉缪斯女神为名，首创了哲学学会，经常在雅典城郊西北的Akademia橄榄林园与学生和朋友集会研讨问题。由此，形成了古希腊的柏拉图哲学学派，或称柏拉图学园（万汝洋，2008：3；李来容，2010：6）。这是西方近代意义上的早期学术机构的雏形。柏拉图学园的相关活动沿袭了900多年，在公元529年，由于怀疑基督教的教义，柏拉图学园被东罗马帝国查士丁尼大帝颁令废止（李来容，2010：6）。

在希腊文化趋于衰落之后的中世纪，欧洲、北非、中亚的一些国家相继设立了类似柏拉图学园的学会。公元前3世纪初，古埃及国王托勒密一世在亚历山卓创设了博物馆。之后，基督教徒与希伯来人、阿拉伯人在古巴比伦、巴勒斯坦、亚美尼亚、哥多华、撒马尔罕等地陆续建立了类似的学术性组织。到了公元 782 年（我国唐朝中叶），法国国王查理曼大帝在宫廷内设置了学院。公元 9 世纪，拜占庭帝国摄政亲王巴尔达斯在土耳其首都君士坦丁堡设立了第一个具有一定科学研究机构性质的学会（李来容，2010：6–7）。

进入文艺复兴时期之后，柏拉图主义开始复活。这时候，宗教改革取得了明显的突破，路德的天职观为清教徒们在追求事业成就与自我救赎之间找到了一条通道（韦伯，2020：51–72）。科学研究地位开始合法化。在科学技术上取得的成就成为赞颂上帝的伟绩，清教徒们因此奉献了越来越多的科技成果（默顿 a，2003：316）。科技的发展摆脱了宗教和经院哲学的束缚，形成了一批科学共同体（董光璧，2016）。活跃的柏拉图的新信徒们在意大利点燃了科学的烽火，罗马的猞猁学社（又称山猫学社）、那不勒斯的自然奥秘学会、佛罗伦萨的齐芒托学会等应时应运而生（赵红州，1984：16–17）。这些学社大多有一个共同点，即承袭了柏拉图学园的风格，使用 Academia 作为组织的名称。用现在时髦的话说，这些“新型研发组织”或“创新型机构”汇聚了意大利的大批科学家、诗人和艺术家。

其中，最出色和最有代表性的是罗马的猞猁学社。董光璧认为，这个学社就好像是一个密友联盟，学社为其成员提供研究条件，包括实验室、科学仪器、图书资料等，其著名成员包括博物学家波尔塔、物理学家伽利略、数学家瓦勒里奥等人，也包括明朝时期到过中国的汤若望等天主教传教士（董光璧，2016）。他们关注自然科学领域的讨论和研究，主要通过观察、实验和归纳的方法进行科学研究，据此成为近代最早的科学学社成员（李来容，2010：7；董光璧，2016）。这种由伽利略发展出来的研究方法，被认为是现代科学诞生的标志。尽管猞猁学社在历史上只存在了有限的 23 年左右，但其组织模式和研究方式却成为后来者竞相效仿的对象，被认为是近代科学组织模式的源头之一。英国的“增进自然知识伦敦皇家学会”、法国的“皇家科学院”、梵蒂冈宗座科学院和意大利国家科学院都承认猞猁学社为其前身（董光璧，2016）。

从这个时期起，Academia 及其在不同国家的词形变种成为学术机构和学术环境的统称（李来容，2010：7）。也正是在这个时期，意大利成为世界历史上的第一个科学中心（赵红州，1984：16-17）。

### 2.2.2 从无形学院到英国皇家学会

知识就是力量。这是科学从宗教和经院哲学的束缚中解放出来后的一句名言。弗朗西斯·培根（Francis Bacon）认为，科学的实用价值是至高无上的。在《新大西岛》中，培根将发明家及其发明图案和样品陈列在所罗门科学馆（Salomon's House）中（芒福德，2009：56-57）。在培根精神的指引下，Christopher Wren、Robert Boyle 等人在 1662 年组建了英国皇家学会（霍尔、罗森伯格，2017：18），Wren 成为第一任会长。这种国家学会以私人赞助为基础，成为优秀科学家集中从事研究工作、发展学术的综合性、固定化的组织（李来容，2010：6）。由此，开启了近代科学技术研究体制化的重要篇章——院士制度。当然，也许称为学会制度更为恰当。

在英国皇家学会成立之前，适值英国内战刚结束不久，科学技术还没有成为一个独立的社会职业类别。当时，科学家之间的交流缺乏固定的组织形式和载体，主要通过书籍、书信、私下传阅等方式进行交流。这些非正式的方式被称为无形学院（Invisible College）❶。这一用法最早出现在化学家罗伯特·波义耳在 1646 年和 1647 年所写的两封书信中（霍尔、罗森伯格，2017：18）。当时，还没有正式的期刊出版来快速地传播科学研究的方法和结论。通过无形学院实现知识分享，较好地促进了知识的国际化，也促进了学术界和工业界之间的合作与交流。发现万有引力定律的牛顿、发现弹性定律的胡克、发现哈雷彗星的哈雷都是这个无形学院的佼佼者。最终这一组织形式为推动科学研究的组织化做出了历史性贡献。这一点在英国皇家学会官网上已经昭示：这些自然哲学家和医生搭建的“无形学院”成为英国皇家学会的起源。

今天，英国皇家科学院已经汇聚了 1700 多位最杰出的英国籍和外籍科

---

❶ 参照“看不见的手”的译法（Invisible Hand，也有译为无形之手的），或可译为看不见的学院。

学家。但英国皇家学会成立之初只是一个科学家组成的学术团体。这个团体由克里斯托弗·雷恩联合罗伯特·波义耳和约翰·威尔金斯等著名学者发起，学习意大利猞猁学社的形式，于 1660 年 11 月 28 日成立。这个学术团体很快得到了英国皇室的批准，1663 年后被称为英国“增进自然知识伦敦皇家学会”（简称“英国皇家学会”）。该学会有一个拉丁文的座右铭“Nullius in verba”（可译为“他人之言不可轻信”或者“不人云亦云”），意指学会成员要经受得住权威的支配，并通过诉诸实验确定的事实来验证所有的陈述。

英国皇家学会成立之后，具有一个独特的优势——商人在学会中占据了大部分席位，这有助于将理论从文字转换为现实（霍尔、罗森伯格，2017：18）。事实上，这个时期科学与采矿、交通运输、军事技术等产生了紧密的联系，科学家致力于为商业企业提供技术支持，使得市场扩张成为可能，而这也正是资本主义的本质特征（默顿，2000：241）。第一次工业革命之所以不是“昙花一现”的运动，就在于英国从其他国家汲取了大量的知识，推动了英国工程师和发明家的创新性活动（霍尔、罗森伯格，2017：22-23）。

英国皇家学会继承了培根关于所罗门宫的完美构想。在学会常设的八个委员会中，第一个委员会的职能就是“研究和改进所有的机械发明”（芒福德，2009：58）。英国艺术学会成立之后，发挥了皇家学会的职能，推动了生产发明和技术改进。18 世纪后半叶，英国涌现了各种正规的团体和学会，致力于推动类似于如今的产学研活动——使企业家、工业家与科学家合作（霍尔、罗森伯格，2017：18-19），亦类似于如今构建的一种时髦的创新网络生态系统。斯时为清朝顺治十七年，清朝的统治正得到逐渐巩固，自视天国、闭关自守初现端倪。当时的中国还处于自然经济的农耕时代，与科学技术建制化的发展还没有产生必然的联系。顺治皇帝认为，允许外夷进贡已经是开恩了，“贸易二字不宜开端”（吴晓波，2016：122）。

17 世纪中后期以来，近四个世纪中英国皇家学会选出了 8000 多位成员，包括牛顿、达尔文、爱因斯坦、霍金等世界上最杰出的科学家。现任会员包括乔斯林·贝尔-伯内尔（天体物理学家）❶、索菲·威尔逊（计算机科学家，芯片设计专家）和蒂姆·伯纳斯·李（万维网之父）。

### 2.2.3 院士制度在中国

晚清民初时，一大批中国人开始睁眼看世界，大规模的留学运动促进了西方科学技术向国内的传播。以留学生为代表的新知识分子开始在国内介绍国际科学界的发展和最新动态，倡导借鉴国外的科学院体制和院士制度。1915 年 5 月，留美学生、中国科学社创办人之一任鸿隽目睹了英法德美等诸国科学事业的发展，感叹中国“四千年的历史中，没有一段学社的历史，却是我们应该抱愧的”。他对这些国家的主要科学机构及其院士制度进行了推介，并提出了中国科学发展的构想（李来容，2010：45-49）。

1924 年，孙中山提议设立全国最高学术研究机构——中央学术院，但因其病逝而被搁置。1927 年 4 月，南京国民政府成立，一批有识之士意识到中国需要发展科技和教育，于是开始筹备成立中央研究院。李煜瀛、蔡元培、张人杰全面负责筹备工作。1927 年 7 月，南京国民政府公布《中华民国大学院组织法》（大学院后改称为教育部），组织法中明确规定大学院下设中央研究院（万汝洋，2008：8）。1928 年 4 月正式成立中央研究院，蔡元培为首任院长。

但由于当时国内的科学基础较为薄弱、专业化科技人才并不多，而且遭遇了外敌入侵的国难，中央研究院未能建立起类似西方的院士制度。他们参照法国科学院模式，确立了以政府扶持为主的体制，在学术上则尽可能地学习、模仿西方的院士制度，引入了名誉会员制度，还成立了全国最高学术评议机关——学术评议会。直到抗战结束后，才重提建立院士制度的议题。1948 年 3 月底，由学术评议会评选出了首批 81 名中央研究院院士，也是中国历史上的首批院士。

---

❶ 乔斯林·贝尔-伯内尔出生于 1943 年，是天体物理学家。她发现了脉冲星的第一个无线电信号。她的导师安东尼·休伊什在 1974 年利用该发现获得了诺贝尔物理学奖，但贝尔-伯内尔被忽略了。这是玛蒂尔达效应的一个案例，也可以说她位居了诺贝尔奖“第四十一席”，被评奖机构忽视了。

首届院士遴选时，按照《国立中央研究院组织法》对院士资格提出了两点要求：一是“对所专习之学术，有特殊著作、发明或贡献者”；二是“对于所专习学术之机关，领导或主持在五年以上，成绩卓著者”（《国立中央研究院概况》，1948；转引自樊洪业，1990）。当时设立了数理组、生物组和人文组三个类别。初步名单中有 402 人，经评议会第四次会议审定后确定了 150 人的候选名单，评议会 1948 年 3 月 24—26 日第五次会议最终确定 81 人当选。投票以无记名方式进行，要求出席人数 4/5 同意方可当选（樊洪业，1990）。

新中国成立一个月后，在中央的支持下成立了中国科学院，并迅速凝聚了一批海内外优秀科学家，组建了高水平的研究机构，在我国“两弹一星”事业和重大科技突破中做出了重要贡献和卓越功勋。当然，在这一过程中，院士制度也经历了一系列的波折（万汝洋，2008；周羽娜，2012），终于在 1994 年正式确立院士制度，中国科学院学部委员改称院士，中国工程院正式成立。恢复院士制度时，将当时中国科学院的学部委员全部转为院士导致了两个问题，在前面已经简要提及，一是降低了院士的含金量，二是形成了过大的院士群体规模。因为按照 1980 年中国科学院上报国务院院士名单的本意，只有 50% 左右的学部委员符合“优异”科学家的标准，这些人才可以称为院士。这可能毒化学术气氛，引起恶性的院士争夺行为，并降低我国院士与国际同行的可比性（王扬宗，2005）。同时，这一制度还存在政府过度参与和学术异化的缺陷。[1]

当前，我国已经确立了相对规范的院士制度。这里以中国科学院的有关规定为例做扼要介绍。根据 2014 年第十七次院士大会第八次修订后的《中国科学院院士章程》（以下简称《章程》），“中国科学院院士是国家设立的科学技术方面的最高学术称号，为终身荣誉”。院士的义务与权利包括：“积极促进科学技术的研究、发展和应用，努力创新，做出成绩；提倡科学道德，维护科学精神，发扬优良学风，普及科学知识，起表率作

[1] 科学网，中美院士选举对比：一样院士，两种滋味，http://news.sciencenet.cn/htmlnews/2011/6/248426.shtm，检索于 2021 年 1 月 30 日。

用；积极培养人才，推动科学技术队伍建设；参加院士会议，承担中国科学院学部组织的咨询、评议任务；积极推动科学技术领域的国际交流与合作。对国家科学技术重大问题的决策有建议权；对院士候选人和外籍院士候选人有推荐权；有选举权和被选举权。”同时，对年满 80 周岁的院士实行资深院士制度，不参加对院士候选人、外籍院士候选人的推荐和选举工作。

《章程》对增选院士做出了规定。首先是院士的标准和条件：要求“在科学技术领域做出系统的、创造性的成就和重大贡献，热爱祖国，学风正派，具有中国国籍的研究员、教授或同等职称的学者、专家（含居住在香港、澳门特别行政区和台湾省以及侨居他国的中国籍学者、专家）。”其次是增选的频次和数量：“增选院士每两年进行一次。增选名额及其分配在保持基本稳定的前提下，由学部主席团根据学科布局和学科发展趋势确定。”最后是推荐方式：“院士候选人由院士和有关学术团体推荐，学部主席团可根据学科发展需要设立候选人特别推荐小组，不受理本人申请。有效候选人由学部主席团审定。”从目前院士推荐的方式看，主要有两个渠道，一是院士提名推荐，二是中国科协的国家级协会或学会的推荐。选评方式：“各学部常务委员会组织院士对有效候选人进行评审和初选，产生初步候选人和终选候选人建议人选。”“各学部初选实行差额无记名投票，差额比例为百分之二十。各学部参加投票选举的院士人数，应超过本学部有投票权院士人数的三分之二。获得赞同票不少于投票人数三分之二的候选人，按学部主席团确定的名额，根据得票数依次产生本学部终选候选人建议人选，经各学部常务委员会审查确认后，由学部主席团确定终选候选人。”“新当选院士由具有投票权的全体院士投票产生。选举实行等额无记名投票，获得赞同票数超过有效票数二分之一的候选人当选。”我国整个增选过程处于公众和科学家的视野之下，与美国科学院的秘密遴选过程存在巨大的区别。[1]

---

[1] 科学网，中美院士选举对比：一样院士，两种滋味，http://news.sciencenet.cn/htmlnews/2011/6/248426.shtm，检索于 2021 年 1 月 30 日。

与后面将要介绍的英、法、美、日等国的院士制度进行对比，我们会发现一些不同。一是在院士遴选的标准上，国外通常明确以科学成就为唯一标准，并通过限制院士数量来保障水平。例如，日本学士院明确只注重学术上的贡献，核定学士院院士数量不超过 150 人，缺员时不一定立即补充。如果简单地以 2019 年日本人口 1.25 亿人、中国人口 14 亿人倍比估算，中国的院士定额应为日本的 11.2 倍，那么我国的院士定额应该约为 1680 人，如果剔除日本学士院中人文社会科学中的 70 人，那么这一人数应当约为 900 人。而当前中国科学院和中国工程院院士总人数为 1712 人（截至 2020 年 12 月 31 日统计数据），其中中国科学院院士 811 人，中国工程院院士 901 人。如果考虑目前我国科技发展水平，也许这一数量还应当有所削减。当然，如果以英国、法国、美国等国家科学院的院士数量进行估计，我国的院士数量可能还需要更多的名额。但同样需要考虑的是，我国科技发展水平与这些国家还有着一定的距离。尤其是从获得诺贝尔奖这个角度看，我国顶尖的科学家群体与他们还有着明显的差距。然而，也必须看到，我国已经有许多科学家成为美国科学院、英国皇家学会、法国科学院等组织的院士（尽管他们可能称之为“会员”），许多科学家在世界科技舞台上拥有一席之地。但令人尴尬的是，有的科学家获得了国外科学组织的认可，在国内却无缘成为两院院士候选人，或经由多次参选才成功入围。

值得注意的是，与美国、日本、法国（法国除科学院外还有学术院、艺术院等）等不同的是，我国人文社会科学领域并没有采用院士制度，没有像民国时期那样对人文社会科学领域杰出人士给予院士头衔。中国科学院建立院士制度后，一批人文社会科学领域的专家学者开始呼吁社科界也要建立或恢复院士制度（辜胜阻，1994；尹玉吉，1997；尹玉吉，2002）。但这种呼吁至今没有成功，可能源于社会现象和自然科学现象有着天然的差异，例如，社会科学不可能像自然科学那样引入随机实验手段或可控实验手段。更重要的是，社科界院士的评选面临着诸多现实的困难（张箭，2006）。

另外，需要注意的是，除了俄罗斯以外，发达国家的科学学会会员通常只是一种荣誉称号，区别于我国的“最高学术称号”、终身荣誉。在我国，院士制度是国家对人才的一种官方认可机制。尽管《章程》中对院士身份做了规定，但院士往往拥有在科学秩序以外的分层含义，可以享有国家和院士所在单位给予的经济待遇；甚至几乎公认的是，院士在我国相当于副部级的行政级别（顾海兵等，2003），这是学术行政化的异化行为。[1]同时，中国的院士制度与西方发达国家有所不同，中国科学院和中国工程院是实体性科学研究组织和领导型机构，而美国、英国等国家没有大而全的实体性科学院，只有松散的学会性组织，是民间的、科学家的自治组织。例如，英国皇家学会的官网首页写道：“我们是英国和英联邦的独立的科学研究学会，致力于推动科学卓越。”美国科学院官网显示，美国国家科学院（NAS）是一个由杰出学者组成的私人非营利性协会，其成员称为会员。中国科学院的办院方针是“面向世界科技前沿，面向国家重大需求，面向国民经济主战场，率先实现科学技术跨越发展，率先建成国家创新人才高地，率先建成国家高水平科技智库，率先建设国际一流科研机构”。中国工程院官网目前缺乏类似于宗旨或方针的陈述。同时，与下一节的内容进行对比，会发现中国科学院和中国工程院相较于国外科学院，关于科学传播尤其是青少年科学普及的内容相对薄弱，这主要是由于我国的科普工作主要由中国科协系统推动，但这无疑加长了科学技术研究与普及之间的通路。

## 2.3 主要发达国家院士制度概览

鉴于发达国家科学院及院士制度的历史非常丰富，而且已经有很多研究进行了详细的介绍或综述，这里我们仅拣选部分国家，主要整理这些国家科学院或学会的官网公开内容，结合相关文献，对其进行简要介绍。感

---

[1] 科学网，中美院士选举对比：一样院士，两种滋味，http://news.sciencenet.cn/htmlnews/2011/6/248426.shtm，检索于 2021 年 1 月 30 日。

兴趣的读者可以参阅官网和相关论文（如万汝洋，2008；李来容，2010；周羽娜，2012）。尤其是李来容的博士论文对英国和法国的院士制度、周羽娜对美国的院士制度进行了翔实的著述，感兴趣的读者可以进一步阅读。尽管国外大多使用 fellow 或 member，但为了方便，在这里统一使用“院士”一词指代英国皇家学会或国外科学院的会员。

### 2.3.1　英国的院士制度

如前所述，英国皇家学会脱胎于无形学院，继承了罗马猞猁学会的精髓，将实验哲学奉为座右铭。它在 1662 年 7 月 15 日获得英国国王查理二世的第一张特许状后正式宣告成立，是世界上历史最悠久的学会组织，而且从未间断过。在创始章程中就明确了学会的基本宗旨，在于承认、促进和支持科学的卓越，并鼓励、发展和利用科学造福人类。优先的科学活动包括推动科学卓越、开展国际合作、宣传科学的作用。

英国皇家学会是当今世界最有影响力的科学机构之一。它的成立为英国崛起成为世界科学中心提供了重要支持（赵红州，1984：17）。但直到 1848 年之前，它也经历了一个波折、衰退、缓慢成长的历程。在贵族、商人、官员和非科学家理事逐渐退出后，才迈入科学组织发展的正轨，成为一颗较为纯粹的世界科学界的明珠。1847 年 2 月 10 日，英国皇家学会由理事会批准通过了新的学会章程。1848 年，按照新的选举条例召开会员大会，第一次对理事会推荐的 15 名候选人进行了选举。至此，英国皇家学会经过上百年的探索，正式确立和完善了会员制度（李来容，2010：13-24）。

最终，英国皇家学会确立了理事会管理制度，理事会没有任何行政级别，只负责学会的日常工作。为了保障会员的学术水准，对会员数量进行了限制，以提升学会的科学威望和会员的荣誉感。例如，本籍会员数量从 19 世纪 40 年代最高时的 730 人左右下降到 20 世纪 40 年代的 450 人左右，外籍会员则基本保持在 50 人以下。这一政策的实施带来了明显的效果，会员整体水准和学术声望得到迅速提升。1896 年后，理事会将所辖学科分为两大领域，一类为物质学科领域（包括数学），另一类为生物学科领域，并设立了 12 个学部（李来容，2010：24-27）。会员分为皇家会员、英籍会员和外籍会员三类，皇家会员只产生于皇室成员，实行不定期选举制（徐飞、程晨，2013）。

根据官网的最新介绍，每位院士或外国会员的候选人必须由两名皇家学会会员提名，并由他们签署一份推荐书，说明建议的主要理由，并供其他成员查阅。同时，学会主席可以鼓励大学校长、研究委员会主席和负责人提出候选人建议。随着时间的推移，英国皇家学会遴选会员的标准和透明度变得更加严格，遴选院士完全根据他们的科学工作业绩。截至 2020 年年底有 1700 多名会员，包括 75 位诺贝尔奖得主。英国皇家学会每年从约 800 名候选人中最多增选 52 名本土会员（fellow）和最多 10 名外籍会员（member）。[1]

## 2.3.2 法国的院士制度

法国科学院的成立稍晚于英国皇家学会，是世界上历史最悠久的科学院之一，在 2016 年迎来了成立 350 周年的庆典。它是法兰西学会下属的五个学院之一，成立之际也受到了新柏拉图主义的影响，继承了伽利略开创的研究方法，同时受到了罗马猞猁学社的影响。

在法国科学院成立以前，一些科学家和商人、贵族就组织了一些类似柏拉图学社的讨论和研究活动。这些活动吸引了很多著名科学家的参与，包括著名哲学家、数学家、物理学家笛卡儿，原子论的倡导者、科学家、数学家和哲学家伽桑狄，数学家及物理学家帕斯卡等人，也包括来自英国的霍布斯和来自荷兰的惠更斯等外国学者。后来，法国重商主义之父（又有称工业之父）、首相柯尔贝尔也参与到这个过程中，对学术活动提供了支持和赞助。因此，与英国皇家学会由民间自发组织并资助形成的过程不同，法国科学院自创设早期，就与法国官方有着密切关系。遵循 17 世纪各类学术团体的传统，柯尔贝尔选择了一小群学者，围绕赞助人或有学问的人，于 1666 年 12 月 22 日在国王路易十四的图书馆里进行了第一次会面。

[1] 本小节内容主要译自英国皇家学会官网公开内容。

此后每周举办两次这样的会议。路易十四委托学会与国外的科学院进行科学交流。这个学会成为法国科学院的前身。

1699 年 1 月 20 日，法国国王路易十四为学会制定了规则，将学会正式定名为法国皇家科学院，并在巴黎的卢浮宫设置了办公场所。法国皇家科学院由此成为西方历史上第一个直接且完全由官方扶植建立的国家级学术机构。该科学院以国王路易十四的名义，从各种职业中选拔杰出的科学家，由皇室提供薪金和实验费用，使其集中从事政府委派的各项研究工作。最初皇家科学院有 70 名成员，在 18 世纪时主要通过出版物为当时的科学运动做贡献，同时发挥了为当权者提供咨询的作用。物理学家、数学家和天文学家惠更斯是法国皇家科学院的第一个外籍会员。同时，皇家科学院具有明确的管理制度和奖励机制，严格控制院士的数量和资格，同时又给予每个成员优厚的薪金和补助，使众多杰出人才努力竞争法国皇家科学院的成员席位。这也是西方历史上出现的第一批职业科学家（李来容，2010：29–30）。

但是法国大革命爆发后，1793 年 8 月 8 日，法国国民公会取缔了所有的学院。在这场法国的反封建反贵族革命中，时任法国皇家科学院秘书孔多塞死于狱中，著名化学家拉瓦锡也被送上了断头台（李来容，2010：30）。直到 1795 年 8 月 22 日，法国成立了国家科学和艺术学院，将以前的科学、文学和艺术学院合并在一起，才恢复了国家层面科学院的活动。其中，物理科学和数学是最大的分部，在 144 名会员中占据了 66 席。根据法国科学院成立 350 年庆典的陈述，到了 18 世纪中叶，随着科学的蓬勃发展，法国科学院的国际声誉达到了顶峰，尤其是在欧洲。连普鲁士国王也提出效仿法国重新振兴他在柏林的学院。

20 世纪初，法国科学院对成员管理和章程进行了改革，调整了自身结构和使命，但国家元首仍然是（而且现在仍然是）它的赞助人。法国科学院确立了五个基本任务[1]：一是鼓励科学研究，二是推广科学教育，三是

---

[1] 法国科学院官网，https://www.academie-sciences.fr/archivage_site/academie/mission/plaquette_chine.pdf，检索于 2021 年 1 月 28 日。

向公众普及和传授科学知识，四是促进国际合作，五是承担专业技术鉴定和咨询的职责。这里重点列举鼓励科学研究的内容。在法国科学院的宣传册中提到，科学家无论是着眼于科技成果的转化运用而从事新知识的创造，还是纯粹在科学好奇心的驱使下从事新知识的创造，这对一个国家保持其经济与文化的活力乃是不可或缺的。法国科学院通过以下途径支持上述的知识创造活动：参与对当今重大科研课题的学术讨论；组织国内或国际范围内的学术研讨会；由科学院所属的并获得科研赞助商或人士捐赠的科技基金会，向做出突出贡献的科学家和最有发展前景的科研项目颁发奖金或荣誉奖章；选举科学院院士，包括外籍院士；出版《法兰西科学院报告》杂志。

法国科学院在科学体制格局中拥有独特的法律地位，它受法国总统的保护，自主行政管理，仅受国家审计法院的监督。这种独立性同样体现在对院士的聘用方面，新院士由其同行选出，院士的总体构成体现出追求卓越性、开放性和跨学科性等品质。法国科学院的院士由法国及国外最杰出的科学家组成，分为三类：院士、外籍院士和通讯院士。通讯院士没有选举权和作为科学院领导机构成员的被选举权，在一定程度上相当于院士候选人，只有经过选举才能成为正式院士，但非通讯院士只要经 1 名或 1 名以上院士或外籍院士推荐就可以成为院士候选人。法国科学院目前共有本国院士 281 人，外籍院士 106 人，通讯院士 65 人。科学院分为两个学部：第一学部包括数学（28+13+3）、物理学（42+12+10）、力学与信息科学（40+15+12）、宇宙科学（32+13+8）；第二学部包括化学（32+11+4），分子、细胞和遗传生物学（37+16+8），集成生物学（35+11+10），人类生物学和医药科学（35+15+10）。另外，还在两个学部之外设立了一个应用科学交叉组（32+5+1）。括号内为截至 2021 年 1 月 28 日本学科组中法国籍院士、外籍院士、通讯院士的人数。我国科学家王振义、陈竺、李大潜为其现任外籍院士。[1]

奇怪的是，除了默顿（默顿，2003b：599）自己的记述，在其他文献

---

[1] 本小节内容主要译自法国科学院官网公开内容。

中没有法国科学院关于 40 个席位限制的说法。

### 2.3.3　美国的院士制度

美国国家科学院（NAS）成立于 1863 年 3 月 3 日，当时正值南北战争的高潮。NAS 的成立可以追溯到 19 世纪 50 年代早期和一批马萨诸塞州剑桥的科学家。这些科学家得到了马萨诸塞州参议员亨利 · 威尔逊（后来当选为美国副总统）的支持。威尔逊帮助起草了一份成立美国国家科学院的法案，于 1863 年 2 月 20 日将该法案提交参议院，并于 3 月 3 日获得通过。众议院在当天晚些时候通过了这项法案，并在当天由林肯总统签署成为法律。至此，美国国家科学院正式成立，拥有 50 个特许成员。

多年来，美国国家科学院已将其服务范围扩大到政府。在第一次世界大战期间，NAS 只有大约 150 人，无法满足关于军事方面的大量咨询请求。1916 年，应时任总统威尔逊的要求，NAS 成立了国家研究委员会，招募了更多的科学和技术领域的专家。第一次世界大战结束时，威尔逊鉴于国家研究委员会发挥的重大作用，发布了一项行政命令，要求科学院永久保留国家研究委员会。随后，艾森豪威尔总统和布什总统分别于 1956 年和 1993 年颁布行政命令，确认了国家研究委员会的重要性，并进一步扩大了它的章程。根据章程，美国国家科学院于 1964 年成立了国家工程院，1970 年成立了医学研究所（2015 年成为美国国家医学院）。美国《国家科学院宪章》承诺，当任何一个政府部门提出“要求”时，科学院都会向政府提供科学建议，并且不要求政府为其提供的服务进行任何补偿。

美国国家科学院官网指出，它是一个由杰出学者组成的私人的非营利性组织。根据林肯总统 1863 年签署的国会法案，国家科学和技术委员会负责就与科学和技术有关的问题向国家提供独立、客观的建议。那些对研究有杰出贡献的科学家都是由他们的同行选举成为 NAS 成员的。成员被选入国家科学院，以表彰他们在原创性研究方面的卓越和持续的成就。会员资格是公认的科学卓越的标志，被认为是科学家可以获得的最高荣誉之一。NAS 致力于促进美国的科学发展，其成员都是国际科学界的积极贡献者，大约有500名美国国家科学院的现任和已故成员获得了诺贝尔奖。目前，NAS共有2400多名成员（包括500多名外籍成员），其中约有190名获得了诺贝尔奖。

美国国家科学院的学科领域包括物理和数学科学、生物科学、工程与应用科学、生物医学科学、行为与社会科学、应用生物与农业和环境科学6个组别。要当选为这些组别的院士，必须由现任院士提名。被提名后，NAS会对候选人进行广泛而细致的审查，然后于每年4月在科学院的年会上进行最终投票。目前，NAS每年最多可选举120名（本国国籍）院士和30名外籍院士。据文献介绍，美国国家科学院选举过程中，候选人从头到尾都不知道自己被提名，更不用自己填写申报材料，公众也不会参与选举过程的评价。例如，我国科学家中国科学院上海微系统与信息技术研究所研究员李爱珍、杂交水稻之父袁隆平、生物学家王晓东、中国科学院古脊椎动物与古人类研究所研究员周忠和等人，当选为美国国家科学院院士时，自己竟然毫不知情。[1] 同时，美国科学院在选举院士的时候，大半院士都采用实名投票，一般不鼓励采用匿名投票，这样的投票将不会得到重视（周羽娜，2012：10）。曹聪认为，美国这种严格地以学术为标准的选举过程，虽然不一定能保证最优秀的人当选，但至少能够将那些不够格儿的人排除在外。[2]

美国国家科学院的使命是为国家提供独立、客观的分析和建议，并开展其他活动来解决复杂的问题，为公共政策决策提供信息。美国国家科学院还鼓励教育和研究，表彰对知识有突出贡献的人，并增进公众对科学、工程和医学问题的理解。美国国家科学院对政府的服务非常重要，因此国会和白宫多年来一直通过立法和行政命令重申其独特的作用。[3]

---

[1] 科学网，中美院士选举对比：一样院士，两种滋味，http://news.sciencenet.cn/htmlnews/2011/6/248426.shtm，检索于2021年1月30日。

[2] 科学网，中美院士选举对比：一样院士，两种滋味，http://news.sciencenet.cn/htmlnews/2011/6/248426.shtm，检索于2021年1月30日。

[3] 本小节内容主要译自美国国家科学院官网公开内容。

### 2.3.4　日本的院士制度

日本学士院成立于 1897 年，目的是开展促进日本的科学发展的项目研究。它的成立可以追溯到福泽谕吉创立的东京学堂，至今已有 140 多年的历史。

官网显示，日本学士院是日本在教育、文化、体育、科学和技术省管辖下的一个学术组织，专门用于表彰在学术和科学方面取得最杰出成就的研究人员。学院的主要活动包括颁发国家奖、日本学士院奖、爱丁堡公爵奖等表彰奖项，编辑出版学院刊物，举办公开讲座，与国外院校进行交流等。所有这些都是为了促进日本国内和国际上的科学进步而设计的。

日本学士院实行教育、文化、体育、科学和技术省管理下的院长负责制。院内设置了人文科学部和自然科学部，共设置了 7 个学科级别。人文科学部包括三大学科领域，分别是文学・史学・哲学、法律学・政治学、经济学・商学。自然科学部包括四大学科领域，分别是理学、工学、农学和医学・药学・牙科学。其成员分为会员、名誉会员和客座会员三类。每个学部的科别设置固定的人员数。区别于多数国家的科学院，日本学士院限定了正式会员（院士）的人数（规定会员不超过 150 人，目前实有 139 人），并对各学部和学科领域的人员数额也做了规定（见表 2-1）。

根据 2003 年 10 月 14 日日本学士院第 972 回总会决议对《日本学士院会员选定规则》的修订，当需要增补会员时，可以由学术机构（大学和研究院所）和学会等学术团体、日本学士院会员、日本学术会议会员推荐候选人。各学术团体或个人只能推荐一名候选人。日本学士院会员只能向自己所属的学科领域推荐候选人，并向学士院院长提交推荐书。推荐不需要候选人本人的同意，但是候选人本人可以谢绝。规则要求，被推荐的候选人必须是在学术上功绩显著的科学家，这个资格判定由日本学士院的评审委员会进行审查。

**表 2-1　日本学士院学部、科别和人数概况**

| 部别 | 科别 | 学科领域 | 核定人数 | 实际人数 | 可增补数 |
|---|---|---|---|---|---|
| 第 1 部 | 第 1 分科 | 文学・史学・哲学 | 30 | 28 | 2 |
| | 第 2 分科 | 法律学・政治学 | 24 | 23 | 1 |
| | 第 3 分科 | 经济学・商学 | 16 | 13 | 3 |
| | 小计 | | 70 | 64 | 6 |
| 第 2 部 | 第 4 分科 | 理学 | 31 | 29 | 2 |
| | 第 5 分科 | 工学 | 17 | 16 | 1 |
| | 第 6 分科 | 农学 | 12 | 12 | 0 |
| | 第 7 分科 | 医学・药学・牙科学 | 20 | 18 | 2 |
| | 小计 | | 80 | 75 | 5 |
| 总计 | | | 150 | 139 | 11 |

数据来源：日本学士院官网，2021 年 1 月 28 日检索。

各学科领域委员会可以对正式候选人进行审查，要求推荐者和被推荐者提交必要的评审资料。预选时，要求有学科领域半数以上人员参加，获得有效投票数的 2/3 以上且该分科委员会委员过半数投票者为当选者。但如果学科领域限额不足，需要按得票数较高进行优选。得票相同时，取年长者，年龄相同时通过抽签确定。然后再进入学部投票，采用无记名投票方式进行选举。规则特别提出，评审委员会在遴选时，只注重学术上的功绩，不管学术行政上的功绩；要充分考虑学识经验及人格；在学术界各方面物色候选人，注意不要偏于一方；候选人的选拔要慎重，缺员时不一定要立即补充。[1]

[1] 本小节内容主要译自日本学士院官网公开内容。

## 2.4　结论与讨论

### 2.4.1　结论

“一个民族要振兴科技事业，首先必须建立一支第一流的杰出科学家的队伍”（赵红州，1984：16）。院士制度服务于这一目的。发达国家科学体制化的历程，事实上也伴随着科技能力提升的过程。院士作为“围”着某科学技术领域有着“尖深”知识的人，能够由博返约，推十合一，是各个国家科技界分层的尖端人物——科技精英。

（1）院士制度是对获得最高科技成就评价的科学家的制度安排。院士制度是我国学习西方科学体制化的重大成果，为我国科技事业的发展做出了巨大的贡献，拓展了广阔空间。

（2）我国院士自民国诞生时起就与中国传统文化——士和仕纠缠在一起，使得科学秩序与政治秩序产生相互的强干扰，在一定程度上冲击了科学秩序的纯粹性，加剧了科技界社会分层的纷扰。

（3）1994 年恢复院士制度时，将全体学部委员直接转为院士降低了院士的资格标准，扩大了院士群体规模，不利于院士制度的良性发展。同时，市场化进程的推进使经济秩序中的“利”冲击了原本科学秩序中的“名”。参照日本学士院的设计和定额制安排，我国院士增补的标准和数量可能还存在有待调整的空间。

（4）大多数国家的科学院将致力于科学进步、科学普及、国际合作、服务国家作为自身的基本任务，为本国的科技事业崛起和经济社会发展提供了强有力的支撑。英、法、美等国科学院中涌现出了非常有影响力的大科学家，为全世界的科技进步做出了突出贡献。

（5）大多数国家将院士（或译为会员、会士）作为国家科学技术领域的一种荣誉，要求院士必须是“杰出的科学家”，用默顿的话说，科学家要得到最高奖赏必须表现“优异”。国外的科学院大多会对院士的资格、数量、提名方式、每年增选数量做出明确的规定，尤其是法国和日本，这两个国家都严格控制院士的资格和数量。法国科学院给予入院院士以丰厚的报酬和研究资助。日本学士院规定会员数量定额为 150 人。这对于保障入选者的质量、保证会员的水平甚至院士的国际声誉具有重要的作用。

### 2.4.2 讨论：小议尚贤

在学习借鉴西方科学建制和科学技术的进程中，我国的制度建设尽管滞后两三百年，但已经迈出了坚定的步伐。在我国科学家队伍中，已经涌现出很多做出巨大贡献的卓越科学家、工程师。自 2000 年以来，国家给 33 位杰出科学工作者颁发了最高科学技术奖，包括“两弹一星”元勋孙家栋、程开甲、于敏，“杂交水稻之父”袁隆平，诺贝尔生理学或医学奖获得者屠呦呦等。除屠呦呦外，其余入选者均为中国科学院和中国工程院院士。

基于普遍主义原则下的科学建制，唯才是举是其内在的发展逻辑，必然会导致科技界层次分明的分层结构。老子说，“不尚贤，使民不争”。然而，良莠不分，科学如何进步？人类如何进步？科技界就是一个比一般社会分层更加“尚贤”的异类——以优异为荣的品类。要让真正做出“优异”成就的人在荣誉性认可的制度安排中脱颖而出，而不是冯唐易老、李广难封，也不是南郭先生、滥竽充数，需要有足够聪慧的制度安排。否则将出现劣币驱逐良币的现象，无益于中国科技事业的进步。无数的中国科技精英为中华复兴事业做出了巨大贡献，要将大贡献与大荣誉并举无违，还得靠科学的精神。

制度之行，亦在于知美丑善恶。天下皆知美之为美，斯恶已；皆知善之为善，斯不善已。院士制度作为我国科技界分层中最高的荣誉制度，理应发挥更大更好的引领作用。由此，才能不负傅斯年先生当年赋予院士称谓时所言及的“尊贵和高雅”。

## ■ 本章参考文献


[1] 默顿. 科学社会学：理论与经验研究　上册［M］. 鲁旭东，林聚任，译. 北京：商务印书馆，2003a.

[2] 许慎. 说文解字［M］. 徐铉，等校. 上海：上海古籍出版社，2007.

[3] 万献初讲授，刘会龙撰理. 说文解字十二讲［M］. 北京：中华书局，2019.

[4] 杨伯峻. 论语译注［M］. 北京：中华书局，2017.

[5] 刘韶军. 士、知识分子及其他［J］. 华中师范大学学报（哲学社会科学版），1992（4）：86-92.

[6] 艾尔曼. 科学在中国（1550—1900）［M］. 原祖杰，等译. 北京：中国人民大学出版社，2016.

[7] 李来容. 院士制度与民国学术：1948 年院士制度的确立与运作［D］. 天津：南开大学，2010.

[8] 吴伯芬. "院士"的由来［J］. 教师博览（文摘版），2000（1）：41.

[9] 谢泳. 1949 年后知识精英与国家的关系：从院士到学部委员［J］. 开放时代，2005（6）：51-64.

[10] 王扬宗. 中国院士制度的建立及其问题［J］. 科学文化评论，2005（6）：5-22.

[11] 甘晓. 院士制度走向荣誉［N］. 中国科学报，2015-06-02（001），2015-6-2.

[12] 默顿. 科学社会学：理论与经验研究　下册［M］. 鲁旭东，林聚任，译. 北京：商务印书馆，2003b.

[13] 李真真，刘勇卫，申倚敏. 中国科学院院士制度五十年［J］. 中国科学院院刊，2005（2）：101-106.

[14] 万汝洋. 院士制度在中国的发展［D］. 上海：复旦大学，2008.

[15] 韦伯. 新教伦理与资本主义精神［M］. 林南，译. 南京：译林出版社，2020.

[16] 董光璧. 猞猁学社与科学的诞生［J］. 今日科苑，2016（11）：12-14.

[17] 赵红州. 科学能力学引论［M］. 北京：科学出版社，1984.

[18] 芒福德. 技术与文明［M］. 陈允明，王克仁，李华山，译. 北京：中国建筑

工业出版社，2009.
[19] 霍尔，罗森伯格. 创新经济学手册：第一卷［M］. 上海市科学学研究所，译. 上海：上海交通大学出版社，2017.
[20] 默顿. 十七世纪英格兰的科学、技术与社会［M］. 范岱年，吴忠，蒋效东，译. 北京：商务印书馆，2000.
[21] 吴晓波. 历代经济变革得失［M］. 杭州：浙江大学出版社，2016.
[22] 樊洪业. 前中央研究院的创立及其首届院士选举［J］. 近代史研究，1990（3）：218-231.
[23] 周羽娜. 中国院士制度的问题与对策研究［D］. 重庆：西南大学，2012.
[24] 辜胜阻. 尽快在我国社会科学领域恢复院士制度［J］. 理论月刊，1994（6）：25.
[25] 尹玉吉. 建议建立我国社会科学院士制度［J］. 人才开发，1997（4）：27.
[26] 尹玉吉. 应尽快恢复和建立中国社会科学院士制度［J］. 中国人民大学学报，2002（3）：107-111.
[27] 张箭. 现阶段大陆社会科学界不宜设院士［J］. 社会科学论坛，2006（11）：71-79.
[28] 顾海兵，金开安，李慧，等. 吸取发达国家经验教训彻底改革我国的院士制度［J］. 学术界，2003（5）：14-26.
[29] 徐飞，程晨. 发达国家院士制度经验及启示［J］. 科技进步与对策，2013，30（9）：105-109.

# 第3章 院士的年龄：从旧中国到新时代

## 3.1 年龄与社会认可

人的一生由年轮构成。子曰："吾十有五而志于学，三十而立，四十而不惑，五十而知天命，六十而耳顺，七十而随心所欲，不逾矩。"熊彼特在纪念庞巴维克的文章中指出，学者生命中的第三个十年是神圣的创造岁月，人一生的创造性贡献的基础，往往是在20~30岁之间打下的（赵峰，2016：185）。

科技界的认可（包括当选为院士）与科学家的年龄密切相关。认可包括多种形式，如荣誉奖励、职位、知名度等（科尔 J. 和科尔 S.，1989：51-67），而年龄是决定科学家能否获得这些认可的最重要的影响因素之一。科尔兄弟调查发现，世界上知名度最高的奖励是诺贝尔奖，排第二位的是美国国家科学院的院士头衔（科尔 J. 和科尔 S.，1989：61）。在我国，院士制度是我国官方认可的对科学家或工程师最高的荣誉奖励制度，但每轮次遴选的名额——院士头衔的供给数量是有限的。诺贝尔奖得主的遴选也是如此。诺贝尔奖官网显示"在任何情况下单个奖项的获奖人都不能超过 3 人"（In no case may a prize amount be divided between more than three persons）。因此，在认可（或承认）的过程中，总会涉及确定其认可的时机的选择问题。默顿指出，"那些已取得重大成就的人，对其在生活的后期才获得荣誉性承认会感到非常酸楚。这种承认'本应该'早早给予他们"（默顿，2003b：601）。

对我国的两院院士而言，近年来还规定了申请或推荐为院士候选人的最大年龄限制。因此，稀缺将是院士候选人所面临的一种常态，对最大年龄的限制使年龄大的候选人更加焦虑。对希望成为院士的候选人来说，随着年龄越来越大，对于获得国家制度认可的焦虑感可能会越来越强。一些候选人通过连续多年的申请或被推荐，最终成功通过遴选，另一些人则在经历一次或多次挫折后退出了竞争的行列，遗憾地暂时或永久地成为荣誉竞争中的“第四十一席”（默顿，2003b：599）。因此，一个理性的候选人会选择在基本符合条件时，尽早地申请，争取脱离“候补者”甚至“第四十一席”的境遇。

如果暂不考虑院士候选人对中国科技进步做出的贡献，年龄是影响候选人能否当选院士的一个重要因素。以年龄为切入点分析影响科技精英获得国家制度认可的时间节点，对于审视和完善人才培养制度、学术政策、优化资源配置具有重要意义，从而有利于在人才的培养、选拔中把握好年龄这个关键因素，防止冯唐易老、李广难封对科学家的负面冲击，避免“愿有岁月可回首，且以深情共白头”这样的追忆。当然，正如朱克曼（1979：226）指出，“没有第一流的研究成就，年资虽高也无济于事”。如果能够在适当的年龄，调动和发挥好人才的干劲、冲劲、闯劲，从而实现年资不高但成就一流的喜人局面，岂非皆大欢喜。因此，工具性认可机制的引入对人才成长就具有非常重要的政策意义。

## 3.2 最佳创造年龄与院士当选年龄

### 3.2.1 科学家的社会年龄

朱克曼对美国诺贝尔奖得主的研究发现，这些诺贝尔奖得主在20多岁的时候，平均发表的论文数达到了13.1篇，显著地超过普通的科学家。尽管早期的研究只有少数能够代表他们获奖的研究成果，但获奖者早期开展了很多研究工作是一个普遍的事实（朱克曼，1979：202-203）。

国内科学学领域的先驱人物赵红州先生较早地探讨了科学家的社会年龄

问题，对人才与年龄的关系也有诸多讨论（赵红州，1979）。其文章中的很多观点历久弥新，具有重要的启发意义。因此在这里不得不很冒昧地引用他的诸多论述。他利用上海人民出版社 1975 年出版的《自然科学大事年表》，讨论了科学家队伍的社会年龄同科学中心转移的关系。针对科学家队伍的社会年龄问题，提出了首次成果年龄、成名年龄等概念，讨论了平均年龄、年龄老化曲线等问题。他发现，不论意大利、英国、法国、德国还是美国，在上升为科学中心的赶超年代里，“杰出的科学家平均年龄，一般不超过 50 岁。但是，当杰出科学家的平均年龄超过 50 岁这个界限时，这个国家的科学不久将会衰落下去”。赵红州先生认为，科学发现存在一个最佳创造年龄的规律，提出了有关科学成果数、科学家人数及其社会年龄之间的经验公式，并用该公式部分地解释了汤浅光朝提出的科学中心转移现象。

### 3.2.2　最佳创造年龄

科学事业的使命就是发现规律（查尔默斯，2007：213）。作为一种创造性劳动，科学劳动比任何一种物质生产劳动都更需要旺盛的精力和高度的创造力（赵红州，1979）。最佳创造年龄理论正是基于这一判断而提出的。科学家的最佳创造年龄这一概念的提出，对于个人、社会和国家乃至科学自身的发展都无疑具有非常重大的启示意义。赵红州指出，“人的一生并不是所有的年龄阶段都能满足这个要求的”。因此，“总有一个记忆力方兴未艾，而理解力运若转轴的时期，即记忆力和理解力都好的时期。这个时期，就是一个人创造力最好的‘黄金时代’，或者说是科学发现的‘最佳年龄区’”。

赵红州根据《自然科学大事年表》中的重大科学发现成果及其发现者的资料，绘制了成果与发现者年龄曲线图，杰出科学家做出重大贡献的最佳年龄为 25~45 岁，其最佳创造年龄在 37 岁左右，而首次重大发现对应的最佳成名年龄在 33 岁左右。

梁立明和赵红州合作，进一步对科学发现年龄分布的规律进行了研究（梁立明、赵红州，1991）。他们发现，从 17 世纪到 20 世纪，完成重大科学发现的科学家绝大部分集中在 21~70 岁，而其中有一半重大科学发现是由不超过37岁的科学家做出的（见图3-1）。因此他们认为，加大对21～37岁的低龄科学家的资助是一项重要的政策选项。当然，我们绝不能据此步入一个误区，认为对高龄科学家的资助是一种不划算的非理性选择。例如，刘俊婉等（2015）对截至2014年11月数理学部的114名院士发表SCI和CNKI论文的情况进行了分析。他们发现院士发表SCI论文的最佳峰值年龄是61～65岁，发表CNKI论文的最佳年龄为51～55岁。当然，需要注意的是，随着高校和院所考核指标的改变，论文对于科学家的重要性随着时间演进而不断提升，也随之出现了数量上的大幅扩张。因此，纯粹用发表论文的数量来衡量最佳创造年龄可能有一定的局限性。

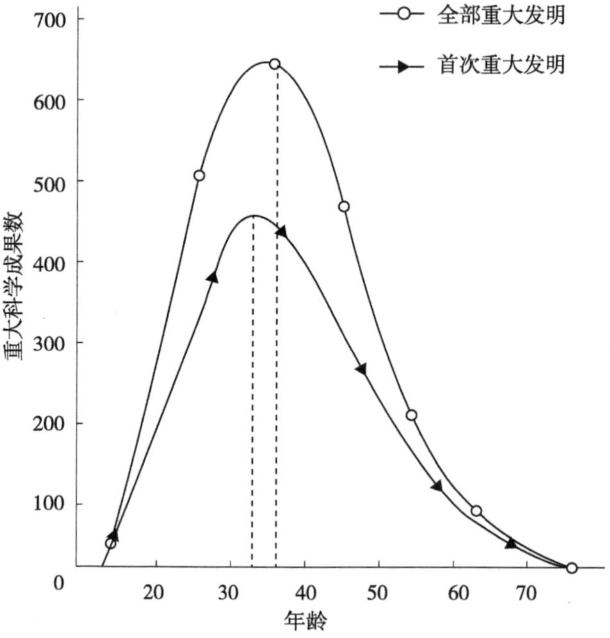


**图3-1　古今中外1928项重大科学发现和1249名杰出的科学家做出科学发现的最佳年龄曲线**

资料来源：赵红州. 关于科学家社会年龄问题的研究［J］. 自然辩证法通讯，1979（4）：29-44.

### 3.2.3 最佳当选年龄

一个人从默默无闻到获得社会的认可，往往存在一个时间差。这个时间差有时会产生重大的社会影响。科学家从做出一生中最重要的科学贡献到获得社会的认可，可能会有很长的滞后期，甚至在很长一段时期内都得不到认可，而且免不了与得意之人相形之下心情抑郁，或者生出一些消极厌世的情绪。

对院士遴选来说，这就涉及个人贡献和国家认可之间的关联问题。候选人希望自己的贡献得到国家的认可，就对院士这个称号产生了需求。但全国各省市、各高校、各院所、各企业拥有很多个体，他们都认为自己具备了获得院士称号的资格，希望成为院士。假定他们已经处于自身最佳创造年龄的后期，院士制度作为追认其贡献的官方最权威的制度安排，那么什么时候确认候选人的这一贡献（以获得院士称号为标志）就成为一个富含竞争性和争议性的话题。参照赵红州关于最佳创造年龄的定义，我们把所有候选人获得院士称号时的平均年龄称为最佳当选年龄。朱克曼分析了 1901—1972 年美国 92 位诺贝尔奖得主的社会年龄，发现他们得奖时的平均年龄是 51 岁，其中年龄最小的李政道 31 岁获奖，而病毒学家劳斯获奖时已经 87 岁。进一步分析发现，相对于师傅没有获得过诺贝尔奖的诺贝尔奖得主，那些师傅曾经获得过诺贝尔奖的人获得诺贝尔奖时的平均年龄要低 6 岁左右（朱克曼，1979：160）。这意味着，获得过诺贝尔奖的师傅将使其徒弟成为诺贝尔奖得主的平均年龄提前 6 年。

如果我们将赵红州和朱克曼的发现联合起来思考，可以粗略地认为，从重大科学发现的最佳创造年龄 37 岁左右迈向诺贝尔奖得主的平均获奖年龄 51 岁，是超级科技精英们面临的社会认可时间差，也就是说，他们将遭遇 14 年的社会认可过渡期。而对于那些做出了与诺贝尔奖得主同等重要贡献但未能获奖的人，朱克曼在她的专著中称这些人为“第四十一席”（朱克曼，1979：395-402），就此而言，这个过渡期有的成了永久的过去。当然，随着人类寿命的不断延长，随着科学技术发明难度的日益提高，获得重大科技成果和最佳创造年龄可能会出现推迟的现象。赵红州认为，科学家平均年龄随着平均寿命的提高，是一种正常的老化现象。但如果这种老化超过了一定限度，对于科学事业就是一种危险的病灶了（赵红州，1979）。事实上，巴斯德在1871年回顾拿破仑统治时期法国科学辉煌的黄金时代时，就感叹了19世纪60年代法国科学的衰退（古川安，2011：81）。赵红州指出，科学中心在意大利、英国、法国、德国之间转移的进程中，均观测到对应时期的科学家老化现象，意味着当时这些国家面临了科学衰落（赵红州，1979）。当前，关于美国科学是否在衰落的争论已经甚嚣尘上。但也有学者通过科学家群体的结构以及国际比较分析后指出，也许美国正在丧失其在科学领域的主导地位，但这并不一定意味着衰落已经来临（谢宇、齐沃德，2018：33-34）。

## 3.3 我国院士的当选年龄变迁

### 3.3.1 院士最佳当选年龄分析

院士制度是舶来品，是中国向西方学习的漫长历程中重要的制度建设成果。1948年3月，中华民国中央研究院遴选出第一批院士，共81名。新中国成立后，经历了学部委员制度、中国社科院从中国科学院分离、建立中国工程院等事件，对此已经有文献做了简明的梳理（唐家龙，2020）。截至2019年，中国科学院院士（包括学部委员，后同）共进行了18次聘选活动，中国工程院院士进行了15次遴选活动，产生了2560人次的院士头衔获得者，其中5人由于违反党纪国法被取消或停止了院士资格。剔除新中国成立前的院士与新中国成立后学部委员重合的人选、中国工程院成立初期中国科学院跨院成为工程院院士的人选、取消或停止院士资格人选，可以得到，1948—2019年我国共遴选出2585名院士，其中新中国成立前81名，新中国成立后2541名（含新中国成立前的37名）。

利用2585名院士当选时的年龄，我们可以得到院士当选的年龄柱状图和模拟的正态分布曲线，如图3-2所示。

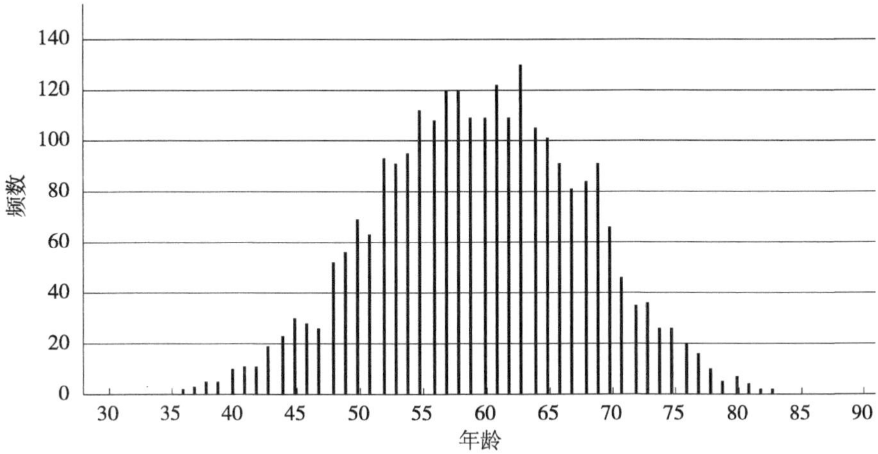


**图 3-2　1948—2019 年我国当选院士的年龄分布**

可以较明显地观察到，当将所有当选院士个体汇聚到一起时，年龄分布基本呈现一种均值在 60 岁左右（实际为 59. 72 岁，方差为 8. 22 岁）的正态分布。当选院士年龄最小的只有 36 岁，年龄最大的则超过了 83 岁。固体物理和半导体物理学家黄昆先生当选为中国科学院学部委员时为 36 岁，著名数学家陈省身先生当选为中央研究院院士时亦不足 37 岁，但黄昆当选时的实际年龄略低于陈省身。从事政治学和教育学的吴敬恒（原名吴稚晖）当选为中央研究院院士时，时年正好 83 岁；中国电信事业的开拓者和奠基人、电信技术专家侯德原先生当选为中国工程院院士时已经是 83. 5 岁高龄。因此，黄昆先生是截至目前当选院士的最年幼者，侯德原先生是当选院士的最年长者。根据最新的院士遴选规则，被提名候选人年满 70 岁后原则上不再被推荐为院士，因此侯德原先生有望成为中国两院院士中当选年龄最长者。

显然，院士当选的最佳年龄（曲线分布中的最大可能年龄）与前述的最佳创造年龄有着较大的差异。简单地分析后可以发现，相对赵红州（1979）、梁立明和赵红州（1991）研究发现的最佳创造年龄在 37 岁左右，朱克曼指出的美国 20 世纪 70 年间诺贝尔奖得主的平均年龄在 51 岁左右，我国 1948—2019 年院士当选的平均年龄明显偏高。可能有以下三个原因：

第一，我国院士制度启动较晚；第二，我国院士制度在实施过程中存在中断；第三，中国工程院院士的遴选与中国科学院院士的遴选有显著的年龄差异。

我国于 1948 年才第一次开展院士评选工作，前期累积的人才集中在一次评审，可能会抬高院士当选的年龄。然而后面的数据使我们惊讶地发现，新中国成立前和新中国成立后的第一次、第二次评选居然是当选院士平均年龄最低的。这也反过来说明，当时我国科学界真正融入世界科学技术发展的时间较短。哥白尼革命对近代科学的诞生具有重大意义（胡弗，2010：303），经过两次文艺复兴运动，16、17 世纪的欧洲拉开了近代科学的序幕（古川安，2011：5-10）。当我们在“五四运动”中高呼科学和民主的时候，西方的科学传统已经传承了两三百年。因此，在师夷长技以制夷到剪辫子、蓄短发的变革中，我国科学家还处于全面向西方学习的“童年”时代，他们接触西方科学教育或国内的新式教育的时间相对而言还比较短。

新中国成立后，院士制度的重建和恢复经历了较为复杂的过程，甚至称为波折也不为过。新中国成立后，第一时间成立了中国科学院，但院士制度并未同步实施。直到 1955 年才启动学部委员制度，1957 年增选 18 名学部委员；之后，直到 1980 年才再次恢复增选学部委员，造成再次从多个年龄组扎堆遴选优秀人才的局面。我们明显地观察到，1980 年恢复增选中国科学院院士时，当年增选院士的平均年龄为 62.74 岁，成为中国科学院院士增选轮次中平均当选年龄最高的一次。

科学发现更多是基于对事实和规律的认识与发现，但工程技术研发则需要更多的实际工作经验的积累，因此中国工程院院士当选年龄通常会高于中国科学院士的当选年龄。换一个角度看，从科学发现到技术的实现，本身就存在一个周期。科学的探索可能会经历很长的时间，然后灵光一现得到了“树上掉下来的苹果”。但技术的实现过程往往需要大量的组织工作，从而使工程技术人员的社会认可相对于科学发现人员的社会认可更加需要时间的积累。这一点在后面的图解中将得到更加清晰的呈现。

### 3.3.2　最佳当选年龄的历史变化

将不同年代、不同类型的当选者混在一起，可能会使院士最佳当选年龄表现出一些与既有文献相抵触之处，需要将年代和当选者的专业背景进行适度的区分。下面主要从年代角度和科学、技术区分的角度对当选院士的年龄进行分析。表 3-1 对 1948—2019 年院士的当选年龄和每次当选者年龄的标准差等变量进行了描述性统计。利用其中的院士当选年度时的平均年龄数据，我们对最佳当选年龄进行了图解分析。

**表 3-1　院士当选年龄的平均值和标准差分布（1948—2019 年）**

| 当选年份 | 当选人数 | 年龄平均值 | 标准差 | 最小年龄 | 最大年龄 |
|---|---|---|---|---|---|
| 中华民国：中央研究院 | | | | | |
| 1948 | 81 | 52.33 | 8.37 | 36 | 83 |
| 中华人民共和国：中国科学院 | | | | | |
| 1955 | 172 | 52.10 | 7.64 | 36 | 76 |
| 1957 | 18 | 50.50 | 7.04 | 38 | 66 |
| 1980 | 282 | 62.74 | 7.14 | 41 | 79 |
| 1991 | 209 | 61.06 | 6.74 | 42 | 76 |
| 1993 | 59 | 62.95 | 6.91 | 50 | 78 |
| 1995 | 59 | 60.83 | 7.27 | 38 | 80 |
| 1997 | 58 | 61.48 | 6.91 | 44 | 77 |
| 1999 | 55 | 62.05 | 7.08 | 43 | 74 |
| 2001 | 56 | 61.00 | 8.94 | 38 | 76 |
| 2003 | 58 | 59.47 | 8.76 | 38 | 75 |
| 2005 | 51 | 59.29 | 9.09 | 40 | 73 |
| 2007 | 29 | 54.24 | 8.75 | 41 | 70 |
| 2009 | 35 | 54.63 | 8.70 | 43 | 73 |
| 2011 | 51 | 53.18 | 7.95 | 41 | 75 |
| 2013 | 53 | 54.72 | 6.86 | 46 | 75 |
| 2015 | 61 | 54.36 | 5.72 | 43 | 69 |

续表

| 当选年份 | 当选人数 | 年龄平均值 | 标准差 | 最小年龄 | 最大年龄 |
|---|---|---|---|---|---|
| 2017 | 61 | 54.62 | 4.51 | 47 | 67 |
| 2019 | 64 | 56.22 | 4.72 | 43 | 68 |
| 1955—2019 | 1431 | 58.59 | 8.23 | 36 | 80 |
| 中华人民共和国：中国工程院 | | | | | |
| 1994 | 96 | 64.45 | 7.83 | 52 | 82 |
| 1995 | 216 | 64.73 | 7.19 | 52 | 83 |
| 1996 | 20 | 66.60 | 7.93 | 46 | 80 |
| 1997 | 116 | 64.91 | 6.80 | 51 | 81 |
| 1999 | 112 | 64.13 | 6.37 | 46 | 79 |
| 2001 | 81 | 63.62 | 7.31 | 41 | 76 |
| 2003 | 58 | 62.60 | 6.76 | 44 | 73 |
| 2005 | 50 | 62.86 | 7.99 | 41 | 74 |
| 2007 | 32 | 61.59 | 9.01 | 46 | 76 |
| 2009 | 47 | 56.36 | 9.09 | 41 | 75 |
| 2011 | 54 | 56.74 | 8.03 | 46 | 74 |
| 2013 | 51 | 56.90 | 6.25 | 48 | 77 |
| 2015 | 69 | 56.68 | 5.66 | 47 | 73 |
| 2017 | 67 | 56.69 | 3.94 | 49 | 68 |
| 2019 | 75 | 57.93 | 4.80 | 48 | 76 |
| 1994—2019 | 1144 | 61.87 | 7.73 | 41 | 83 |
| 1948—2019（Ⅰ） | 2656 | 59.81 | 8.28 | 36 | 83 |
| 1948—2019（Ⅱ） | 2585 | 59.72 | 8.22 | 36 | 83 |

表3-1中的中国科学院院士统计数据来源：一是中国科学院历届当选院士名录（科学新闻，2015）、历届当选的中国科学院院士（学部委员）名单（自然科学部分共912名）（科学新闻，2000）；二是中国科学院官网以及网页检索。中国工程院院士数据来源于中国工程院官网公布的增选数据信息以及网页检索。部分当选院士被撤销或停止院士身份，未计入上述统计。以上院士统计和分析均不包括外籍院士，但后期有原外籍院士

放弃外国国籍转为中国科学院院士现象，亦不包含在统计数字中。以上数据统计均截至 2020 年 12 月 31 日，尤其是在后面计算健在院士数量和年龄时也采用了这一截止时点。

院士当选年龄采用当选年月与出生年月的差值后，再取整数计算。为了简化，1948 年中央研究院院士当选月份定为 3 月，其他时期院士当选月份统一设定为 11 月。如上述说明指出，由于有院士被剔除，这里计算得出的相应年份院士当选年龄平均值与官网会有所差异。

由于新中国成立后，有 37 名中央研究院院士入选了 1955 年的学部委员，有 34 名中国科学院院士在 1994 年和 1995 年被聘为中国工程院院士，因此我们分别计算了包含跨期的学部委员及跨科学院和工程院院士的数据，以及不包括前二者的数据，在 1948—2019（Ⅰ）和 1948—2019（Ⅱ）中列示。

不同于图 3-2 中 1948—2019 年当选院士平均年龄在 60 岁左右的准正态分布，图 3-3 及后面的一系列图形较为清楚地呈现了不同年份院士遴选中平均年龄的变化情况。首先，我们观察到中央研究院院士平均年龄只有 52.33 岁，这与朱克曼提出的美国早期诺贝尔奖得主的平均年龄 51 岁相差不大（朱克曼，1979：160）。其次，相对于新中国成立后尤其是 1980 年以来当选院士的平均年龄而言，中华民国时期遴选的第一批院士的平均年龄较小。

牛力（2020）对中央研究院的 150 名院士候选人的年龄和成长经历进行了分析。他指出（这里的吴稚晖就是吴敬恒）：“在 150 人中，吴稚晖年龄最长（1865 年出生），最幼者为陈省身（1911 年出生）。从年龄层次来看，除去吴稚晖和张元济，其余均出生在 1877 年以后，其中以 1889 年到 1902 年这 14 年间出生的人最多，有 120 人，占全部人数的 80%。从年龄结构看，人文组 55 人年龄最大，在 1947 年时平均达 54.7 岁；数理组 49 人平均年龄为 50.1 岁；生物组 46 人年龄最幼，平均年龄为 49.2 岁。在 1885 年之前出生的 14 位学者中，人文组有 11 位之多。”

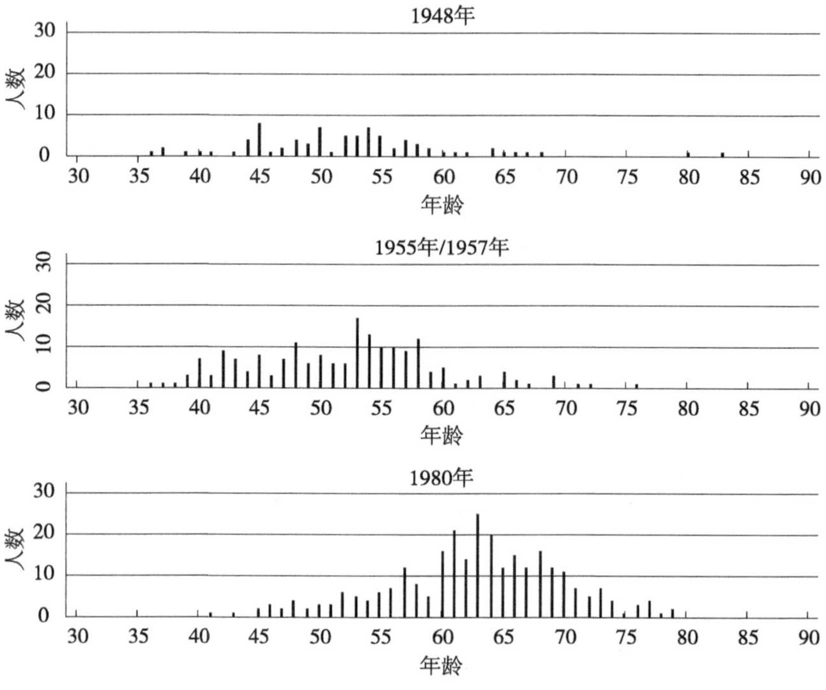


**图 3-3　1948—1980 年当选院士的年龄分布**

1955 年和 1957 年之后，在 1958—1979 年没有增选院士（学部委员）的活动。当 1980 年中国科学院第三次增选学部委员时，20 多年的人才积累造成了新当选院士平均年龄较新中国成立之初增加了 10 岁左右。徐飞和卜晓勇（2006）对 2003 年及以前当选的中国科学院院士的分析得出了基本一致的结果。他们指出，最初的院士（指 1955 年、1957 年）集中在 50~60 岁时当选，1980 年当选的院士大多为 60~70 岁。

图 3-3 展示了早期当选院士的年龄分布特征。可以较为清晰地看到，从 1948 年、1955 年、1957 年轮次的院士遴选到 1980 年的院士增选，有一个明显的年龄区间的变换，从相对较低的 40~60 岁区间转移到 55~75 岁区间，当选的众数年龄则达到 63 岁，比 1955 年/1957 年的 53 岁高出了 10 岁左右，更是大大地高于 1948 年的平均年龄。

随后进入 20 世纪 90 年代，中国科学院在奇数年份进行了 5 次院士增选，新增选的院士年龄均在 60 岁以上。这一平均社会年龄始终在 60 岁以上的趋势一直保持到 2001 年。如图 3-4 所示，各年龄段入选的人数均在 20 人以下，年龄分布较为分散，但当选年龄的众数大多在 60 岁以上（只有 1991 年例外，当选年龄的众数为 58 岁）。

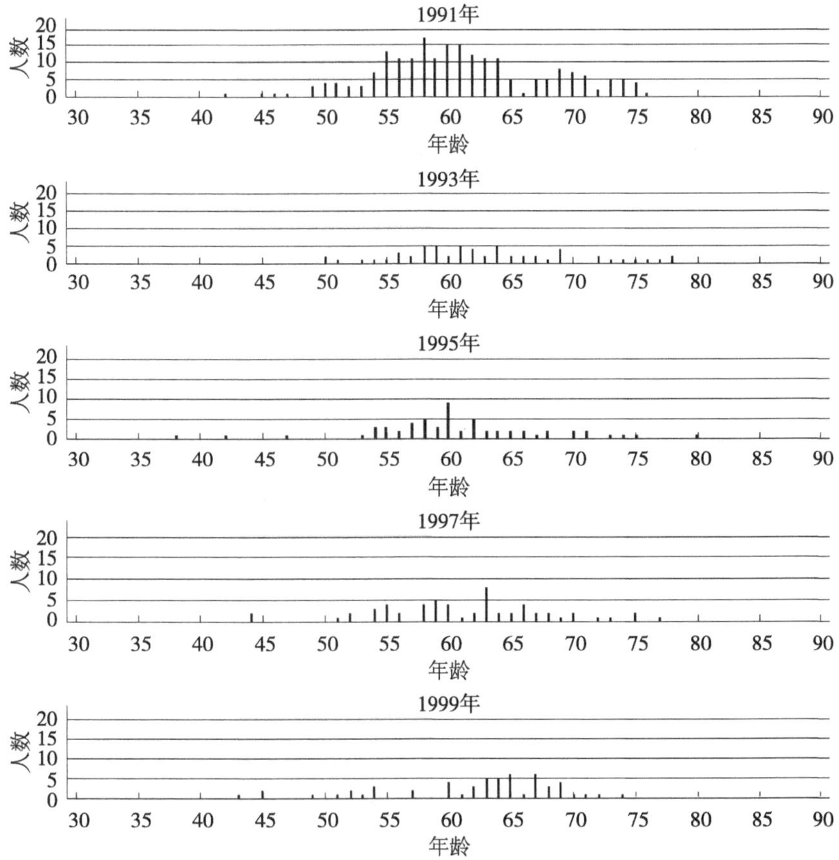


**图 3-4　1991—1999 年中国科学院当选院士的年龄分布**

进入 21 世纪以后，增选的中国科学院院士平均年龄逐年下降，尤其是 2007 年陡然从上一轮遴选的 59. 29 岁下降到 54. 24 岁。总体来看，这个时期当选院士的年龄分布更加分散，跨越的年龄区间也比较大，但已经没有超过 75 岁的新当选院士（除 2001 年），如图 3-5 所示。

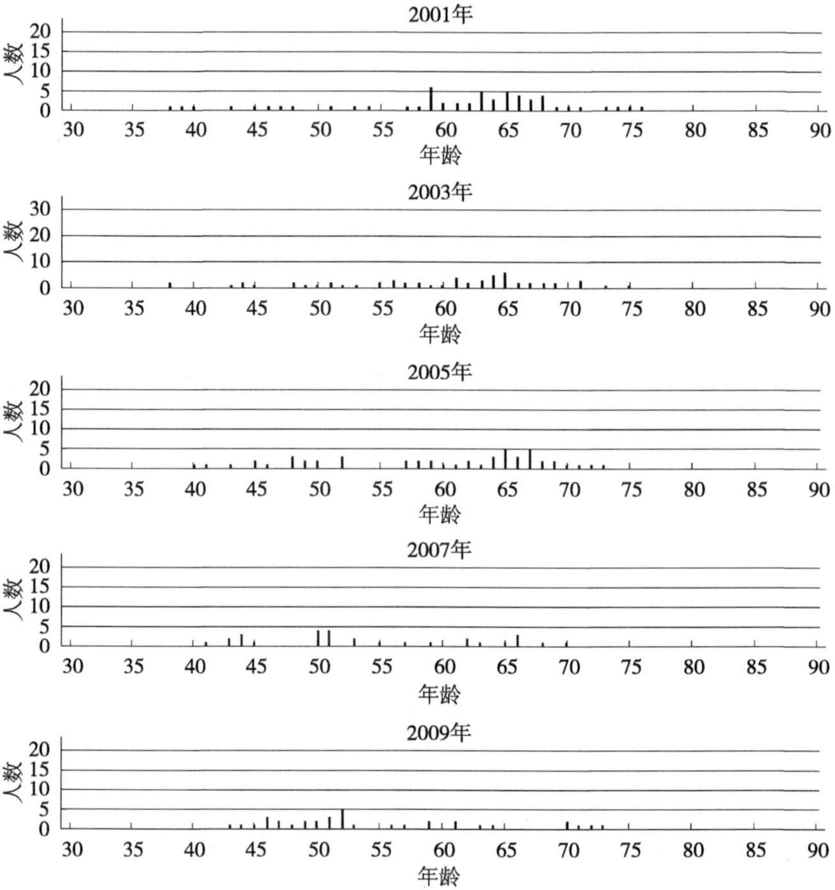


**图 3-5　2001—2009 年中国科学院当选院士的年龄分布**

2011 年之后，中国科学院新当选院士的平均年龄基本保持在 53~54 岁这个年龄段，但从峰值看存在年龄不断增大的变化趋势，如图 3-6 所示。到 2019 年，当选年龄上升到 56 岁以上。

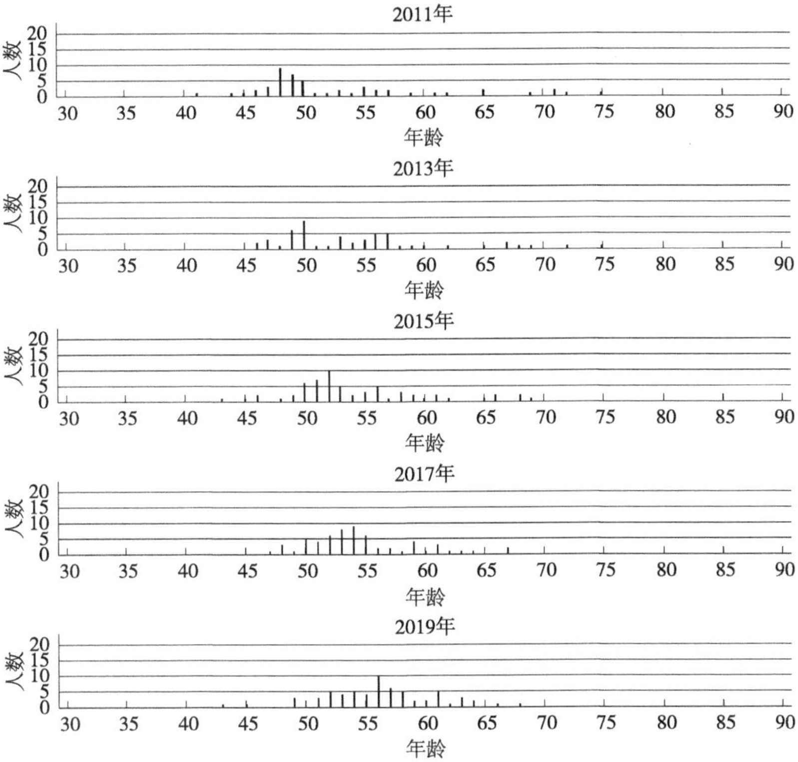


**图 3-6　2011—2019 年中国科学院当选院士的年龄分布**

我们按民国时期、20 世纪 50 年代、20 世纪 80 年代、20 世纪 90 年代、21 世纪头十年、21 世纪第二个十年将多个年份当选院士年龄数据合并处理后，绘制的当选年龄曲线可以让我们对不同年代当选院士的年龄分布和变迁有一个更加清晰的认识，如图 3-7 所示。

可以明显地观察到，1948 年中央研究院当选院士年龄分布在各个年龄段之间相对比较分散，当选院士的平均年龄比较低。在 20 世纪 50 年代的两次遴选中，中国科学院院士当选年龄的众数为 53 岁（平均年龄 51.95 岁），最高当选年龄达到 76 岁，最低当选年龄为 36 岁，总体分布仍然较为分散。

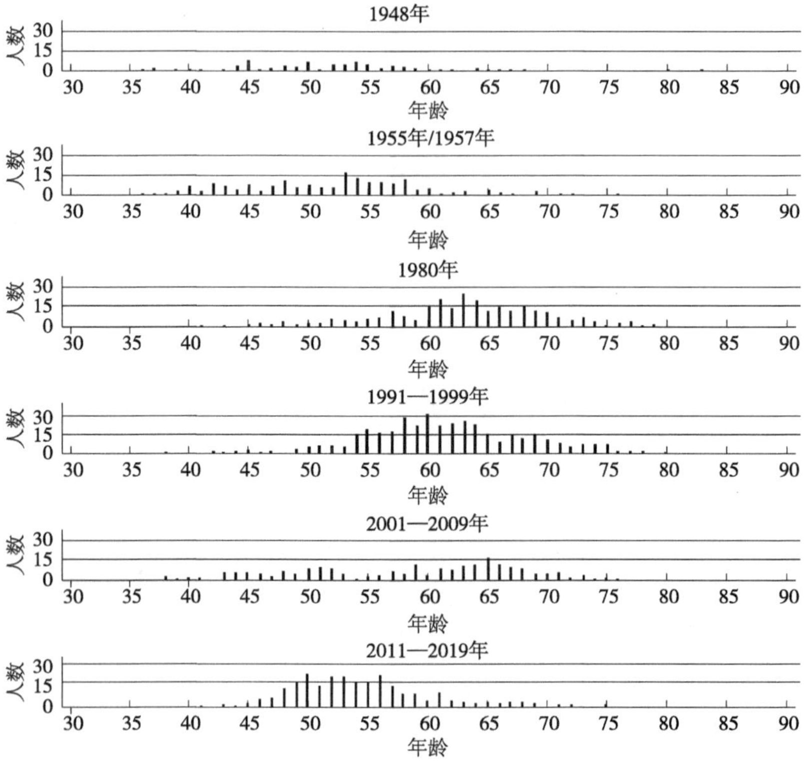


**图 3-7　1948—2019 年中央研究院和中国科学院院士当选年龄分布**

1980 年，院士当选年龄呈现一种较为分散的态势，当选的众数年龄达到了 63 岁（平均年龄 62.74 岁），最高当选年龄为 79 岁，最低当选年龄为 41 岁，总体呈现一个向右迁移的年龄分布，当选年龄主要集中在 50～70 岁，但分布依然较为分散。

进入 20 世纪 90 年代后，院士当选年龄曲线逐渐向左迁移，当选的众数年龄下降到 60 岁（平均年龄下降到 61.46 岁），最高当选年龄为 80 岁，最低当选年龄为 38 岁，年龄分布相对于平均值或众数两侧基本对称，但仍然较为分散。

2000 年后，院士当选年龄曲线进一步左移，当选的众数年龄上升到 65 岁（平均年龄则进一步下降到 58.40 岁），最高当选年龄为 76 岁，最低当选年龄为 38 岁。年龄曲线分布更加离散。

2010 年后，院士当选年龄曲线进一步左移，当选的众数年龄出现两个值（50 岁和 56 岁，平均年龄则进一步下降到 54.68 岁），最高当选年龄为 75 岁，最低当选年龄为 41 岁。当选院士年龄主要集中在 45~60 岁，曲线峰态偏左，意味着更多的低年龄候选人当选为院士。

中国工程院院士增选始于 1994 年。如表 3-1 所示，在 2007 年以前，当选年龄平均值均在 60 岁以上，基本呈逐年下降的趋势，在 2009 年降到 60 岁以下后，迅速向 56~57 岁的平均值靠近并相对稳定下来。有趣的是，与此相近年份美国科学院当选院士的平均年龄也在 56 岁左右（李仁贵、高鸿鹰，2012）。

从 20 世纪 90 年代的 5 轮遴选来看，中国工程院当选院士的平均年龄都比较高，历次平均当选年龄均在 60 岁以上，呈现出较强的波动性，但当选年龄区间大都保持在 55~75 岁。这一点通过对历次当选年龄的众数的观察也可以发现。如图 3-8 所示，1994 年、1995 年、1996 年、1997 年、1999 年的众数年龄分别为 62 岁、63 岁、67 岁、62 岁、65 岁。

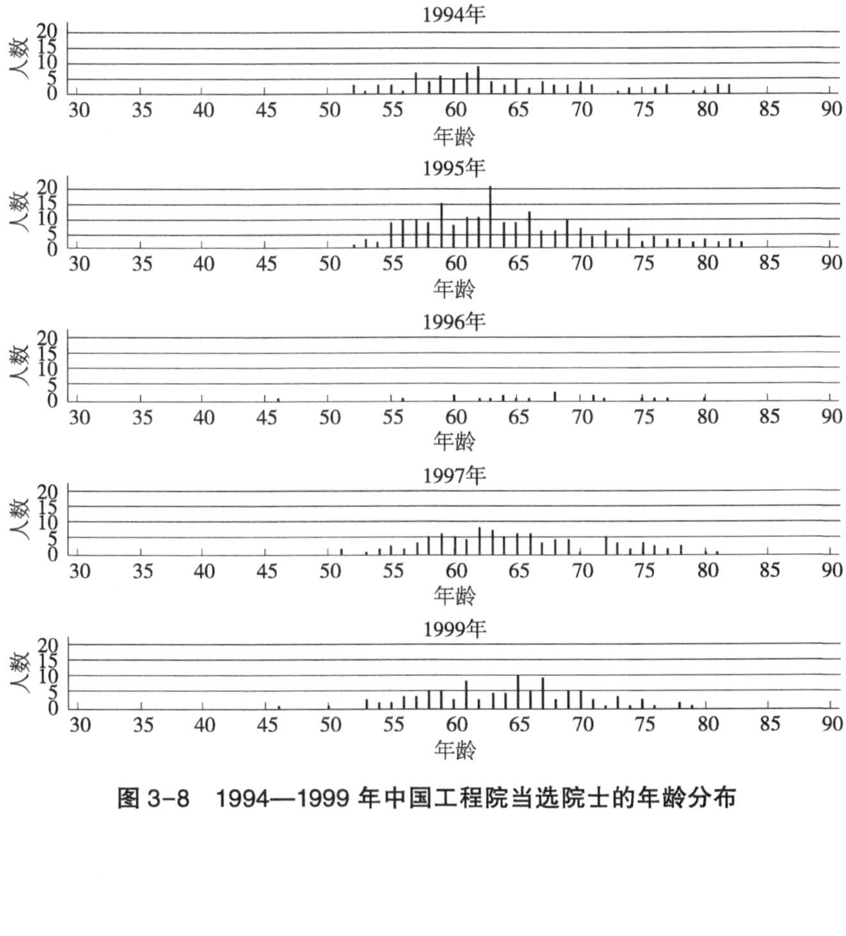


**图 3-8　1994—1999 年中国工程院当选院士的年龄分布**

2000 年以后，中国工程院当选院士的平均年龄开始降低，尤其是 2007 年和 2009 年，年龄分布明显地向左偏，意味着当选年龄相对以前轮次有了较大幅度的下降。同样，从当选年龄的众数也可以发现这一趋势。如图 3-9 所示，2001—2009 年当选院士年龄的众数分别为 63 岁、61（69）岁、69 岁、69 岁、52（53）岁，在 2009 年出现陡然下降，但平均年龄依然保持在 56 岁左右。

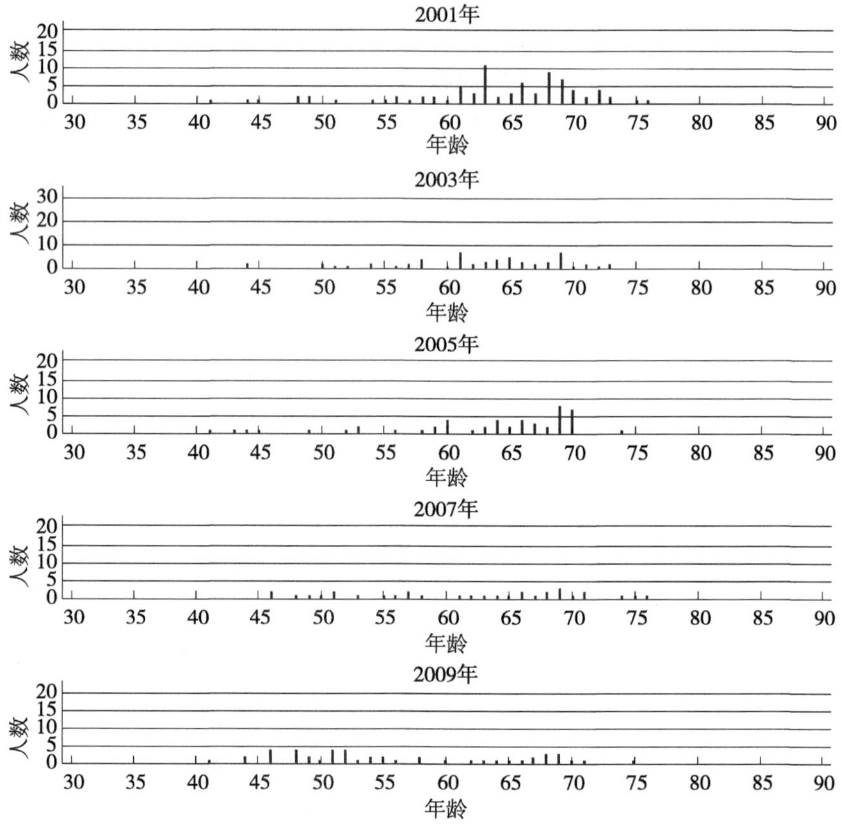


**图 3-9　2001—2009 年中国工程院当选院士的年龄分布**

2011 年后，中国工程院新当选院士的平均年龄保持在 56 岁左右。但从各轮次当选年龄分布曲线看，出现了当选年龄曲线向右移动的倾向，总体上当选年龄为 55~60 岁，如图 3-10 所示。

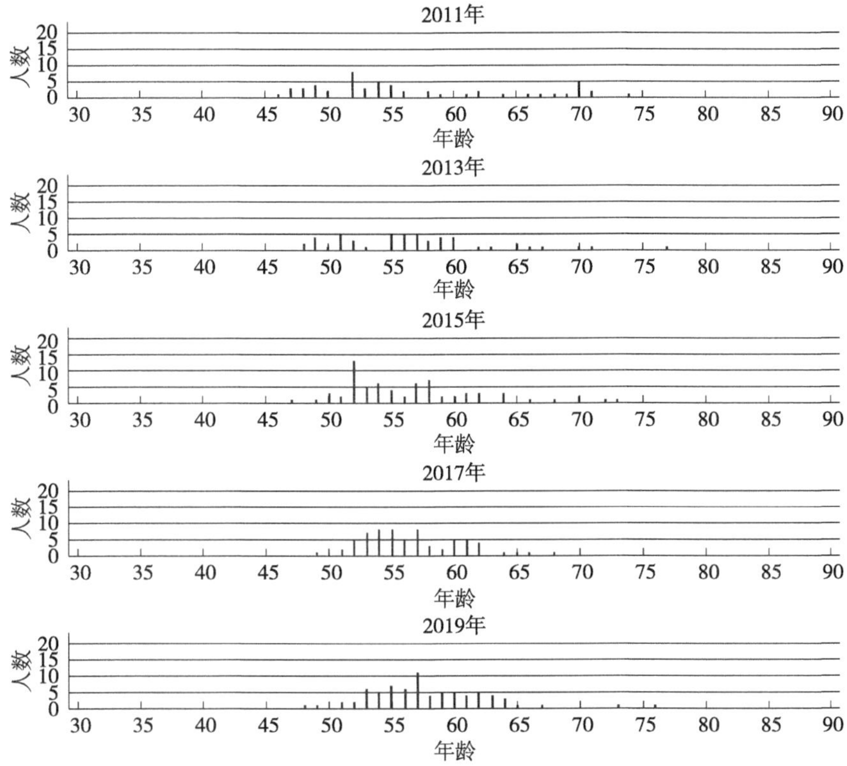


**图 3-10　2011—2019 年中国工程院当选院士的年龄分布**

参考前面对中国科学院院士年龄分布的分析，按 20 世纪 90 年代、21 世纪头十年、21 世纪第二个十年将多个年份当选数据合并后，绘制的当选年龄曲线可以对不同年代当选院士的年龄分布和变迁有一个更清晰的呈现，如图 3-11 所示。

在 20 世纪 90 年代，中国工程院院士当选年龄的众数为 63 岁（平均年龄 64.47 岁），最高当选年龄达到 83 岁，最低当选年龄为 46 岁，总体呈现以众数为中心略偏左的对称分布。2000 年后，院士当选年龄呈现一种较为分散的态势，当选的众数年龄达到了 69 岁（平均年龄 61.74 岁），但最高当选年龄下降为 76 岁，最低当选年龄下降到 41 岁，总体呈现一个向左迁移的年龄分布，当选年龄下降趋势明显且年龄分布较为分散。2010 年后，院士当选年龄曲线进一步左移，曲线峰态进一步向左移动，当选的众数年龄下降到52岁（平均年龄57.03岁），最高当选年龄为77岁，最低当选年龄为46岁。如果剔除70岁以上的当选院士（共17位），剩下院士（299位）整体的当选年龄曲线呈现出较为对称的准正态分布形状，当选年龄集中在52~57岁。

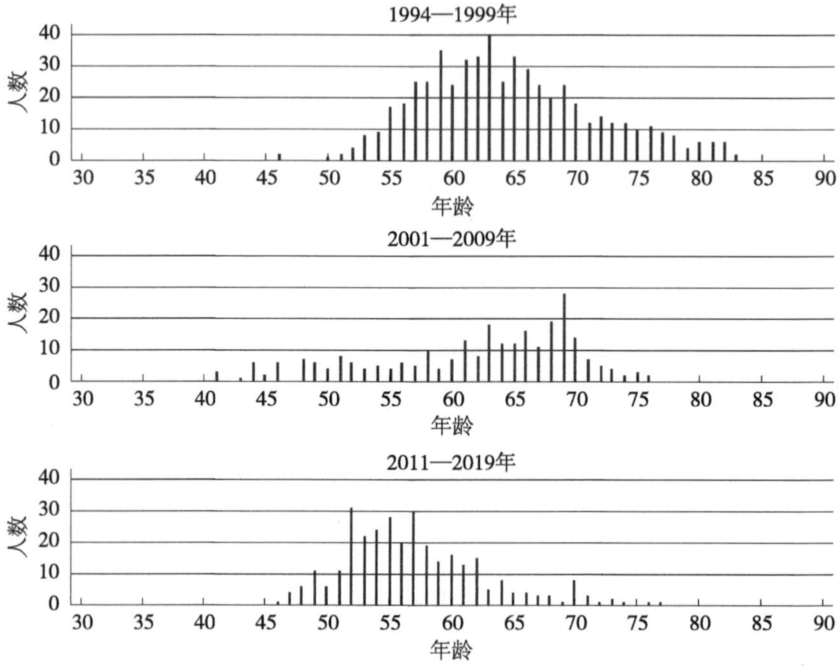


**图3-11　1994—2019年中国工程院当选院士的年龄分布**

从两院对比来看（见图3-12），中国工程院院士当选时的平均年龄曲线位于中国科学院院士当选时平均年龄曲线的上方。在共同有院士增选的年份中，中国工程院当选院士的平均年龄高出中国科学院3岁左右，平均年龄差最高达到7岁多，最少也达到了近2岁。

从选举年份当选年龄的标准差来看，无论是中国科学院还是中国工程院，标准差都大致经历了一个先上升再下降的过程。中国科学院增选院士的当选年龄在2005年达到峰值9.09，中国工程院在2009年达到峰值9.09，随后两院院士当选年龄的标准差开始收窄，最终向4~5靠拢，这意味着当选院士的年龄差异正逐年减小，一批在年龄上更加接近的人成为近年院士遴选的主要竞争对手。结合当选院士平均年龄逐年向（55±2）岁趋近的现实情况，可以大致认为 50~60 岁的科学家群体已经成为我国当前两院院士遴选的主要候选人。

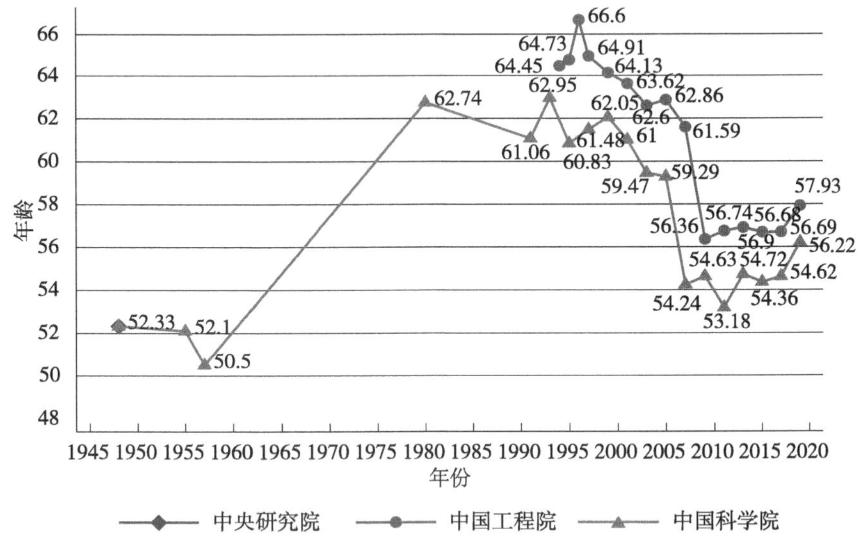


**图 3-12 1948 年以来我国当选院士的平均年龄变迁**

从表 3-1 和图 3-12 中均可以看到，2007 年中国科学院院士、2009 年中国工程院院士遴选出现了平均当选年龄的急剧下降，下降幅度均在 5 年左右。

当选院士平均年龄不断下降的这种变化与院士年龄结构老化的现实有关。中国科学院在 2003 年、中国工程院在 2005 年的院士增选办法中逐渐开始重视院士队伍年龄结构问题。例如，中国科学院 2003 年修订了《中国科学院院士增选工作实施细则》，要求“被推荐人的年龄一般不超过 65 岁，对 65 岁以上的被推荐人，需有 6 名或 6 名以上院士推荐，且至少有 4 名院士所在学部与被推荐人相同方为有效”。在现行版细则中，强调要“特别注意推选符合标准和条件的优秀中青年科技专家。被推荐人年龄（按增选年 6 月 30 日实足年龄计算，下同）一般不超过 65 岁。在各学部正式候选人中，60 岁（含 60 岁）以下的应不少于三分之一”。

在中国工程院2005年院士增选工作实施办法中，明确提出“被提名候选人的年龄原则上不得超过70周岁（按增选当年6月30日实足年龄计算）”，“年龄超过65周岁的候选人，获得6位院士提名方为有效，且仅能接受6位院士的提名，其中本学部院士应不少于4位。年龄超过70周岁的候选人被提名次数仅限1次”。2008年10月中国工程院修订颁布了《中国工程院院士增选工作实施办法》，要求“在坚持院士标准条件的前提下，要始终注意候选人的年龄结构，在各个阶段的候选人名单中，60岁以下（含60岁）的应不少于三分之一”，“年龄超过70周岁的被提名人，须经其专业所属学部至少6位院士提名，方为有效，成为正式候选人”。这一改变，对于避免中国科学院和中国工程院被戏称为“敬老院”（李侠，2013）具有积极作用。

尽管如此，由于院士在事实上并没有退出机制，中国科学院和中国工程院当前资深院士（指年龄超过80岁）的数量占比仍然较高。截至2020年12月31日的统计数据显示，现有院士中出生于1940年以前的，中国科学院有329名，中国工程院有405名，分别占中国科学院现有院士811人（含外籍院士恢复中国国籍3人）的40.57%，中国工程院现有院士901人的44.95%；其中1935年以前出生的，中国科学院中有22.93%，中国工程院中有23.64%。这意味着超过80岁和85岁的资深院士人数仍然占极高的比例。

## 3.4 当选院士的出生年代：从旧中国迈向新时代

### 3.4.1 时代背景

明清以来，中国科学发展一直受到传教士的影响。但由于传教士自身对科学了解的局限和对最先进的科学发展的排斥，他们对中国科学的发展既起到了促进的作用，也在一定程度上抑制了中国科学技术的进步。艾尔曼提到，在1711年，康熙通过耶稣会教士了解到巴黎科学院的存在，并仿建了算学馆。为了维护清王朝统治的正统性，1713年康熙禁止在科举考试中出现天象和历法的考题。但同时，国人通常对以下事实缺乏了解：英国外交官马戛尔尼指出，在18世纪早期甚至以前，到中国传教的耶稣会教士一代不如一代，包括利玛窦、汤若望和南怀仁等，他们对于欧洲当时的代数、牛顿科学等知之甚少，仅对科学发展的支脉有所了解（艾尔曼，2016：196-234）。这种零星的传教使当时的中国科学家转而诉诸中国古代的医学和数学，使中国没能更早地受到牛顿近代科学革命的冲击。在清朝中叶，欧洲由于陷入了英法战争，使得欧洲人无暇他顾，清朝文人开始恢复古学，试图将古学和欧洲之学现代化和本土化（艾尔曼，2016：287-313）。

法国大革命和美国独立之后，英帝国扩张的重心开始向亚洲转移。伴随而来的是基督教传教士再一次成为英帝国对外扩张的先锋。这时传播的教义已经以韦伯所著称的新教教义为主导，卫理公会、圣公会等组成传教使团，早期主要在广州和澳门等地活动。鸦片战争后，中国被迫向英、美等国开放了广州、上海、福州、厦门和宁波五处作为通商口岸。这些东南沿海地区迅速成为欧洲传教士进入的主要目的地。由于清政府拒绝接受多位地方大吏建议的在科举考试中增加数学和制造等科目，因此，新教徒及其在华南地区的皈依者成为现代科技在中国传播的重要源头。传教士合信博士编译的《全体新论》《西医略论》《妇婴新说》等西方医学著作，对西方医学在我国的持续性输入和传播发挥了重要作用（艾尔曼，2016：357-369）。

1857年6月，慕威廉发表文章《格物穷理论》，指出"国家的力量来自于人民，人民的力量来自于心智，心智的力量来自于科学"。他第一个提出中国需要格致士（科学家）和格致院（科学院）来实现国家复兴。1860年，上海成为大清王朝对外贸易、国际事务、传教活动的主要中心。直到此时，才有传教士与中国数学家李善兰合作开始第一次在中国编译牛顿的《自然哲学的数学原理》，但由于这本书过于深奥，一直到19世纪末由另一位学者重新编译后才得以出版。一批早期的中国人与传教士合作翻译了一系列的科学和自然历史著作，孕育了中国第一批科技教育界的精英（艾尔曼，2016：370-375）。

民国时期是我国现代学术建制化的重要阶段，大学成为当时新型知识人才安身立命的栖身之地（牛力，2020）。根据牛力文章引述商务印书馆出版的《全国高等教育统计（1934 年度）》，在 1934 年，全国专科以上学校有 110 所，其中大学 41 所、独立学院 38 所、专科学校 31 所，教员共计 7205 人；根据《第二次中国教育年鉴》，到 1947 年年底，全国专科以上学校增至 207 所，其中大学 55 所、独立学院 75 所、专科学校 77 所，教员人数在万人以上。

### 3.4.2 院士出生年代的总体分析

当选中央研究院院士的 81 位院士之一的吴敬恒就出生在 1865 年那个风雨飘摇的清王朝。西学东渐之风乍起，清政府遭受了第一次和第二次鸦片战争、甲午海战的败绩，同时也激发了无数仁人志士矢志强国兴邦。1948 年以来历届当选院士（学部委员）的出生年龄跨度非常大，在选举年份跨度达到 61 年的增选过程中，可以看到 80 岁以上的耄耋老人，也有不到不惑之年的青年英才。从出生年代看，既有出生于同治四年（1865 年）的举人，以 83 岁高龄在 1948 年当选为中央研究院院士的吴敬恒先生；也有生于“文化大革命”末期的时代之子，以时年 43 岁在 2019 年当选为中国科学院院士的数学家孙斌勇研究员。一定程度上，不论年龄、只论成就正是默顿所指出的现代科学精神的普遍主义原则的内在要求（默顿，2003a：365）。

对出生在清朝（1644 年—1912 年 1 月）、中华民国（1912 年 2 月—1949 年 9 月）和新中国（1949 年 10 月至今）的院士人选分别进行统计，可以发现，在所有 2585 名院士中，出生于清朝灭亡之前的共有 264 人，占 10.21%，其中中央研究院院士全部出生于清朝；出生于中华民国时期的共有 1608 人，占 62.21%；出生于新中国成立后的共有 713 人，占 27.58%，如图 3-13 所示。1949 年 10 月以前出生的院士占较大比例，这批院士中最小的年龄已经达到 71 岁。

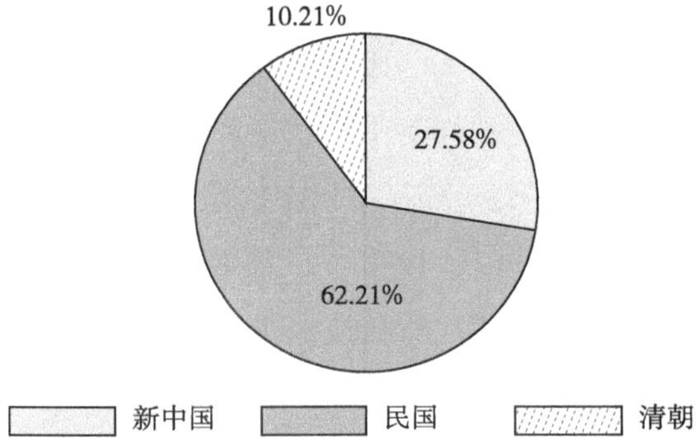


**图 3-13　1948 年以来当选院士的出生时代**

图 3-14 更加清晰地呈现了 1948 年以来我国当选院士的出生年代分布情况。1912 年前出生的院士数量明显较少，当选院士的数量呈逐年增加态势。这一持续增加态势延续到中华民国，1932 年出生的当选院士数量达到峰值，共有 91 人当选，而 1931—1938 年等邻近年份出生的院士的数量为 60~90 人不等，形成了一个当选院士的出生聚集区间。值得关注的是，出生于 1941—1955 年期间每年当选院士的数量大多为 10~20 人，个别年份突破了 30 人。

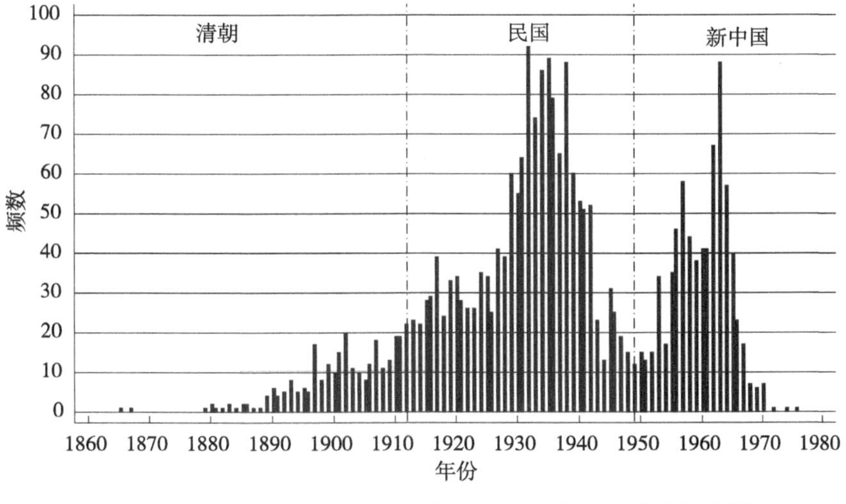


**图 3-14　1948 年以来我国当选院士的出生年份统计频数图**

如果借用赵红州先生关于科学家人数下降与科学的衰落的理论，也许我们可以推论这个年份出生的人的成长时期正是我国科学事业发展受到挫折的时期。如果结合熊彼特的神圣十年理论和赵红州（1979）与他的合作者（梁立明、赵红州，1991）关于21~37岁是杰出科学家贡献出一半重大科技成果的观点，那么，1961—1976年，我国的科技事业发展正好处于一个挫折期。王渝生对新中国成立后科技事业发展60年的分析在一定程度上印证了上述推断。他认为，1956年我国吹响了向科学进军的号角，一直到1965年都处于科学事业发展的黄金时期，但1966—1974年科学事业发展经历了“逆境中的艰难跋涉”（王渝生，2010a；王渝生，2010b；王渝生，2010c）。因此，我们可以合理地认为，这一时期的人才成长受到了时代的局限。不可否认的是，这一时期我国也取得了“两弹一星”的伟大成就。但对于出生于1941—1955年的人而言，确实面临着相对缺乏成长成才机会的现实。当1980年、1991年启动新一轮院士遴选时，他们中的大多数人已经错过了最佳的科研时期。

这里可以加一句评论：只有时代的科学家——科学家的成长离不开其成长的时代背景，只有生长在一个好的时代且融入这个时代，科学家才能更好地发挥其才能。

### 3.4.3 院士出生年代的变迁分析

为了进一步考察不同年代当选的院士的出生年代，我们绘制了分年份的院士当选数量的柱状图（见图3-15和图3-16），并在图中将时间尺度统一为1880—1980年。鉴于出生在1880年前的当选院士只有政治学家和教育家吴敬恒（出生于1865年）、出版家张元济（出生于1867年）、医学家萧龙友（出生于1879年）三位，这一处理并不影响我们的整体分析。

从当选院士的出生年代来看，1948年推选的全部81名院士，1955年选聘的172名学部委员中有143人（含37名1948年当选的院士），1957年推选的18名院士中有15名，1980年推选的282名院士中有62人，都出生于清朝（其中有两位出生于1912年1月）。因此，有264名院士出生在清朝。

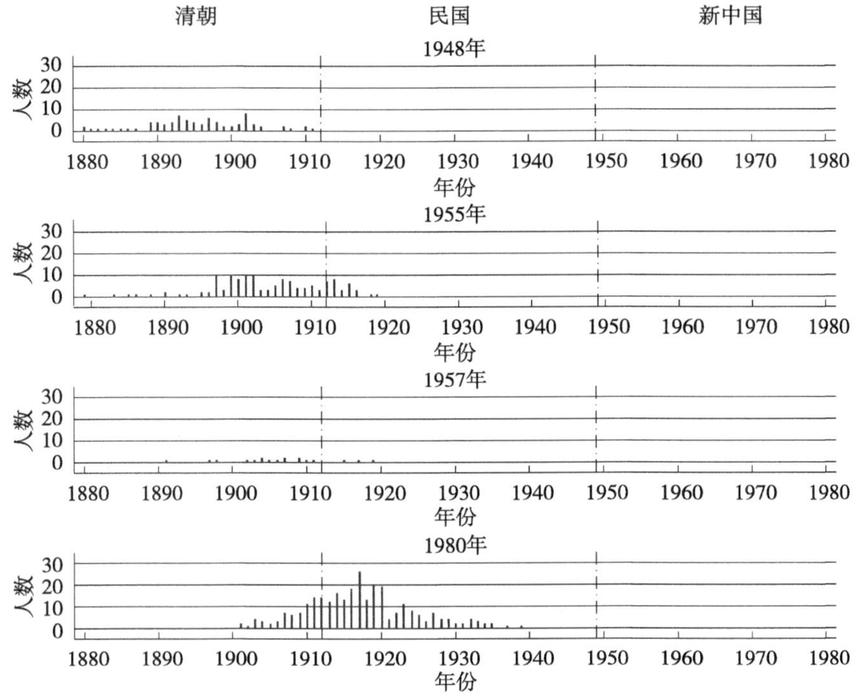


图 3-15　1948—1980 年历年当选院士的出生年份分布图

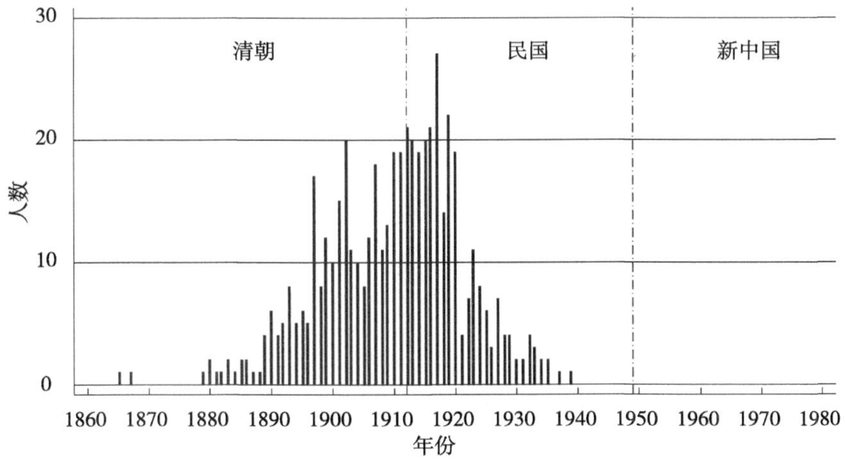


图 3-16　1948—1980 年当选院士的出生年份分布图

如图 3-17 所示，1948—1980 年当选院士的平均年龄分布曲线基本呈现一种正态分布模式。

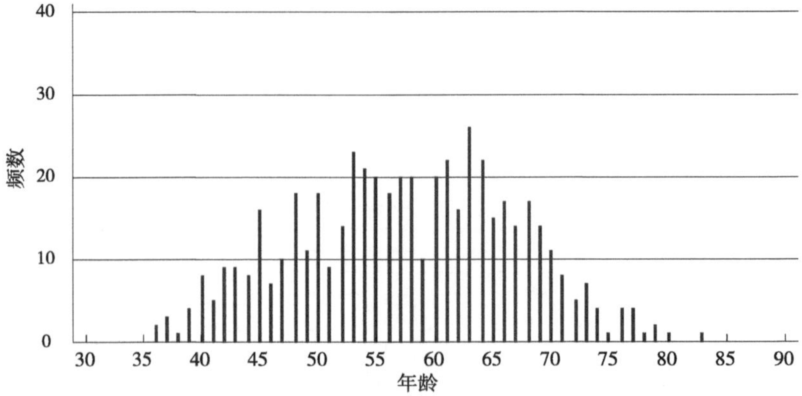


**图 3-17　1948—1980 年当选院士的当选年龄分布图**

1948 年当选院士的学科范围和之后的院士遴选有很大的不同。1948 年当选院士中有很多自然科学以外学科领域的专家。我们不仅可以在其中发现数学家、物理学家、生物学家、医学家、人类学家，还可以发现哲学家、政治家、教育家、历史学家、语言学家、法学家和社会学家，其中为当代人所熟知的人物包括陈寅恪、傅斯年、胡适、冯友兰、马寅初、华罗庚、苏步青、李四光、竺可桢、童第周、茅以升、朱家骅、翁文灏等，无一不是名家，无一没有突出的贡献。其中，有不少人是中国自然科学或新学科的开创者或奠基人，是中国一些知名高等学府或研究院所的创办者或领导人，甚至是中国学术体制化发展的引路人。

张培富和夏文华（2011）撰文指出：中央研究院院士与中国现代科学教育有着密不可分的关系，他们既是科学家，更是科学教育的专家。这些科学家怀着“科学救国”“教育救国”的信念，通过参与高校行政管理、创设新科系、编写新教材、组织学术团体、编辑科学刊物等形式，将西方先进的科学知识引入中国，对促进中国科学教育发展做出了突出贡献。

在 1955 年、1957 年和 1980 年遴选出来的院士中，于敏、王大珩、朱光亚、任新民、吴自良、陈芳允、陈能宽、杨嘉墀、周光召、钱学森、程开甲是我国“两弹一星”元勋，为我国国防事业做出了杰出贡献。1986 年 3 月，王大珩、杨嘉墀、王淦昌和陈芳允四位院士联名提出了“关于跟踪研究外国战略性高技术发展的建议”，邓小平同志做出重要批示“此事宜速作决断，不可拖延”，由此启动实施了中国的“高技术研究发展计划”，又称“863 计划”。院士们在推动中国科学技术研究开发和高技术进步中做出了卓越的贡献。

1990 年以后，中国科学院院士遴选逐渐进入常态化，确立了每两年增选一次的定期增选规律。同时，由于祖国建设事业不断兴盛发展，涌现出一批在工程技术领域做出重要贡献的科学家和工程师。因此，建立中国工程院的工作提上了党中央和国务院的议程。事实上，早在 20 世纪 80 年代初，一批科学家就提出了加快发展工程技术的建议，但直到 1994 年 6 月才正式成立中国工程院，并遴选产生了我国首批工程院院士。在这里，我们将 1991—1999 年遴选出的中国科学院和中国工程院院士按照 1991 年、1993 年和 1994 年组合、1995 年和 1996 年组合、1997 年、1999 年五个组别，统计不同年份当选人的出生年代分布情况（见图 3-18）。

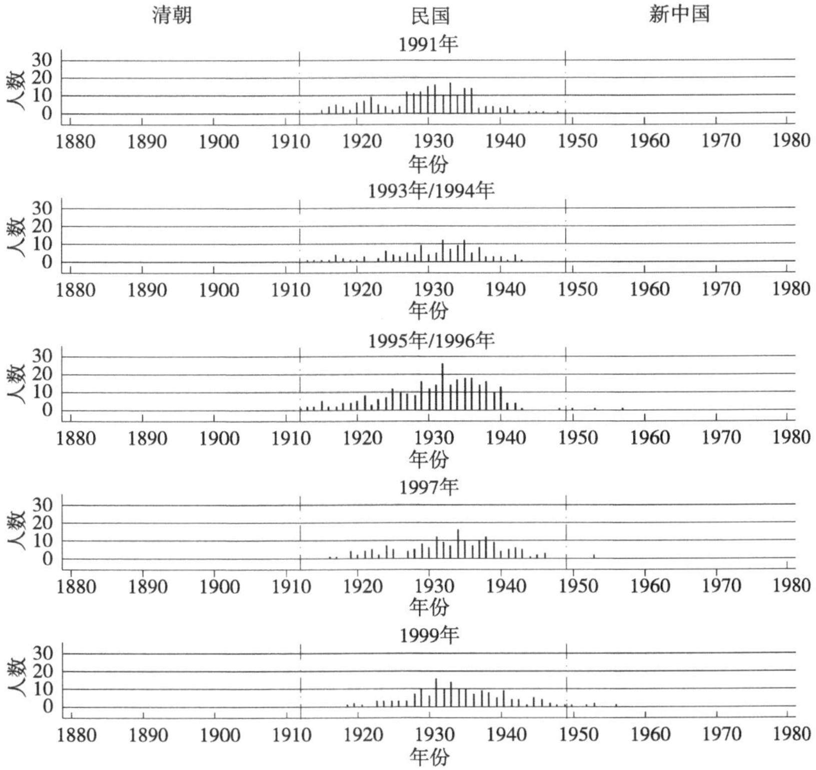


图 3-18　1991—1999 年各年当选院士的出生年份分布图

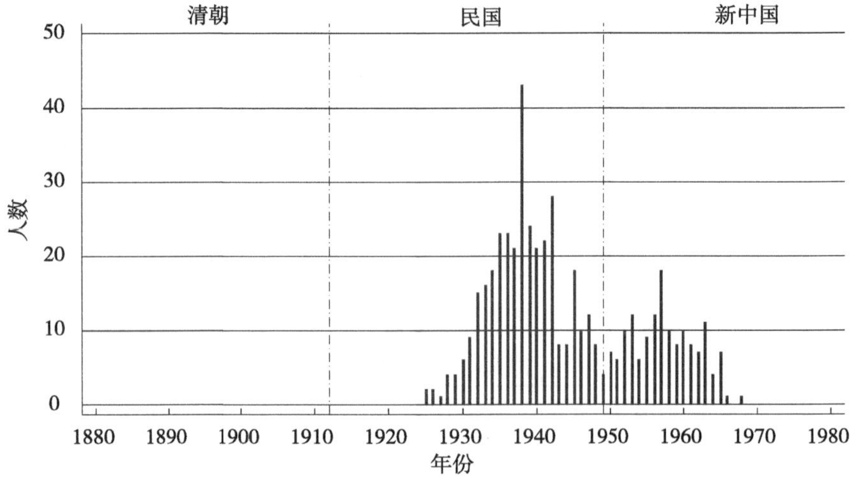


**图 3-21 2001—2009 年当选院士的出生年份分布图**

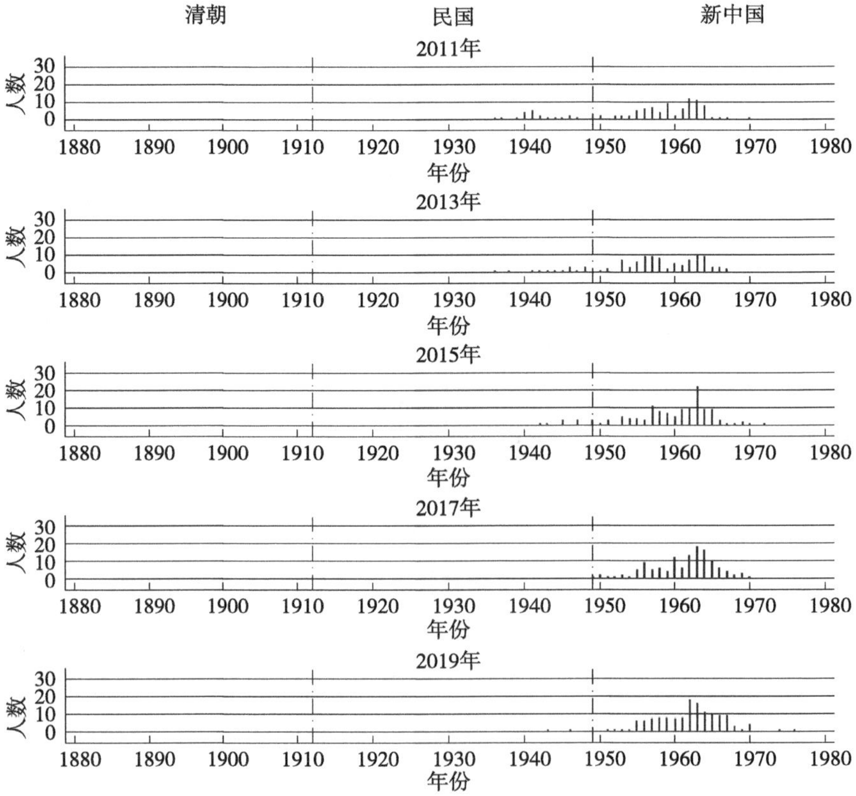


**图 3-22 2011—2019 年各年当选院士的出生年份分布图**

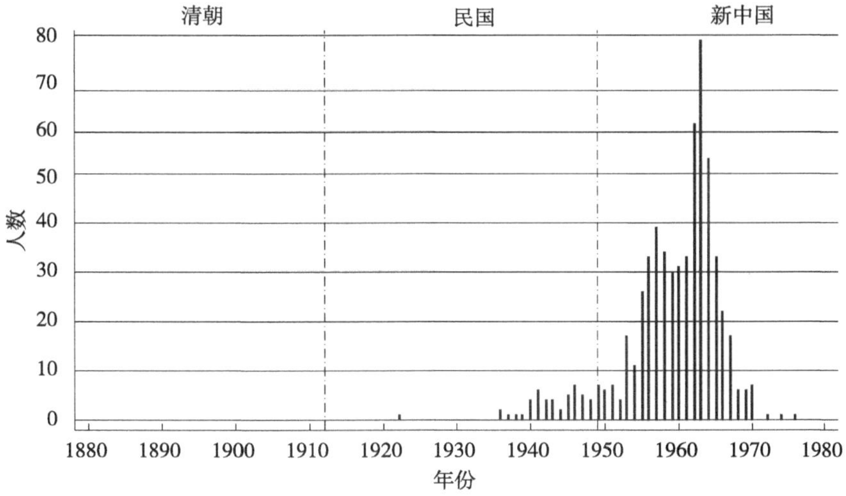


**图 3-23　2011—2019 年当选院士的出生年份分布图**

总体来看，这批院士大多出生在 1955 年以后。这意味着 2010 年后的院士人才主要成长在新中国成立后，总体上成长于国内的经济、教育、科技和社会大环境下。当然，后面的实证分析会发现，院士中具有留学经历的不在少数。在一定程度上可以认为，这批院士和今后当选的院士人才代表了中国科技的现在和未来。从年龄分布来看，这批院士的主体年龄集中在 45~70 岁，表现出一种更倾向于低年龄段的略有左偏的准正态分布，表明当前院士遴选要求向更年轻的科学家倾斜对当选院士年龄分布左移产生了积极作用。

## 3.5　结论与讨论

### 3.5.1　结论

总体来看，当选院士的社会年龄（指平均当选年龄）和出生年代呈现出不同的特征。1948 年以来我国院士的平均当选年龄在 60 岁左右，各个时间段汇总的院士年龄分布曲线呈现出一种基本正态分布的形态。但这一汇总结果掩盖了不同年代和不同类型（指科学与工程技术类或中国科学院与中国工程院）之间存在的年龄差异。从年代来看，中央研究院和中国科学院早期学部委员的社会年龄显著低于后续各次遴选，随着时间演进，社会年龄呈现出大致先提升后降低的态势，直到近两年才降低到（55±2）岁的相对稳态。从中国科学院和中国工程院的对比来看，中国科学院院士当选时的年龄普遍低于同期当选的中国工程院院士的年龄，但基本保持了相仿的变迁模式。中国工程院院士平均当选年龄偏高这一事实，与较早时期对中国工程院院士当选年龄的分析结果相一致（王英，2008）。

这里计算得到的中国院士的平均当选年龄（60 岁）与重大科学发现成果对应的最佳创造年龄（37 岁）之间存在着 23 年的时间差，与诺贝尔奖得主的平均得奖年龄（51 岁）之间存在着 9 年的时间差，一方面是科学发现成果获得社会认可所需要的时间差，另一方面也与比较对象本身间的差异存在关系。赵红州（1979）和朱克曼（1979）的分析中，所对应的是全球范围内的超级精英，他们得到了国际同行或推荐人的高度认可。本研究中的院士主要局限于国内科学家，当然我们不能贬低这些科学家对中国科技事业和科学技术进步的贡献，但相对于做出世界一流科学发现或科技成果的国际精英，我们显然还有一段很长的路要走。

同时，我们发现，清朝时期出生的院士占全部 2585 名院士的 10. 21%，民国时期出生的院士占 62. 21%，新中国成立后出生的院士占 27. 58%，并且这一比例将继续增加直至最终占据主要的份额。我们对出生年代进行分析后发现，院士人才在 1945—1955 年出现了一个相对的低谷期，这个时期内出生的人相对于在之前和之后时代出生的人当选院士的数量要少。这既有这批人成长期间面临着中国科技、教育事业发展的波折的原因，也有我国院士制度从旧中国向新中国过渡中不平稳的原因。

### 3. 5. 2　讨论：关于认可的时机

人生一旦错过就不能重来，院士和准院士也不例外。荣誉性奖励赋予的时机非常重要，需要朝着形成一个“当我需要它时它就在我身边”的理想场景迸发，避免“荣誉”来得太迟就显得“太轻”的尴尬局面（默顿，2003b：602）。因此，年龄作为时间的坐标，与荣誉天然地联系在了一起。研究了解科研创造峰值年龄随时间变化的规律和影响因素，有助于了解科研人才的成长规律，有助于按照规律来管理科技人才、配置科研资源，更好地发挥人才的潜能（门伟莉、张志强，2013）。通过了解院士人才的当选年龄及其变化趋势，结合最佳创造年龄的规律性特征，可以为人才成长、人才服务和发挥人才作用提供更丰富的政策工具。分析院士的当选年龄，可以最直接地服务于“了解中国科学家获得国家最高认可的时间，也可以从一个侧面了解中国科学工作者成为科学界精英所需要的时间”（徐飞、卜晓勇，2006）。这样，有利于避免偏高的院士当选年龄和院士平均年龄对国家科技创新和科技进步的阻碍作用（刘俊婉等，2015）。

对于全社会而言，把握科技精英的成长规律具有深远的影响。在中国进入百年未有之大变局的今天，把握中国顶级科技精英年龄变迁的脉搏，处理好对各类人才工具性认可和荣誉性认可的时机，能够避免陷入科学家群体衰落的境地，有利于更好地发挥战略科学家、科技领军人才的作用，更好地顺应人才成长的规律，充分发挥更多的院士人才、准院士人才和广大中青年人才的科学创造力、成果转化力、工程建设力的第一生产力的作用，引领新发展格局，对于更好地建设世界科技强国，解决当前和今后面临的卡脖子难题，铸就科技自立自强的根基，实现高质量发展具有重要意义。

## ■ 本章参考文献


［1］陈晓芬，徐儒宗．论语 大学 中庸［M］．北京：中华书局，2011.

［2］赵峰．与大师同行：经济思想史公开课［M］．北京：中国人民大学出版社，2016.

［3］科尔 J，科尔 S．科学界的社会分层［M］．赵佳苓，等译．北京：华夏出版社，1989.

［4］默顿．科学社会学：理论与经验研究 下册［M］．鲁旭东，林聚任，译．北京：商务印书馆，2003b.

［5］朱克曼．科学界的精英：美国的诺贝尔奖金获得者［M］．周叶廉，冯世则，译．北京：商务印书馆，1979.

［6］雾满拦江．神奇圣人王阳明［M］．长沙：湖南文艺出版社，2012.

［7］任志刚．为什么是毛泽东［M］．北京：光明日报出版社，2019.

［8］赵红州．关于科学家社会年龄问题的研究［J］．自然辩证法通讯，1979（4）：29-44.

［9］查尔默斯．科学究竟是什么？（第 3 版）［M］．鲁旭东，译．北京：商务印书馆，2007.

［10］梁立明，赵红州．科学发现年龄定律是一种威布尔分析［J］．自然辩证法通讯，1991（1）：28-36.

［11］刘俊婉，郑晓敏，王菲菲，等．科学精英科研生产力和影响力的社会年龄分析：以中国科学院院士为例［J］．情报杂志，2015，34（11）：30-35，61.

［12］施耐庵，罗贯中．水浒传：上册［M］．2 版．北京：人民文学出版社，1997.

［13］古川安．科学的社会史：从文艺复兴到 20 世纪［M］．杨舰，梁波，译．北京：科学出版社，2011.

［14］谢宇，齐沃德．美国科学在衰退吗？［M］．北京：社会科学文献出版社，2018.

［15］唐家龙．我国两院院士区域分布存在马太效应吗？［J］．安徽科技，2020（12）：7-14.

［16］胡弗．近代科学为什么诞生在西方［M］．周程，于霞，译．北京：北京大学出版社，2010.

[17] 科学新闻编辑部. 中国科学院历届当选院士名录 [J]. 科学新闻，2015 (10)：78-95.

[18] 牛力. 民国时期大学学术版图的演变：基于中央研究院首届院士选举候选人的分析 [J]. 南京大学学报（哲学·人文科学·社会科学），2020，57 (1)：130-145，160.

[19] 徐飞，卜晓勇. 中国科学院院士特征状况的计量分析 [J]. 自然辩证法研究，2006，22 (3)：68-74.

[20] 李仁贵，高鸿鹰. 美国国家科学院院士与诺贝尔经济学奖 [J]. 经济学动态，2012 (6)：98-103.

[21] 李侠. 中国科学精英老龄化太严重 [N]. 中国科学报，2013-02-18 (6)：1.

[22] 艾尔曼. 科学在中国（1550—1900）[M]. 原祖杰，等译. 北京：中国人民大学出版社，2016.

[23] 默顿. 科学社会学：理论与经验研究　上册 [M]. 鲁旭东，林聚任，译. 北京：商务印书馆，2003a.

[24] 王渝生. 向科学进军：中华科技六十年（二）1956—1960 年 [J]. 科学中国人，2010a (2)：22-31.

[25] 王渝生. 新中国第一个科技黄金期：中华科技六十年（三）1961—1965 年 [J]. 科学中国人，2010b (3)：24-29.

[26] 王渝生. 逆境中的艰难跋涉：中华科技六十年（四）1966—1974 年 [J]. 科学中国人，2010c (4)：22-29.

[27] 张培富，夏文华. 中央研究院院士与中国现代科学教育 [J]. 山西大学学报（哲学社会科学版），2011，34 (6)：66-72.

[28] 王英. 科学社会学视域下的院士年龄结构：以中国工程院为例 [J]. 山东科技大学学报（社会科学版），2008，10 (6)：16-21.

[29] 门伟莉，张志强. 科研创造峰值年龄变化规律研究综述 [J]. 科学学研究，2013，31 (11)：1623-1629.

## ■ 本章附表

**附表 3-1　1948 年中央研究院当选院士基本信息**

| 姓名 | 当选年龄 | 逝世年龄 | 出生年份 | 专家领域 |
| --- | --- | --- | --- | --- |
| 陈省身 | 36 | 93 | 1911 | 数学家 |
| 华罗庚 | 37 | 75 | 1910 | 数学家 |
| 许宝騄 | 37 | 60 | 1910 | 数学家 |
| 殷宏章 | 39 | 84 | 1908 | 植物生理学家 |
| 冯德培 | 41 | 88 | 1907 | 生理学家、神经生物学家 |
| 吴大猷 | 40 | 93 | 1907 | 物理学家 |
| 黄汲清 | 44 | 91 | 1904 | 地质学家 |
| 梁思永 | 43 | 49 | 1904 | 人类学家、考古学家 |
| 汤佩松 | 44 | 98 | 1903 | 植物生理学家 |
| 邓叔群 | 45 | 67 | 1902 | 真菌学家 |
| 谢家荣 | 44 | 63 | 1903 | 地质学家、矿床学家 |
| 贝时璋 | 44 | 106 | 1903 | 实验生物学家 |
| 李方桂 | 45 | 85 | 1902 | 语言学家 |
| 李先闻 | 45 | 74 | 1902 | 细胞遗传学家 |
| 赵忠尧 | 45 | 96 | 1902 | 核物理学家 |
| 童第周 | 45 | 77 | 1902 | 实验胚胎学家 |
| 吴学周 | 45 | 81 | 1902 | 物理化学家 |
| 苏步青 | 45 | 101 | 1902 | 数学家 |
| 萨本栋 | 45 | 47 | 1902 | 物理学家、电机工程专家 |
| 俞大绂 | 47 | 92 | 1901 | 植物病理学家 |
| 严济慈 | 47 | 96 | 1901 | 物理学家 |
| 梁思成 | 46 | 71 | 1901 | 建筑学家 |
| 钱端升 | 48 | 90 | 1900 | 政治学家 |
| 伍献文 | 48 | 85 | 1900 | 动物学家 |
| 袁贻瑾 | 48 | 103 | 1899 | 医学家 |
| 曾昭抡 | 48 | 69 | 1899 | 化学家 |

续表

| 姓名 | 当选年龄 | 逝世年龄 | 出生年份 | 专家领域 |
|---|---|---|---|---|
| 叶企孙 | 49 | 79 | 1898 | 物理学家 |
| 罗宗洛 | 49 | 80 | 1898 | 植物生理学家 |
| 陈克恢 | 50 | 91 | 1898 | 药理学家 |
| 王家楫 | 49 | 79 | 1898 | 动物学家 |
| 张孝骞 | 50 | 90 | 1897 | 内科专家、医学家 |
| 吴有训 | 50 | 81 | 1897 | 物理学家 |
| 林可胜 | 50 | 72 | 1897 | 生理学家 |
| 杨钟健 | 50 | 82 | 1897 | 古生物学家、地层学家 |
| 蔡翘 | 50 | 93 | 1897 | 生理学家 |
| 萧公权 | 50 | 84 | 1897 | 政治学家 |
| 李济 | 51 | 83 | 1896 | 人类学家、考古学家 |
| 茅以升 | 52 | 94 | 1896 | 土木工程学家、桥梁专家 |
| 傅斯年 | 52 | 55 | 1896 | 历史学家 |
| 冯友兰 | 52 | 95 | 1895 | 哲学家 |
| 金岳霖 | 52 | 89 | 1895 | 哲学家 |
| 张景钺 | 52 | 80 | 1895 | 植物形态学家 |
| 董作宾 | 53 | 69 | 1895 | 甲骨学家、古史学家 |
| 庄长恭 | 53 | 67 | 1894 | 有机化学家 |
| 李宗恩 | 53 | 68 | 1894 | 热带病学医学家 |
| 凌鸿勋 | 53 | 87 | 1894 | 土木、铁路工程专家 |
| 胡先骕 | 53 | 74 | 1894 | 植物学家 |
| 陈桢 | 54 | 64 | 1894 | 动物学家 |
| 顾颉刚 | 54 | 88 | 1893 | 历史学家 |
| 戴芳澜 | 54 | 80 | 1893 | 真菌学家和植物病理学家 |
| 吴宪 | 54 | 66 | 1893 | 生物化学家 |
| 吴定良 | 55 | 76 | 1893 | 人类学家 |
| 汪敬熙 | 54 | 75 | 1893 | 现代生理心理学家 |
| 汤用彤 | 54 | 71 | 1893 | 哲学史家、佛教史家 |
| 朱家骅 | 54 | 70 | 1893 | 地质学家 |

续表

| 姓名 | 当选年龄 | 逝世年龄 | 出生年份 | 专家领域 |
|---|---|---|---|---|
| 胡适 | 56 | 70 | 1891 | 历史学家、文学家、哲学家 |
| 饶毓泰 | 56 | 77 | 1891 | 物理学家 |
| 郭沫若 | 55 | 86 | 1892 | 文学家、考古学家、历史学家 |
| 陈达 | 55 | 83 | 1892 | 社会学家、人口学家 |
| 赵元任 | 55 | 89 | 1892 | 语言学家 |
| 周仁 | 55 | 81 | 1892 | 冶金学家和陶瓷学家 |
| 王世杰 | 57 | 90 | 1891 | 法学家 |
| 陈寅恪 | 57 | 79 | 1890 | 历史学家、古典文学研究家、语言学家 |
| 竺可桢 | 58 | 84 | 1890 | 地理学家和气象学家 |
| 侯德榜 | 57 | 84 | 1890 | 化学家 |
| 姜立夫 | 57 | 88 | 1890 | 数学家 |
| 李书华 | 59 | 90 | 1889 | 物理学家 |
| 翁文灏 | 58 | 82 | 1889 | 地质学家 |
| 周鲠生 | 59 | 82 | 1889 | 法学家 |
| 李四光 | 58 | 82 | 1889 | 地质学家 |
| 陶孟和 | 60 | 72 | 1887 | 社会学家 |
| 秉志 | 61 | 79 | 1886 | 动物学家 |
| 杨树达 | 62 | 71 | 1885 | 中国语言文字学家 |
| 余嘉锡 | 64 | 71 | 1884 | 语言学家 |
| 钱崇澍 | 64 | 82 | 1883 | 植物学家 |
| 马寅初 | 65 | 100 | 1882 | 经济学家、教育学家、人口学家 |
| 王宠惠 | 66 | 76 | 1881 | 政治学家 |
| 陈垣 | 67 | 91 | 1880 | 中国历史学家、宗教史学家 |
| 柳诒徵 | 68 | 76 | 1880 | 历史学家、古典文学家、图书馆学家 |
| 张元济 | 80 | 92 | 1867 | 出版家 |
| 吴敬恒 | 83 | 89 | 1865 | 政治学家、教育家 |

注：根据有关文献整理而成。

### 附表 3-2　截至 2020 年最年轻的诺贝尔奖得主

| 获奖年龄 | 姓名 | 获奖年份 | 奖项 | 生日 |
|---|---|---|---|---|
| 17 | Malala Yousafzai | 2014 | 和平奖 | 1997. 07. 12 |
| 25 | William Lawrence Bragg | 1915 | 物理学奖 | 1890. 03. 31 |
| 25 | Nadia Murad | 2018 | 和平奖 | 1993* |
| 31 | Werner Heisenberg | 1932 | 物理学奖 | 1901. 12. 05 |
| 31 | Tsung-Dao Lee | 1957 | 物理学奖 | 1926. 11. 24 |
| 31 | Carl D. Anderson | 1936 | 物理学奖 | 1905. 09. 03 |
| 31 | Paul A. M. Dirac | 1933 | 物理学奖 | 1902. 08. 08 |
| 32 | Frederick G. Banting | 1923 | 生理学或医学奖 | 1891. 11. 14 |
| 32 | Tawakkol Karman | 2011 | 和平奖 | 1979. 02. 07 |
| 32 | Rudolf Mössbauer | 1961 | 物理学奖 | 1929. 01. 31 |
| 32 | Mairead Corrigan | 1976 | 和平奖 | 1944. 01. 27 |
| 33 | Joshua Lederberg | 1958 | 生理学或医学奖 | 1925. 05. 23 |
| 33 | Betty Williams | 1976 | 和平奖 | 1943. 05. 22 |
| 33 | Rigoberta Menchú Tum | 1992 | 和平奖 | 1959. 01. 09 |

注：根据诺贝尔奖官网信息整理。* 表示未公布具体生日。

### 附表 3-3　截至 2020 年最年长的诺贝尔奖得主

| 获奖年龄 | 姓名 | 获奖年份 | 奖项 | 生日 |
|---|---|---|---|---|
| 97 | John B. Goodenough | 2019 | 化学奖 | 1922* |
| 96 | Arthur Ashkin | 2018 | 物理学奖 | 1922. 09. 02 |
| 90 | Leonid Hurwicz | 2007 | 经济学奖 | 1917. 08. 21 |
| 89 | Lloyd Shapley | 2012 | 经济学奖 | 1923. 06. 02 |
| 88 | Raymond Davis Jr. | 2002 | 物理学奖 | 1914. 10. 14 |
| 88 | Doris Lessing | 2007 | 文学奖 | 1919. 10. 22 |
| 87 | Yoichiro Nambu | 2008 | 物理学奖 | 1921. 01. 18 |
| 87 | Vitaly L. Ginzburg | 2003 | 物理学奖 | 1916. 10. 04 |
| 87 | Peyton Rous | 1966 | 生理学或医学奖 | 1879. 10. 05 |
| 87 | Joseph Rotblat | 1995 | 和平奖 | 1908. 11. 04 |

续表

| 获奖年龄 | 姓名 | 获奖年份 | 奖项 | 生日 |
| --- | --- | --- | --- | --- |
| 87 | Karl von Frisch | 1973 | 生理学或医学奖 | 1886. 11. 20 |
| 85 | Ferdinand Buisson | 1927 | 文学奖 | 1841. 12. 20 |
| 85 | John B. Fenn | 2002 | 化学奖 | 1917. 06. 15 |
| 85 | Theodor Mommsen | 1902 | 文学奖 | 1817. 11. 30 |
| 85 | Willard S. Boyle | 2009 | 物理学奖 | 1924. 08. 19 |

注：根据诺贝尔奖官网信息整理。* 表示未公布具体生日。

**附表 3-4　截至 2020 年各领域最年轻的诺贝尔奖得主**

| 奖项 | 姓名 | 获奖年份 | 获奖年龄 |
| --- | --- | --- | --- |
| 物理学奖 | William Lawrence Bragg | 1915 | 25 |
| 化学奖 | Frédéric Joliot | 1935 | 35 |
| 生理学或医学奖 | Frederick G. Banting | 1923 | 32 |
| 文学奖 | Rudyard Kipling | 1907 | 41 |
| 和平奖 | Malala Yousafzai | 2014 | 17 |
| 经济学奖 | Esther Duflo | 2019 | 46 |

注：根据诺贝尔奖官网信息整理。

**附表 3-5　截至 2020 年各领域最年长的诺贝尔奖得主**

| 奖项 | 姓名 | 获奖年份 | 获奖年龄 |
| --- | --- | --- | --- |
| 物理学奖 | Arthur Ashkin | 2018 | 96 |
| 化学奖 | John B. Goodenough | 2019 | 97 |
| 生理学或医学奖 | Peyton Rous | 1966 | 87 |
| 文学奖 | Doris Lessing | 2007 | 88 |
| 和平奖 | Joseph Rotblat | 1995 | 87 |
| 经济学奖 | Leonid Hurwicz | 2007 | 90 |

注：根据诺贝尔奖官网信息整理。

第4章

# 院士与性别：中国科技精英中的女院士

## 4.1 科技界社会分层中的女性

### 4.1.1 科技界中女性缺席现象

科学家群体中女性稀缺是一个世界性难题，也越来越成为现代社会热议的焦点。尽管当前女性科学家数量不断增加，涌现出一些贡献卓越的科技界的女性精英，但科技界仍然存在“女性缺席”的现象（Lane，1999；薛乔，2020）。

这一点，从媒体报道中就可以看到。例如，2010年《科技传播》刊文“51名科技工作者获何梁何利奖，首名女性获‘科学与技术成就奖’”（科技传播，2010）。2014年，又有报道称“52名科技工作者获何梁何利奖，有7位女性获奖科学家，占总人数的13.5%”（泸州科技，2014）。这反映出两个问题：一是女性科技工作者获得成就不易，令人惊讶；二是女性科技工作者对科技发展的贡献在不断增加。尽管可以明显地观察到，女性科学家的数量在迅速增加，具有突出的贡献，但真正的男女平等还没有实现，实现性别平等仍然是一个挑战科技界决策者的重要议题。

同时，也折射出这样一个问题：女性科技工作者取得的成就不符合人们的普遍预期。这一现象与传统的性别角色定位有着紧密关系。基于神学的永恒论，意大利神学家托马斯·阿奎纳斯认为，妇女作为第二位的神造物是必需的，她们只能作为男子的助手且只能是日常生活的助手（陈一筠，1988）。通常，男士对现代职业女性的期望是“上得厅堂，下得厨房”。但时间是最公平的，每天只有 24 小时。在厅堂中的时间和在厨房中的时间总是存在着竞争，更何况女性通常还面临着生育期对厅堂工作的冲击。例如，对中国科协调宣部的调查数据进行研究发现，女性教师每天的总工作时间和科研时间分别少于其男性同行 1.08 小时和 0.73 小时，教学时间却比男性教师多 0.29 小时，家务劳动时间比男性教师多 1.38 小时，存在着明显的性别差异（朱依娜、卢阳旭，2014）。对于高校教师而言，家庭内部不平等的性别分工延伸并影响着职业领域的性别不平等（朱依娜、何光喜，2014）。

因此，女性的职业生涯相对于男性而言，似乎不能等量齐观。这其实是生物进化论上升为社会达尔文主义后在性别分层领域的一种表现（陈一筠，1988）。或许，当媒体不再将前述女性取得的突出成就作为报道的标题时，这些性别分层的现实问题才是真正得到了解决。

### 4.1.2 科技领域中的女性参与率

针对科学家群体中“女性缺席”或不占主流的现象，社会学家早就进行了关注。科尔兄弟指出，在跨越世纪的科学历史进程中，科学几乎都是男人的事儿，女性科学家的数量少得让人惊讶，比女性群体在总人口中所占的比例要小得多（科尔 J. 和科尔 S.，1989：138-145）。1911 年，玛丽·居里参加法国科学院院士竞选，结果却因为有人主张女人不能成为科学院院士而以一票之差落选（居里，1984：420）。在 20 世纪 70 年代，人们观察到美国物理、生物和其他学科中，女性从业者数量都不多。从受教育角度来看，这主要是由于职业传统和女性获得教育较少的原因所致，在科学和工程领域的专业中，男性本科生的数量是女性的三倍左右，近乎女性两倍的男性进入研究生阶段的学习（Zuckerman and Cole，1975）。朱克曼和科尔发现，1972 年毕业的物理学博士中只有十分之一是女性，生物学博士中只有千分之六是女性。事实上，出现这一现象并不奇怪，因为许多大学只是近百年来才开放“女禁”，例如，美国的大部分医学院直到 20 世纪 60 年代才向女性开放（任爱玲，2000）。到了20世纪80年代，朱克曼发现美国的科学家和工程师总数大约是40万人，其中女性仅占13％左右。尽管如此，这个比例已经是十年前的2.8倍了（林聚任，1997）。

随着时代的变迁，女性在科技领域的从业人数有了进一步的增长。相关数据显示，1966年美国科学领域中学士、硕士、博士学位获得者中女性占比分别为16.2%、9.6%和5.8%，2008年对应的数据分别为38.5%、32.6%和33.4%（谢宇、齐沃德，2018：85）。因此，我们可以观察到女性对科学事业的参与率相对于40多年前已经有了显著的提升，但相对于男性仍然偏低，女性科学家缺席的现象仍然存在。从欧洲的情况来看，各个国家科技界的女性比例相差较大，2004年挪威达到了48%，芬兰和瑞典达到了47%，但塞浦路斯和波兰都只有7%（EC，2006：71）。Wieczorek-Szymańska（2020）对西班牙和波兰的案例进行研究发现，劳动力市场中阻碍学术界男女平等的因素仍然存在。在这两个国家，最高的全职教授职位主要由男性占据。

有观点认为，女性的缺席可能部分归咎于女性在科学职业发展中受到了歧视。Nancy J. Lane 在 *Nature* 上刊文称，科技界（她使用的词语是科学、工程和技术）中女性面临的问题引发了越来越多的关注。在科学和职业发展中，女性没能获得与男性同等的地位（Lane，1999）。当然，如同永恒论者和启蒙主义者持有的观点（陈一筠，1988），女性在科学研究中主动或被动扮演的角色可能也限制了女性科学家的发展。从工作与家庭关系的角度进行研究发现，被研究人员感到的影响科学领域中性别平等的主要因素包括科学职业与儿童照料难以兼顾，科学研究被男性统治，女性较男性更不愿意为了职业生涯而奋斗，在研究中女性经常被分派管理性的或次要的角色。对前述感知因素，女性强烈同意的比例通常会高出男性一大截（Palermo et al.，2008）。

在我国，女性的劳动参与率在快速攀升，女性科技工作者群体的数量也在快速扩大。据国家统计局专题数据显示，2010年我国研究与试验发展（R&D）人员总数为354.22万人，其中女性89.44万人，占总数的

25.25%。在国家科技进步奖、国家技术发明奖和国家自然科学奖三大奖的1061项获奖项目中，女性作为第一完成人的获奖项目约占总数的5.6%（董丽娟、徐飞，2016）。到2018年，女性R&D人员数量上升到176.02万人，占全国R&D人员总数的26.79%（李志红、林佳甜，2020）。值得注意的是，当我们用科技人员总数进行计算时，这一数据显著地高于R&D人员数量。例如，林聚任（2000）的文章指出，新中国成立以来女性在科技领域的参与率越来越高，到1993年，全国科技人员总数达到809.7万人，其中女性约占35%。

这里其实透露出两个信息：一是科技人员指标大于R&D人员指标，意味着R&D人员的科技内涵更加贴切；二是该指标中女性比例高于R&D统计中的指标（无论是2010年还是2018年），意味着女性科技从业人员可能更多地在核心科技工作的外围。因此，这也印证了相关学者的判断：尽管女性科技工作者数量成倍扩张，但她们在科技界的社会分层中相对于男性科技工作者却处于显著的低位（朱婷钰、赵万里，2017）。这是因为，传统上科技领域是以男性为主导，造成女性往往只能选择进入职业金字塔中的中低级机构，还会受到雇佣歧视、双重角色的困扰、玛蒂尔达效应的影响（彭青龙、易文娟，2020）。由于面对角色冲突、边界冲突、社会认同冲突、社会支持冲突、文化冲突等工作—家庭冲突问题，女性科技工作者的职业生涯发展会受到束缚（张再生、孙雪松、张奕野，2019）。尤其是女性科学家的成就还面临着不被承认，或被贬低甚至被归于男性的“玛蒂尔达效应”，造成“女科学家去哪儿了”成为性别偏见的重要后果（张培富、李爱花，2016）。例如，乔斯林·贝尔·伯内尔发现了脉冲星的第一个无线电信号，但当她的导师安东尼·休伊什于1974年利用该发现获得诺贝尔物理学奖时，伯内尔则被完全忽视了。同样令人遗憾的是，吴健雄在物理学家李政道和杨振宁的宇称不守恒定律的实验验证上做出了贡献，但吴健雄的作用“却被遗忘”（薛乔，2020）。

## 4.2　两院院士中的女性科学家

### 4.2.1　女院士的数量和比例

截至 2019 年年底的院士统计数据显示，1948 年以来我国共产生了 2656 名院士人选（不含被撤销或停止院士资格的 2 名中国科学院院士和 3 名中国工程院院士，后同）。如果不计算 1948 年当选的 81 人，新中国成立后共产生了 1431 名中国科学院院士和 1144 名中国工程院院士。由于有 34 名中国科学院院士在 1994 年和 1995 年被选聘为中国工程院院士，因此，中国工程院院士实际数量可视为 1110 名（但后文计算时仍以 1144 名为准）。因此，新中国成立后当选两院院士的实际人数为 2541 人。

1948 年 3 月确定的中央研究院的 81 名院士中，没有女性科学家。新中国成立后，从 1955 年到 2019 年，跨越了 64 年的时间，中国科学院和中国工程院共迎来了 135 名女性院士，其中中国科学院 77 名、中国工程院 58 名，分别占中国科学院院士人数的 5.38%、中国工程院院士人数的 5.07%（见表 4-1）。我们同时发现，中国科学院 34 名跨中国工程院院士中没有女性，在中国工程院内部跨学部的院士中，仅有袁晴棠院士一名女性。

**表 4-1　中国科学院和中国工程院中的男院士和女院士人数**

| 院别 | 合计 | | 男 | | 女 | |
|---|---|---|---|---|---|---|
| | 人数 | 比例 | 人数 | 比例 | 人数 | 比例 |
| 中国科学院 | 1431 | 100% | 1354 | 94.62% | 77 | 5.38% |
| 中国工程院 | 1144 | 100% | 1086 | 94.93% | 58 | 5.07% |
| 跨院院士 | 34 | 100% | 34 | 100% | 0 | 0 |

注：中国科学院和中国工程院院士均不含被撤销或停止资格的院士，且不包含外籍院士转为中国国籍的院士。

总体来看，女性在院士群体中的比例只有 5% 左右。这种科技界“女性缺席”的现象并非孤例。董丽娟和徐飞（2016）发现，在科技部“十二五”863 计划专家委员会的 44 名管理专家中仅有 3 名女性，占比为 6.82%；在第五届科技部 973 计划专家顾问组的 47 名管理专家中仅有 1 名女性，占比为 2.13%。因此，“女性缺席”的现象在我国科技界仍然是一个突出的问题。

我们使用统计软件 Stata15.0 中的 ttest 命令来检验中国科学院和中国工程院当选院士中有没有性别差异（见表 4-2）。检验结果显示，$t$ 值为 1.1258，不能拒绝中国科学院中不存在男院士数量和女院士数量的显著差异的原假设，即我们可以认为两院当选院士中没有显著的性别差异。即使将 34 名跨院院士计入中国工程院院士总额中，这一结果仍然没有改变。

**表 4-2　基于 ttest 检验的中国科学院和中国工程院院士性别差异检验结果**

| 变量 | 样本 | 均值 | 样本标准偏差 | 95% 的置信区间 | |
|---|---|---|---|---|---|
| 中国科学院 | 2 | 754 | 957.4226 | −7848.101 | 9356.101 |
| 中国工程院 | 2 | 584 | 743.8763 | −6099.464 | 7267.464 |
| 差值 | 2 | 170 | 213.5462 | −1748.637 | 2088.637 |

### 4.2.2　当选时女院士的学部分布

根据《科学新闻》2000 年第 22 期上发布的历届中国科学院院士名单（其中包含了院士当选时最初的学部信息）（科学新闻，2000）和中国科学院、中国工程院官网有关资料，我们获得了新中国成立以来所有当选院士的学部分布情况。表 4-3 列出了不同院士当选时所在学部的分布情况（这里强调当选时的学部，是因为后来新设立信息技术科学部（简称信息学部）时，将一部分数学物理学部（简称数理学部）和技术科学部的院士归并到了信息科学部中）。

从中国科学院各学部分布来看，当选时女院士占比从最高到最低的学部排名依次是信息学部（8.70%）、生命科学和医学学部（简称生医学部，7.72%）、化学部（6.87%）、数理学部（5.12%）、技术科学部（3.74%）、地学部（3. 17%）。但需要注意的是，由于每个学部的院士总人数差距较大，尤其是新设立的信息学部本身遴选的院士数量较少，因此，这些学部中女院士占中国科学院全体女院士的比例与学部中女院士所占比例的排名并不一致。例如，信息学部中女院士人数占 8. 70%，但绝对数量上只有 4 名，占中国科学院女院士人数的 5. 19%；地学部中女院士人数只占 3. 17%，但绝对数量上有 8 名，因此，在全院女院士中所占比例反而翻倍了。从各个学部女院士占全院女院士比例看，生医学部以占 29. 87% 排名第一，其次是化学部占 20. 78%，数理学部和技术科学部各占 16. 88%。

**表 4-3　中国科学院和中国工程院当选院士学部、性别分布**

| 中国科学院 | | | | 中国工程院 | | | |
|---|---|---|---|---|---|---|---|
| 学部 | 女 | 男 | 小计 | 学部 | 女 | 男 | 小计 |
| 数理学部 | 13 | 241 | 254 | 机械与运载工程学部 | 3 | 158 | 161 |
| | 5. 12% | 94. 88% | 100% | | 1. 86% | 98. 14% | 100% |
| | 16. 88% | 17. 80% | 17. 75% | | 5. 17% | 14. 55% | 14. 07% |
| 化学部 | 16 | 217 | 233 | 信息与电子工程学部 | 4 | 156 | 160 |
| | 6. 87% | 93. 13% | 100% | | 2. 50% | 97. 50% | 100% |
| | 20. 78% | 16. 03% | 16. 28% | | 6. 90% | 14. 36% | 13. 99% |
| 生医学部 | 23 | 275 | 298 | 化工、冶金与材料工程学部 | 6 | 137 | 143 |
| | 7. 72% | 92. 28% | 100% | | 4. 20% | 95. 80% | 100% |
| | 29. 87% | 20. 31% | 20. 82% | | 10. 34% | 12. 62% | 12. 50% |
| 地学部 | 8 | 244 | 252 | 能源与矿业工程学部 | 1 | 145 | 146 |
| | 3. 17% | 96. 83% | 100% | | 0. 68% | 99. 32% | 100% |
| | 10. 39% | 18. 02% | 17. 61% | | 1. 72% | 13. 35% | 12. 76% |
| 信息学部 | 4 | 42 | 46 | 土木、水利与建筑工程学部 | 3 | 146 | 149 |
| | 8. 70% | 91. 30% | 100% | | 2. 01% | 97. 99% | 100% |
| | 5. 19% | 3. 10% | 3. 21% | | 5. 17% | 13. 44% | 13. 02% |
| 技术科学部 | 13 | 335 | 348 | 环境与轻纺工程学部 | 7 | 64 | 71 |
| | 3. 74% | 96. 26% | 100% | | 9. 86% | 90. 14% | 100% |
| | 16. 88% | 24. 74% | 24. 32% | | 12. 07% | 5. 89% | 6. 21% |

续表

| 中国科学院 | | | | 中国工程院 | | | |
|---|---|---|---|---|---|---|---|
| 学部 | 女 | 男 | 小计 | 学部 | 女 | 男 | 小计 |
| N/A | — | — | — | 农业学部 | 5 | 109 | 114 |
| N/A | — | — | — | | 4.39% | 95.61% | 100% |
| N/A | — | — | — | | 8.62% | 10.04% | 9.97% |
| N/A | — | — | — | 医药卫生学部 | 25 | 135 | 160 |
| N/A | — | — | — | | 15.63% | 84.38% | 100% |
| N/A | — | — | — | | 43.10% | 12.43% | 13.99% |
| N/A | — | — | — | 工程管理学部 | 4 | 36 | 40 |
| N/A | — | — | — | | 10.00% | 90.00% | 100% |
| N/A | — | — | — | | 6.90% | 3.31% | 3.50% |
| 总计 | 77 | 1354 | 1431 | 总计 | 58 | 1086 | 1144 |
| | 5.38% | 94.62% | 100% | | 5.07% | 94.93% | 100% |
| | 100% | 100% | 100% | | 100% | 100% | 100% |

注：表格中的整数代表院士人数，百分数代表在对应类别中占的百分比。中国科学院院士统计中不包括外籍院士转中国籍的杨振宁、姚智期和蒲慕明三人。N/A 代表不适用。

但是，由于新设学部以及部分院士调整到新的学部，上述比例关系发生了一些变化。由于没有渠道追溯到已故院士当前的学部信息，因此我们对截至 2020 年 12 月 31 日中国科学院官网中现有 808 名院士（不含外籍转中国籍的 3 人）进行了分性别的学部情况分析。808 名中国科学院院士中，现有女院士 53 人，有关绝对人数分布见表 4-4，相对比例如图 4-1 所示。可以看到，生医学部中女院士数量仍然最多，达到 20 名，占整个女院士群体的 37.74%；其次是化学部；地学部最少，只占 9.43%，绝对人数只有 5 人。

**表 4-4　中国科学院和中国工程院现有院士学部、性别分布**

| 中国科学院 | | | | 中国工程院 | | | |
|---|---|---|---|---|---|---|---|
| 当前学部 | 总体 | 男 | 女 | 当前学部 | 总体 | 男 | 女 |
| 信息学部 | 96 | 90 | 6 | 信息与电子工程学部 | 131 | 127 | 4 |
| 化学部 | 129 | 121 | 8 | 农业学部 | 82 | 79 | 3 |

续表

| 中国科学院 | | | | 中国工程院 | | | |
|---|---|---|---|---|---|---|---|
| 当前学部 | 总体 | 男 | 女 | 当前学部 | 总体 | 男 | 女 |
| 地学部 | 136 | 131 | 5 | 化工、冶金与材料工程学部 | 113 | 107 | 6 |
| 技术科学部 | 148 | 141 | 7 | 医药卫生学部 | 121 | 105 | 16 |
| 数理学部 | 151 | 144 | 7 | 土木、水利与建筑工程学部 | 102 | 100 | 2 |
| 生医学部 | 148 | 128 | 20 | 工程管理学部 | 38 | 34 | 4 |
| N/A | — | — | — | 机械与运载工程学部 | 129 | 126 | 3 |
| N/A | — | — | — | 环境与轻纺工程学部 | 60 | 53 | 7 |
| N/A | — | — | — | 能源与矿业工程学部 | 125 | 124 | 1 |
| 合计 | 808 | 755 | 53 | 合计 | 901 | 855 | 46 |

注：表中所列数据均为截至 2020 年 12 月 31 日时健在的两院院士的统计结果。N/A 代表不适用。

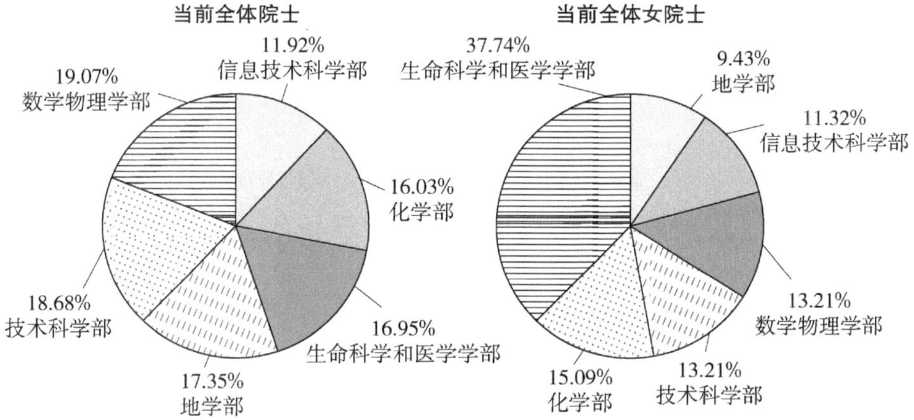


**图 4-1　中国科学院现有院士当前所在学部分布图**

注：图中所列数据均为截至 2020 年 12 月 31 日时健在的中国科学院全体院士和女院士按照学部划分的统计结果（不含由外国籍转为中国籍的 3 位院士）。

从中国工程院来看，当选时女院士占比最高的前三名依次是医药卫生学部（15.63%）、工程管理学部（10.00%）、环境与轻纺工程学部（9.86%），其余学部中女院士比例都在 5%以下，能源与矿业工程学部甚至只有一位女院士，占比仅为 0.68%。从当前健在的 46 名女院士的分布情况中，各学部女院士占中国工程院全体女院士比例来看，仍然是医药卫生学部女院士占比最高，达到了 34.78%；其次是环境与轻纺工程学部，达到了 15.22%；化工、冶金与材料工程学部达到了 13.04%；最低的能源与矿业工程学部只有一位女院士，所占比重为 2.17%（见图 4-2）。

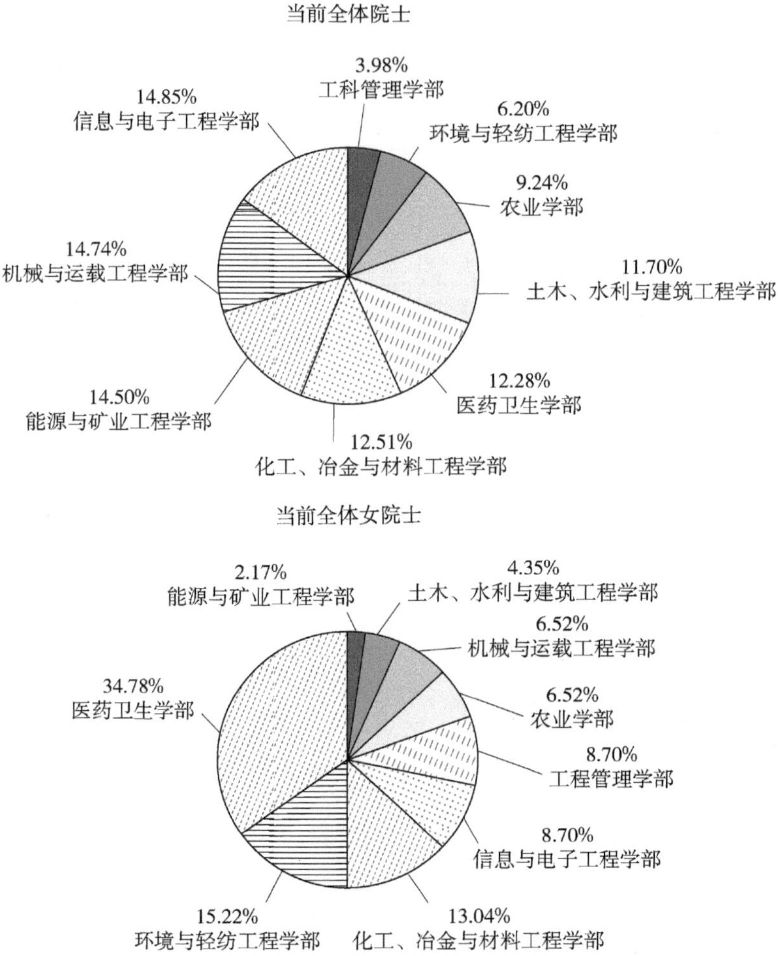


**图 4-2 中国工程院现有院士当前学部分布图**

注：图中所列数据均为截至 2020 年 12 月 31 日时健在的中国工程院全体院士和女院士按照学部划分的统计结果。

无论是中国科学院生医学部，还是中国工程院医药卫生学部，女院士的绝对数量和相对比例都超过了其他学部的平均水平，在一定程度上体现出与全球女性科学家科技领域分布的一致性，回应了欧洲委员会揭示的女性在医学科学、农业、社会科学和人文社会科学等领域中表现相对稍好的事实（EC，2006）。但由于样本仍然较少，只能为全球女性科学家现状提供中国证据。同时，女性科学家介入中国科学院的地学部，中国工程院的土木、水利与建筑工程学部以及能源与矿业工程学部的数量和比例都不高，在一定程度上与这些学部相对较多的野外工作或繁重的体力劳动有着紧密关系。可以推测，科技界中这样的职业选择，与女性的生理特征具有一定的关系。

### 4.2.3　女院士当选年份和年龄

如前所述，中国科学院和中国工程院当选的女院士在院士总体比例中只占约 5%，即 20 位院士中仅有 1 位女院士。下面我们考察女院士当选的年份（见表 4-5）和当选年龄情况。

**表 4-5　1955—2019 年中国科学院和中国工程院历次当选女院士情况**

| 中国科学院 | | | | 中国工程院 | | | |
|---|---|---|---|---|---|---|---|
| 当选年份 | 当选人数 | 女院士人数 | 女院士占比 | 当选年份 | 当选人数 | 女院士人数 | 女院士占比 |
| 1955 | 172 | 1 | 0. 58% | N/A | — | — | — |
| 1957 | 18 | 0 | 0 | N/A | — | — | — |
| 1980 | 282 | 14 | 4. 96% | N/A | — | — | — |
| 1991 | 209 | 12 | 5. 74% | N/A | — | — | — |
| 1993 | 59 | 3 | 5. 08% | N/A | — | — | — |
| N/A | — | — | — | 1994 | 96 | 6 | 6. 25% |
| 1995 | 59 | 6 | 10. 17% | 1995 | 216 | 9 | 4. 17% |
| N/A | — | — | — | 1996 | 20 | 4 | 20. 00% |
| 1997 | 58 | 4 | 6. 90% | 1997 | 116 | 6 | 5. 17% |
| 1999 | 55 | 2 | 3. 64% | 1999 | 112 | 9 | 8. 04% |
| 2001 | 56 | 8 | 14. 29% | 2001 | 81 | 1 | 1. 23% |

续表

| 中国科学院 | | | | 中国工程院 | | | |
|---|---|---|---|---|---|---|---|
| 当选年份 | 当选人数 | 女院士人数 | 女院士占比 | 当选年份 | 当选人数 | 女院士人数 | 女院士占比 |
| 2003 | 58 | 0 | 0 | 2003 | 58 | 2 | 3.45% |
| 2005 | 51 | 1 | 1.96% | 2005 | 50 | 4 | 8.00% |
| 2007 | 29 | 0 | 0 | 2007 | 32 | 1 | 3.13% |
| 2009 | 35 | 5 | 14.29% | 2009 | 47 | 0 | 0 |
| 2011 | 51 | 1 | 1.96% | 2011 | 54 | 0 | 0 |
| 2013 | 53 | 2 | 3.77% | 2013 | 51 | 3 | 5.88% |
| 2015 | 61 | 9 | 14.75% | 2015 | 69 | 3 | 4.35% |
| 2017 | 61 | 3 | 4.92% | 2017 | 67 | 4 | 5.97% |
| 2019 | 64 | 6 | 9.38% | 2019 | 75 | 6 | 8.00% |

首先，考察女院士当选的年份。在中国科学院的 18 次遴选中，女性科学家缺席了 3 个年份，分别是 1957 年、2003 年和 2007 年，其余年份女性科学家当选人数为 1~14 不等，占当年当选院士人数的比例则为 0.58%~14.75%不等。在中国工程院的 15 次遴选中，2009 年和 2011 年没有出现女院士，其余年份女性科学家当选人数为 1~9 不等，当选的比例为 1.23%~20%不等。因此，无论是中国科学院还是中国工程院，女性科学家不同年份当选分布情况并没有特别的规律，除了一个规律——当选的绝对人数和相对占比都不高。

其次，我们来看当选的年龄情况。由于女院士数量较少，同时为了考察中国科学院和中国工程院院士遴选中的院士年龄差异，我们分别绘制了中国科学院和中国工程院男女院士当选时的年龄分布曲线。将当选年龄作为横轴，对女院士将纵轴当选次数分别以 10 和 80 为最大值；由于男院士当选人数较多，以 80 作为纵轴的最大值。这样我们可以对男女院士当选的数量和年龄分布曲线进行对比，同时用 10 作为女院士当选人数的纵轴，有利于观察当选女院士的年龄结构分布。

图 4-3 展示了 1955—2019 年中国科学院女院士当选年龄分布及其与男院士的对比情况。可以看到，男院士的当选年龄呈现出以 50~65 岁为聚集区间的一个相对集中而对称的年龄分布模式，女院士相对于男院士当选人数非常少且年龄分布较为分散。从纵轴最大值为 10 的图示中可以更清楚地观察到，女院士当选年龄的分布整体略向右偏但相对分散。77 名中国科学院女院士的平均当选年龄为 58.84 岁，男院士的平均当选年龄为 58.57 岁，女院士的平均当选年龄稍高于男院士。

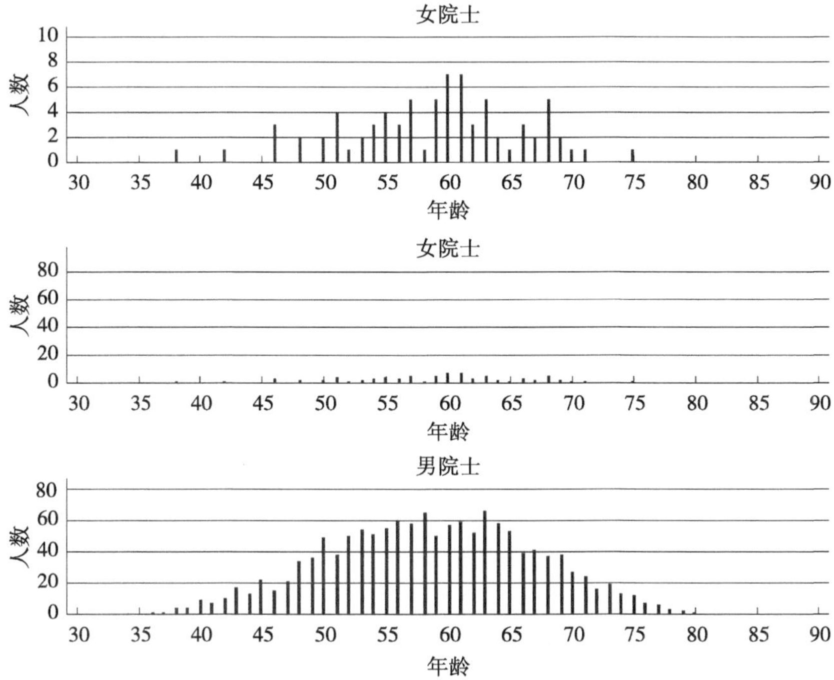


**图 4-3　1955—2019 年中国科学院女院士的当选年龄分布**

图 4-4 展示了 1994—2019 年中国工程院女院士当选年龄分布及其与男院士的对比情况。可以看到，男院士的当选年龄呈现出以 52~70 岁为聚集区间的一个相对集中而对称的年龄分布模式，女院士相对于男院士当选人数也非常少而且分布较为分散。从纵轴最大值为 10 的图示中可以更清楚地观察到，女院士当选年龄分布离散性较为明显，当选的众数年龄为 58 岁。

杨丽和徐飞（2008）对截至 2007 年 12 月 31 日所有 51 位新中国成立后当选的女院士进行了全样本分析，他们发现 60~69 岁是女院士当选的年龄高峰。从男女院士当选年龄的平均值比较来看，58 名当选女院士的平均年龄为 60.91 岁，1086 名当选男院士的平均年龄为 61.92 岁，因此中国工程院男院士平均当选年龄高出女院士约 1 岁。

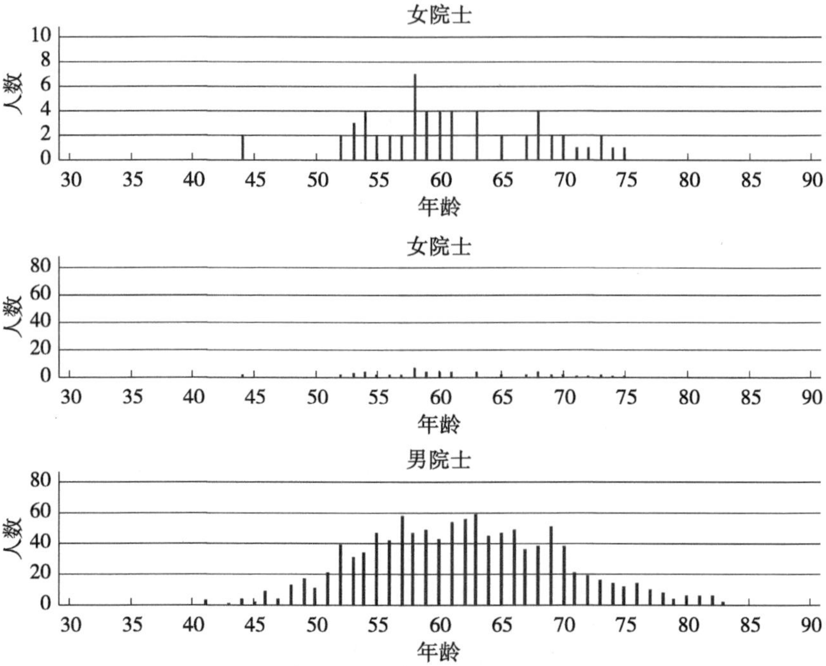


**图 4-4　1994—2019 年中国工程院女院士的当选年龄分布**

当我们对比中国科学院和中国工程院男女院士的平均当选年龄时，可以看到中国科学院的平均当选年龄，无论男女均一致地小于中国工程院的平均当选年龄。对男院士而言，中国工程院平均当选年龄较中国科学院高出 3.35 岁；对女院士而言，这一差距则缩小到 2.07 岁（见表 4-6）。这一较小的差距一方面来源于中国科学院当选院士中的女院士平均当选年龄大于男院士，另一方面来源于中国工程院当选院士中的男院士平均当选年龄大于女院士。

**表 4-6　中国科学院和中国工程院男女院士的平均当选年龄**

| 性别 | 中国科学院平均当选年龄 | 中国工程院平均当选年龄 | 差值（前-后） |
|---|---|---|---|
| 男 | 58.57 岁 | 61.92 岁 | -3.35 岁 |
| 女 | 58.84 岁 | 60.91 岁 | -2.07 岁 |

### 4.2.4　与超级科技精英的对比

我们检索了诺贝尔奖官方网站，根据网站中列举的简明快讯（Quick Facts），1901—2020 年，诺贝尔奖（含诺贝尔经济学奖，后同）共颁发了 603 项，共 934 人和 38 家机构折桂。其中，女性获奖者 58 人次（见图 4-5），居里夫人在 1903 年和 1911 年分别获得诺贝尔物理学奖和化学奖。因此，实际有 57 名女性获得过诺贝尔奖，占全部 934 人的 6.10%。相对于中国科学院和中国工程院院士中女性所占比例来说，这个比例高出了 1 个百分点左右。因此可以认为，我国女性在超级科技精英中占的比例并不高。2015 年，中国中医科学院药学家屠呦呦获得诺贝尔生理学或医学奖，以表彰她在创制新型抗疟药青蒿素和双氢青蒿素中做出的突出贡献。由此，屠呦呦进入 57 位超级女性科技精英之列，成为与所有诺贝尔奖得主并肩的第一位中国籍科学家。

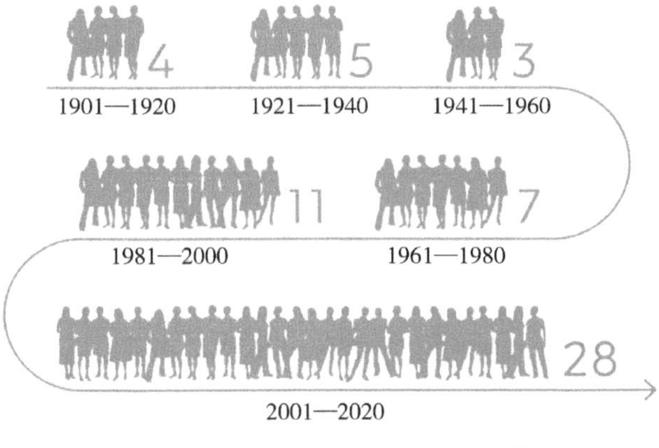


**图 4-5　1901—2020 年诺贝尔奖女性获奖次数**

资料来源：诺贝尔奖官网。

考察女性获奖者在各类诺贝尔奖中的获奖情况，可以得到与中国院士情况可比的相关数据。表 4-7 中列示了截至 2020 年，诺贝尔物理学奖、化学奖、生理学或医学奖、文学奖、和平奖和经济学奖对个人的授奖数据。诺贝尔奖自 1901 年第一次颁发奖章、证书、奖金起，已经过去了 120 年。在过去 120 年的诺贝尔奖颁奖历程中，由于个别年份（因第一次世界大战和第二次世界大战）中断了 49 次颁奖。诺贝尔经济学奖 1968 年才设立，1969 年第一次颁发，因此颁奖次数明显少于其他奖项。

表 4-7 显示，在物理学、化学、经济学奖项中，女性科学家获奖人数明显偏少，在获得同类奖项的人选中所占比例分别只有 1. 85%、3. 76% 和 2. 33%，三类平均的女性获奖比例为 2. 66%；在生理学或医学奖中，女性获奖比例上升到 5. 41%；在文学奖和和平奖中，这一比例分别上升到 13. 68% 和 15. 89%，得到显著提高。

**表 4-7　1901—2020 年各类诺贝尔奖获得者统计**

| 奖项 | 颁奖次数 | 获奖人数 | 女性人数 | 女性占比 |
|---|---|---|---|---|
| 物理学奖 | 114 | 216 | 4 | 1. 85% |
| 化学奖 | 112 | 186 | 7 | 3. 76% |
| 生理学或医学奖 | 111 | 222 | 12 | 5. 41% |
| 小计 | 337 | 624 | 23 | 3. 69% |
| 文学奖 | 113 | 117 | 16 | 13. 68% |
| 和平奖 | 101 | 107 | 17 | 15. 89% |
| 经济学奖 | 52 | 86 | 2 | 2. 33% |
| 合计 | 603 | 934 | 58 | 6. 21% |

从物理学、化学、生理学或医学奖等自然科学领域看，诺贝尔奖得主中的女性比例进一步下降，3. 69% 的女性比例低于中国科学院和中国工程院约 5% 的水平。因此，相对于自然科学类诺贝尔奖以及诺贝尔经济学奖而言，我国两院院士中的女性比例其实是占优的。如果考虑到诺贝尔奖在全世界范围内的影响力、遴选对象的范围，也许我们可以认为，我国两院院士中的女性科学家比例其实还可以进一步提高。

这里需要多介绍一点，如表 4-7 所示，诺贝尔生理学或医学奖中的女性得主所占比例明显偏高，这可能和女性的特质有关。欧盟委员会报告指出，在欧盟的研究人员中，女性在工程和技术领域的表现非常糟糕，只有在与自然科学相关的领域表现得稍好一点，尤其是医学科学、农业科学、社会科学和人文学科中（EC，2006）。事实上，中国科学院也存在生医学部中的女院士比例相对于其他学部较高的现象（李志红、林佳甜，2020）。

从年龄角度看，诺贝尔奖女性得主获奖时的平均年龄和中国科学院、中国工程院女院士当选时的年龄相似，为 57.75 岁，略低于中国科学院女院士平均当选年龄（58.84 岁）和中国工程院女院士的平均当选年龄（60.91 岁）（见图 4-6）。另一个有趣的现象是，女性诺贝尔奖得主的最低当选年龄为 35 周岁（接近于 36 岁），最大当选年龄为 85 周岁，而中国科学院女院士当选时的最低年龄为 36 周岁，最大年龄为 80 周岁，中国工程院对应年龄分别为 41 岁和 83 岁。

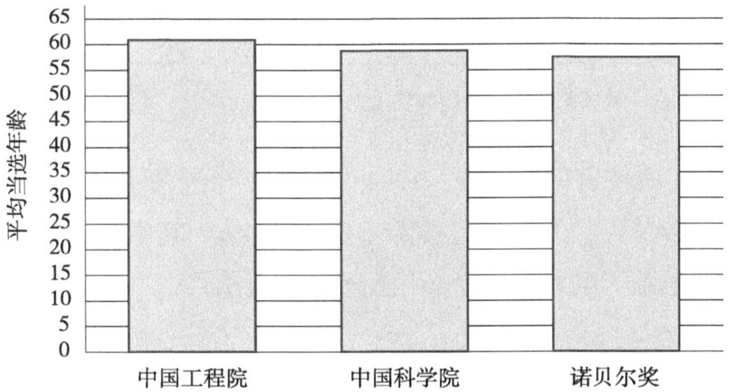


**图 4-6　诺贝尔奖女性得主和中国科学院、中国工程院女院士的平均当选年龄**

数据显示，推荐诺贝尔奖候选人时在年龄上的要求较为宽泛。迄今为止，年龄最大的诺贝尔奖得主获奖时已经 97 岁，他就是 2019 年获得诺贝尔化学奖的 John B. Goodenough，出生于 1922 年。

### 4.2.5　女院士健在时长差异

男性和女性有着不同的预期寿命。根据国家统计局官网数据，2015 年男性的预期寿命为73.64岁，女性的预期寿命为79.43岁，分别比2005年时提高了2.81岁和4.18岁，男女之间预期寿命差值进一步扩大，从2005年的4.42岁增加到5.79岁。

那么，我们是否可以从不同性别的院士寿命中观察到类似的差异呢？首先，我们考察当选院士死亡比例的差异。中国科学院官网显示，1955—2019年当选的中国科学院院士中，已故院士有623人，占历年当选院士的43.44%。其中，已故男院士599人，占男院士总人数的44.14%；已故女院士24人，占女院士总人数的31.17%（见表4-8）。

**表4-8 中国科学院不同性别院士健在比例差异**

| 性别 | 合计 | | 健在 | | 逝世 | |
|---|---|---|---|---|---|---|
| | 人数 | 比例 | 人数 | 比例 | 人数 | 比例 |
| 男 | 1357 | 94.63% | 758 | 55.86% | 599 | 44.14% |
| 女 | 77 | 5.37% | 53 | 68.83% | 24 | 31.17% |
| 合计 | 1434 | 100% | 811 | 56.56% | 623 | 43.44% |

注：包含3位由外国籍转为中国籍的院士。

从中国工程院官网数据看，1994—2019年当选的中国工程院院士中，已故院士有243人，占历年当选院士的21.24%。其中，已故男院士231人，占男院士总人数的21.27%；已故女院士12人，占女院士总人数的20.69%（见表4-9）。

**表4-9 中国工程院不同性别院士健在比例差异**

| 性别 | 合计 | | 健在 | | 逝世 | |
|---|---|---|---|---|---|---|
| | 人数 | 比例 | 人数 | 比例 | 人数 | 比例 |
| 男 | 1086 | 94.93% | 855 | 78.73% | 231 | 21.27% |
| 女 | 58 | 5.07% | 46 | 79.31% | 12 | 20.69% |
| 合计 | 1144 | 100% | 901 | 78.76% | 243 | 21.24% |

如果简单地看不同性别院士的死亡比例，男院士的死亡率高于女院

士。但这里我们可能忽略了不同年份当选院士中男女比例的情况。在样本有限，且样本选择性非常强的情况下，这样的推断尤其需要谨慎。

我们进一步考察了不同性别院士从当选到逝世时在世时间长短情况（见表 4-10），目前仍健在的院士不纳入分析。我们看到，已故的中国科学院和中国工程院院士逝世时的平均年龄分别为 83.70 岁和 83.82 岁，男院士的平均寿命为 83.63 岁和 83.82 岁，女院士的平均寿命为 85.33 岁和 83.75 岁。令人惊奇的是，中国科学院已故女院士的平均寿命高于已故男院士的平均寿命，高出 1.7 岁；但中国工程院已故女院士的平均寿命低于已故男院士的平均寿命，低出 0.07 岁；中国科学院和中国工程院已故男院士的寿命只相差 0.19 岁，几乎相等。

**表 4-10　中国科学院和中国工程院不同性别院士当选后在世时间差异**

| 院别 | 性别 | 样本量 | 平均当选年龄 | 平均在世年龄 | 当选后平均在世时间/年 | 当选后最短在世时间/年 | 当选后最长在世时间/年 |
|---|---|---|---|---|---|---|---|
| 中国科学院 | 合计 | 623 | 60.77 | 83.70 | 22.93 | 1 | 60 |
| | 男 | 599 | 60.70 | 83.63 | 22.93 | 1 | 60 |
| | 女 | 24 | 62.58 | 85.33 | 22.45 | 9 | 36 |
| 中国工程院 | 合计 | 243 | 69.27 | 83.82 | 14.55 | 0 | 26 |
| | 男 | 231 | 69.32 | 83.82 | 14.50 | 0 | 26 |
| | 女 | 12 | 68.17 | 83.75 | 15.58 | 2 | 25 |

再从当选院士后在世的平均时间（在没有退休的前提下，可以将这个时间当作“服役时间”）看，中国科学院已故院士的平均服役时间达到了 22 年接近 23 年，由于男院士样本所占比例非常高，男院士的平均服役时间与总样本时间一致，但可以观察到男院士平均服役时间略高于女院士。这其中可能有当选女院士平均年龄相对较高的因素，中国科学院已故女院士的平均当选年龄比男院士高出 1.88 岁，但平均服役时间上的差异较小，仅为 0.48 年。从在世的最短和最长时间看，有的中国科学院院士当选一年后便不幸离世，而有的则当选后在世了 60 年。已故中国科学院女院士当选

后最短服役时间为 9 年，最长服役时间为 36 年。

中国工程院已故院士当选后的平均服役时间达 14. 55 年，如果考虑到他们平均 69. 27 岁才当选的事实，这一结果就不令人意外了。同样，由于中国工程院已故院士中男院士的样本所占比例非常高，男院士的平均服役时间与总样本时间基本一致，只略低了 0. 05 年，这也意味着男院士平均服役时间低于女院士。数据显示，中国工程院已故女院士当选后的平均在世时间为 15. 58 年。同样，如果考虑到已故女院士当选时年龄较男院士低 1. 15 岁这个因素，可以发现女院士在中国工程院的服役时间反而更长。从最短和最长服役时间来看，有的中国工程院院士当选当年就不幸逝世，而有的在当选后在世了 26 年；已故中国工程院女院士当选后最短和最长服役时间分别为 2 年和 25 年。

总体上可以看出，已故中国科学院院士由于当选时的平均年龄低出中国工程院院士 8. 5 岁，当选后他们服役的时间多出 8. 38 年。中国科学院已故男院士服役时间较中国工程院长 8. 43 年，女院士则长 6. 87 年。

由于我们的样本比较小且院士遴选跨越了较长时间，前面的估算只能作为一个有趣的数字游戏，可以引发一些思考。例如，中国科学院和中国工程院已故院士总体上寿命差不多，但中国科学院女院士平均寿命比中国工程院女院士高出 1. 58 岁，这个结果是否具有统计上的显著差异？其背后有没有不为人知的原因？这是否涉及中国科学院院士从事的工作与中国工程院院士从事的工作只对女性寿命产生差别性影响的因素？

例如，《中国科学院章程》中关于中国科学院院士的标准和条件的第一款规定，当选人需要“在科学技术领域作出系统的、创造性的成就和重大贡献”；《中国工程院章程》中同样规定当选人需要“在工程科学技术方面作出重大的、创造性的成就和贡献”。科学技术领域和工程科学技术方面这二者的内在差异性也许蕴藏了两院女院士寿命差异的原因，科学技术重理论，工程技术重实践，理论研究相对于工程技术而言，可能更多地在室内工作，更少地承受各种外部环境条件的侵扰，因此身体可能更加健康。当然，这些问题需要进一步地调查和研究，才能找到有意义的答案。

## 4.3　女院士的受教育情况

### 4.3.1　女院士的受教育水平

现代社会，受教育程度——学历是一块“敲门砖”。在当前日益激烈的劳动力市场竞争中，对学历的要求也越来越严苛。对于本科毕业学校不是 985 或 211 学校的本科生甚至硕士研究生、博士研究生而言，有时连招聘的入场券都拿不到。因此，学历的重要性毋庸置疑。在成长为院士的路上，教育和学历的作用也不可忽视。

下面我们来考察当选女院士的受教育情况，顺便也分析一下院士整体和男院士的受教育情况。笔者利用中国科学院和中国工程院官网等搜索渠道，搜集整理形成了两院院士的最高学历（位）、第一学历学校和最高学历学校、留学状况的数据（见表 4-11）。由于部分院士的信息不清晰，部分信息不易判断，因此这里主要整理了获得博士、副博士、硕士、学士学位的情况，没有明确取得前述四类学位者，包括那些类似于专科学校毕业、函授班结业等均归为其他类。其中，部分院士信息显示为研究生班毕业的，视为获得硕士学位；个别获得荣誉博士学位的，在这里不作为获得博士学位对待，以其原始学位为准。副博士为苏联采用的一种学位，新中国成立后中国科学院系统和部分高校（如大连工学院——今大连理工大学、北京航空学院——今北京航空航天大学等）引入了副博士制度。从统计数据来看，大多数院士都取得了正规的学历、学位，但也有极个别的院士没有接受过现代教育，或者只接受过小学和中学教育，然后成长为院士。比较知名的有华罗庚，他只有初中学历，但最终在数学领域取得了卓越的成就，成为民国时期中央研究院院士、中国科学院第一批学部委员、美国科学院外籍院士。此外，还有考古学家、地质学家贾兰坡院士，他毕业于北京汇文中学，然后参加考古工作，在实践中成长为技士、副研究员、研究员，最终成为一位没有大学文凭却攀登上了科学殿堂顶端的传奇人物。

从中国科学院院士受教育水平分布来看，77 名女院士全部取得了学士及以上学位，其中有博士学位的 40 人，占 51.95%；副博士 5 人，占 6.49%；硕士 10 人，占 12.99%；学士 22 人，占 28.57%。而中国科学院 1354 名男院士中，有博士学位的占 50.74%，有副博士学位的占 3.55%，有硕士学位的占 13.15%，有学士学位的占 31.46%，其他占 1.11%。可见，女院士中博士和副博士所占比例高于男院士。换句话说，相对而言，中国科学院女院士的平均受教育水平高于男院士。也许，这从一个侧面反映出了科技界中女性面临着的玛蒂尔达效应——这里不体现为成就得不到认可，而是体现为需要付出更多的努力才能得到相同的认可。

**表 4-11　两院院士分性别的受教育水平分布**

| 中国科学院 | | | | 中国工程院 | | | |
|---|---|---|---|---|---|---|---|
| 受教育水平 | 女 | 男 | 小计 | 受教育水平 | 女 | 男 | 小计 |
| 总计 | 77 | 1354 | 1431 | 总计 | 58 | 1086 | 1144 |
| | 5.38% | 94.62% | 100% | | 5.07% | 94.93% | 100% |
| | 100% | 100% | 100% | | 100% | 100% | 100% |
| 博士 | 40 | 687 | 727 | 博士 | 20 | 360 | 380 |
| | 5.5% | 94.50% | 100% | | 5.26% | 94.74% | 100% |
| | 51.95% | 50.74% | 50.80% | | 34.48% | 33.15% | 33.22% |
| 副博士 | 5 | 48 | 53 | 副博士 | 6 | 56 | 62 |
| | 9.43% | 90.57% | 100% | | 9.68% | 90.32% | 100% |
| | 6.49% | 3.55% | 3.70% | | 10.34% | 5.16% | 5.42% |
| 硕士 | 10 | 178 | 188 | 硕士 | 10 | 146 | 156 |
| | 5.32% | 94.68% | 100% | | 6.41% | 93.59% | 100% |
| | 12.99% | 13.15% | 13.14% | | 17.24% | 13.44% | 13.64% |
| 学士 | 22 | 426 | 448 | 学士 | 21 | 507 | 528 |
| | 4.91% | 95.09% | 100% | | 3.98% | 96.02% | 100% |
| | 28.57% | 31.46% | 31.31% | | 36.21% | 46.69% | 46.15% |

续表

| 中国科学院 | | | | 中国工程院 | | | |
|---|---|---|---|---|---|---|---|
| 受教育水平 | 女 | 男 | 小计 | 受教育水平 | 女 | 男 | 小计 |
| 其他 | 0 | 15 | 15 | 其他 | 1 | 17 | 18 |
| | 0 | 100% | 100% | | 5.56% | 94.44% | 100% |
| | 0 | 1.11% | 1.05% | | 1.72% | 1.57% | 1.57% |

注：表格中的整数代表院士人数，百分数代表在对应类别中占的百分比。不包含 3 位由外国籍转为中国籍的院士。

从中国工程院院士受教育水平分布来看，58 名女院士，除了其中 1 人没有取得学士学位，其余均取得了学士及以上学位，其中有博士学位的 20 人，占 34.48%；副博士 6 人，占 10.34%；硕士 10 人，占 17.24%；学士 21 人，占 36.21%。中国工程院 1086 名男院士中，有博士学位的占 33.15%，有副博士学位的占 5.16%，有硕士学位的占 13.44%，有学士学位的占 46.69%，其他占 1.57%。与中国科学院院士受教育水平对比情况类似，中国工程院女院士中博士和副博士所占比例高于男院士，硕士的比例也高于男院士。因此，相对而言，中国工程院女院士的平均受教育水平高于男院士，同样也表明中国工程院中或许也存在玛蒂尔达效应。

从两院对比来看，中国科学院女院士中博士所占比例超过了 50%，而中国工程院中仅有 34.48%；从学士占比来看，中国科学院只有 28.57%，而中国工程院高达 36.21%。两相对比可知，中国科学院女院士的受教育水平高于中国工程院。这在一定程度上表明科学研究可能需要更多的知识传承和优势累积，而工程技术领域可能需要花更多的时间在实践上。事实上，中国科学院男院士的受教育水平也优于中国工程院。以上数据表明两院院士群体在受教育水平上存在着巨大的差异。

### 4.3.2　女院士的留学状况

根据整理的信息可知，中国科学院院士中有 617 人、中国工程院院士中有 229 人具有留学并取得学位的经历，合计 846 人次具有留学并获得学位的经历。其中，中国科学院跨中国工程院的 34 位院士中有 21 位具有留学经历且其中没有女院士，因此两院院士中共有 825 人具有留学经历。整理数据时发现，有的院士甚至在多个国家和地区有留学经历、工作经历，因此这里统计的是相对保守的结果。“保守”在这里指我们尽可能地使用确定的受教育和留学数据，在不确定的情况下则使用相对较低的学历信息和留学信息。

本处仅具体分析女院士相关情况，并与男院士做适当对比。在两院 135 名女院士中，有 45 名具有留学学位，女院士留学比例达到了 33.33%。其中，美国 16 人、苏联 12 人、德国 6 人、日本 4 人、英国 2 人、法国 2 人、瑞典 2 人、菲律宾 1 人。排名前三位的是美国、苏联和德国，其中留学美国的女院士比例达到了 35.56%，留学苏联的比例达到了 26.67%，留学德国的比例达到了 13.33%。与男院士对比来看，男院士留过学的有 780 人（剔除重复计算的 21 人），占 2406 名男院士的 32.42%。其中，留学美国、苏联、英国的男院士人数最多，分别占留学男院士人数的 40.77%、18.08%、12.05%。

从中国科学院来看，77 名女院士中，有 29 名具有留学学位，女院士留学比例达到了 37.66%。其中，美国 15 人、苏联 5 人、德国 3 人、英国 2 人、瑞典 2 人、法国 1 人、菲律宾 1 人。排名前三位的是美国、苏联和德国，其中留学美国的女院士比例达到了 51.72%，留学苏联的比例达到了 17.24%，留学德国的比例达到了 10.34%。与男院士对比来看，男院士留过学的有 588 人，占 1354 名男院士的 43.43%。其中，留学美国、英国、苏联、德国、日本、法国、加拿大的男院士人数均为两位数或以上，留学美国的人数更是高达 282 人，排名前三位的分别占留学男院士人数的 47.96%、13.61%、10.54%。总体来看，中国科学院院士留学国家集中在美国、英国、苏联、德国、日本、法国、加拿大，男院士留学比例高于女院士 5.77 个百分点。

从中国工程院来看，58 名女院士中，有 16 名具有留学学位，女院士留学比例达到了 27.59%。其中，苏联 7 人、日本 4 人、德国 3 人、美国 1 人、法国 1 人。排名前三位的是苏联、日本和德国，其中留学苏联的女院士比例达到了 43.75%，留学日本的比例达到了 25.00%，留学德国的比例达到了 18.75%。与男院士对比来看，男院士留过学的有 213 人，占 1086 名男院士（未剔除跨院的 34 名中国科学院院士）的 19.61%。其中，留学苏联、美国、日本、英国、德国的男院士人数均为两位数，留学苏联的最多，达到 83 人，排名前三位的苏联、美国、日本分别占留学男院士人数的 38.97%、22.07%、13.15%。总体来看，中国工程院院士留学国家集中在苏联、美国、日本、英国、德国，男院士留学比例较女院士低出 7.98 个百分点。

从中国科学院和中国工程院男女院士留学情况对比来看，中国科学院女院士留学比例 37.66%明显高于中国工程院的 27.59%，高出了 10.07 个百分点。同时，可以观察到，中国科学院女院士留学比例低于男院士 5.77 个百分点，但中国工程院女院士留学比例比男院士高出 7.98 个百分点。这表明中国科学院和中国工程院的科学研究与工程技术工作之间存在着较为明显的学历要求差异，进一步可以说是知识结构上的差异。同样，这也表明中国工程院内部可能存在更大的性别差异，女性需要达到更高的学历水平才能与男性取得相同的荣誉——院士。这可能是玛蒂尔达效应的深层次体现。

这一结果同样说明，从科学到科技的跨越，可能涉及知识结构的较大变化。科技界的精英与科学界的精英事实上在成长路径、遴选标准上有着较明显的区别。因此，本书分析的内容涵盖了两院院士，定名为科技界的精英而非科学界的精英，应该是一个正确的选择。

### 4.3.3　女院士受教育水平的年代变迁

前面考察了中国科学院和中国工程院女院士的年龄和受教育水平分布情况，并结合男院士的相应情况进行了对比分析。下面考察两院在不同年代女院士受教育水平的变动情况，并结合男院士的情况进行分析。由于 1955 年和 1957 年中国科学院当选的院士（学部委员）中，仅有一名女性（博士），不适宜进行受教育水平变动分析。因此，我们分析 1980 年以来，每 10 年内增选的院士分性别的学位结构变化情况。我们将学位划分为博士、硕士、学士和其他四类，副博士等同于博士看待，其余分类方法如前一部分。

如表4-12所示，中国科学院女院士中，20世纪50年代（1955年、1957年2次选聘）、20世纪80年代（仅1980年1次选聘）、20世纪90年代（1991—1999年5次增选）、21世纪头10年（2001—2009年5次增选）、21世纪第二个10年（2011—2019年5次增选），不同年代具有博士学位的女院士数量分别为1位、10位、8位、9位和17位，总体上呈现一种波动中增长的态势，从不同年代女院士中具有博士学位的比例看，分别为100%、71.43%、29.63%、64.29%、80.95%。可以看到，具有博士学位的比例呈现先高后低再逐渐增高的态势，而具有学士学位的女院士比例在进入21世纪以后越来越低，到2010年后下降到5%以下。从20世纪50年代到2019年，男院士中具有博士学位的比例从20世纪50年代的65.61%，先下降到1980年的55.22%，进一步下降到20世纪90年代的24.21%，然后开始迅速上升到2000年后的51.16%，2010年后进一步上升到94.05%。因此，男院士中博士学位比例也呈现先高后低再反弹，最后达到95%左右的情况，而学士的比例到2010年后已经下降到2.60%。

**表4-12　中国科学院分性别、年代的受教育水平分布情况**

| 年份 | 人数及占比 | 女院士 | | | | 男院士 | | | |
|---|---|---|---|---|---|---|---|---|---|
| | | 博士 | 硕士 | 学士 | 其他 | 博士 | 硕士 | 学士 | 其他 |
| 1955/1957 | 人数 | 1 | 0 | 0 | 0 | 124 | 28 | 30 | 7 |
| | 占比/% | 100 | 0 | 0 | 0 | 65.61 | 14.81 | 15.87 | 3.70 |
| 1980 | 人数 | 10 | 2 | 2 | 0 | 148 | 36 | 80 | 4 |
| | 占比/% | 71.43 | 14.29 | 14.29 | 0 | 55.22 | 13.43 | 29.85 | 1.49 |
| 1991—1999 | 人数 | 8 | 3 | 16 | 0 | 100 | 76 | 234 | 3 |
| | 占比/% | 29.63 | 11.11 | 59.26 | 0 | 24.21 | 18.40 | 56.66 | 0.73 |
| 2001—2009 | 人数 | 9 | 2 | 3 | 0 | 110 | 29 | 75 | 1 |
| | 占比/% | 64.29 | 14.29 | 21.43 | 0 | 51.16 | 13.49 | 34.88 | 0.47 |
| 2011—2019 | 人数 | 17 | 3 | 1 | 0 | 253 | 9 | 7 | 0 |
| | 占比/% | 80.95 | 14.29 | 4.76 | 0 | 94.05 | 3.35 | 2.60 | 0 |

如表4-13所示，中国工程院女院士中，20世纪90年代（1994—1999

年 5 次增选）、21 世纪头 10 年（2001—2009 年 5 次增选）、21 世纪第二个 10 年（2011—2019 年 5 次增选），不同年代具有博士学位的女院士数量分别为 8 位、4 位和 14 位，总体上呈现一种波动中增长的态势，女院士中具有博士学位的比例分别为 23. 53%、50. 00%、87. 5%。可以看到，具有博士学位的女院士比例呈现逐渐增高的态势，而具有学士学位的女院士比例大幅下降，到 2010 年后下降到 6. 25%。从 20 世纪 90 年代到 2019 年，男院士中具有博士学位的比例从 20 世纪 90 年代的 21. 10%，缓慢攀升到 2000 年后的 28. 08%，2010 年后则迅速上升到 77. 33%。男院士中学士比例到 2011—2019 年已经下降到 7. 00%，但中国工程院中仍然有个别院士未获取学士及以上学位。

**表 4-13　中国工程院分性别、年代的受教育水平分布情况**

| 年代 | 人数及占比 | 女院士 | | | | 男院士 | | | |
|---|---|---|---|---|---|---|---|---|---|
| | | 博士 | 硕士 | 学士 | 其他 | 博士 | 硕士 | 学士 | 其他 |
| 1991—1999 | 人数 | 8 | 7 | 18 | 1 | 111 | 60 | 340 | 15 |
| | 占比/% | 23. 53 | 20. 59 | 52. 94 | 2. 94 | 21. 10 | 11. 41 | 64. 64 | 2. 85 |
| 2001—2009 | 人数 | 4 | 2 | 2 | 0 | 73 | 40 | 146 | 1 |
| | 占比/% | 50. 00 | 25. 00 | 25. 00 | 0 | 28. 08 | 15. 38 | 56. 15 | 0. 38 |
| 2011—2019 | 人数 | 14 | 1 | 1 | 0 | 232 | 46 | 21 | 1 |
| | 占比/% | 87. 50 | 6. 25 | 6. 25 | 0 | 77. 33 | 15. 33 | 7. 00 | 0. 33 |

从两院对比情况来看，2010 年以前，中国科学院女院士中具有博士学位的比例都高于中国工程院，但 2010 年后则出现了逆转。但中国科学院男院士中具有博士学位的比例在各个年代均高于中国工程院。这是一个有趣的现象，即在中国工程院中我们观察到了一贯的玛蒂尔达效应——女性要具有更高的学位才可能获得院士头衔。但在中国科学院，这一现象仅维持到 2010 年。那么 2010 年以后发生了什么，从而扭转了这一局面？我们进一步分析 20 世纪 90 年代以来中国科学院中女院士当选比例的变化。20 世纪 90 年代、2001—2009 年、2011—2019 年，分别有 27 名、14 名、21 名女院士当选，占对应年代当选院士的比例分别为 6. 14%、6. 11%、7. 24%。

我们可以看到一个变化，女性科学家当选的比例有所上升，这是否意味着遴选标准发生了变化？或者，这只是一个偶然的现象，也许在下一个时期中我们还会观察到不同的情况，而这需要新的证据的支持。

## 4.4 结论与讨论

### 4.4.1 结论

1955 年，针对贵州民主妇女联合会刊物发表的题为《在合作社内实行男女同工同酬》的文章，共和国领袖毛泽东看到文章后亲笔首肯，之后就提出“妇女能顶半边天”（中新，2017）。我们已经可喜地看到，男女同工同酬问题在当代社会已经不是一个突出的问题，妇女的地位也得到了极大的提高。从我国科技界的超级精英——两院院士来看，女院士的数量仍然比较少，这同时也是一个世界性的现象和难题。我们的分析揭示出关于中国科学院和中国工程院女院士的几个基本事实。

（1）1955—2019 年，中国科学院 18 次院士遴选中，共 77 名女院士当选，女院士占中国科学院院士总数的 5.38%。1994—2019 年，中国工程院 15 次院士遴选中，共 58 名女院士当选，女院士占中国工程院院士总数的 5.07%。

（2）从当选的平均年龄来看，中国科学院女院士的平均当选年龄为 58.84 岁，男院士的平均当选年龄为 58.57 岁，女院士的当选年龄稍高于男院士。不同于中国科学院，中国工程院女院士的平均当选年龄为 60.91 岁，女院士的当选年龄要低于男院士 1 岁左右。

（3）中国科学院院士的平均当选年龄，无论男女均低于中国工程院院士的平均年龄。对男院士而言，中国工程院平均当选年龄较中国科学院高出 3.35 岁；对女院士而言，这一差距则缩小到 2.07 岁。

（4）与世界超级科技精英相比，中国科学院和中国工程院院士中女院士占比相对较高，平均当选年龄相对较高。从物理学奖、化学奖、生理学或医学奖等自然科学类共 23 位诺贝尔奖女性得主（各类奖项对应的女性科学家所占比例分别为 1.85%、3.76%、5.41%）相对于 624 位历届得主而言，诺贝尔奖女性得主的平均占比为 3. 69%；诺贝尔经济学奖女性得主仅 2 位，相对于 86 位得主而言，只占 2. 33%。前述四类奖项女性得主获奖时的平均年龄为 57. 75 岁。

（5）女院士健在率高于男院士。截至 2020 年年底统计数据，1955—2019 年当选的中国科学院院士中，已故男院士 599 人，占男院士的 44. 14%；已故女院士 24 人，占女院士的 31. 17%。1994—2019 年当选的中国工程院院士中，已故男院士 231 人，占男院士的 21. 27%；已故女院士 12 人，占女院士的 20. 69%。中国科学院已故女院士的平均寿命高于已故男院士的平均寿命，高出 1. 7 岁；中国工程院已故女院士的平均寿命低于已故男院士的平均寿命，低出 0. 07 岁；中国科学院和中国工程院已故男院士的寿命只相差 0. 19 岁，几乎相等。

（6）中国科学院已故院士的平均服役时间达到了 22 年接近 23 年，其中已故女院士的平均当选年龄比男院士高出 1. 88 岁，但平均服役时间上的差异较小，仅为 0. 48 年。中国工程院已故院士当选后的平均服役时间达到了 14. 55 年，其中已故女院士当选后的平均服役时间为 15. 58 年。已故中国科学院院士当选平均年龄比中国工程院院士小 8. 5 岁，当选后的服役时间多出 8. 38 年。

（7）两院院士在受教育方面存在明显差异。这意味着两院院士的成长路径、对知识的积累都有着本质上的差别。中国科学院女院士中博士所占比例超过了 50%，而中国工程院中仅有 34. 48%；同时，中国科学院男院士的受教育水平也优于中国工程院，中国科学院男女院士留学比例相差 6. 43 个百分点。两相对比，中国科学院女院士的受教育水平远高于中国工程院。这在一定程度上表明，科学研究可能需要更多的知识传承和优势累积，而工程技术领域可能需要花更多的时间在实践上。

（8）当选院士的性别差异表明，玛蒂尔达效应可能存在。中国科学院、中国工程院均观察到女院士的平均受教育水平高于男院士，中国工程院女院士留学比例比男院士高出 7. 98 个百分点。这都表明，女性可能面临着玛蒂尔达效应——需要更高的受教育水平才能取得与男性同等的地位。

以上事实由于两院院士样本的局限性，进一步细分到各增选年份时样本太小，不能进行逐年的细分比较，因此，前述事实或结论的使用可能需要谨慎。但我们观察到，诺贝尔奖得主的年龄跨度非常大，而两院院士的年龄跨度好像并不大。因此，很显然的问题是，如何围绕当选年龄确定遴选标准，无论是男性或女性，这是院士遴选中的一个重大问题。同时，科学类（无论是自然科学还是经济学）诺贝尔奖得主中，女性科学家的比例低于我国两院院士中女院士的比例。如果我们认为诺贝尔奖遴选标准的绝对水平高于我国两院院士，而我国又拥有庞大的女性科技工作者数量，那么，也许我国两院院士中的女院士比例可能还需要进一步提高。与此同时，还必须关注不同院别中男女院士受教育水平、留学状况的差异问题，以及其中可能蕴含的科学与技术本身的差异和难以言证的性别差别。

### 4.4.2 讨论：关于玛蒂尔达效应

有大量研究文献表明男性和女性研究人员之间存在着科研绩效的差异。这是女性相对于男性的能力差异造成的吗？以社会科学家为样本的一项研究发现，基于性别的能力表现差异确实仍然存在，但对于年轻一代科研人员而言，这种性别差异正在消失。他们的数据甚至表明，女性研究者已经开始比男性研究者表现得更加出色（Arensbergen，Weijden and Besselaar，2012）。在其他教育体系中也已经观察到，女孩子越来越比男孩子的学业表现要好。这一点在中国也能观察到，目前进入研究生阶段学习的女性比例大幅提升。当然，不能忽略其中可能存在的选择性样本偏误问题。

如果这种绩效差异真的存在，会不会是由于在女性申请科研资助中受到歧视造成的呢？前面我们已经提到了 Lane（1999）的文章。她引述说，和男性科学家相比，女性必须付出相当于男性生产率的 2.2 倍才能成功地申请到项目资助，受到了不公正的待遇。然而，在文献中我们还能够找到类似的反证，但可能由于分析不够深入，存在一个具有误导性的因果关系，认为女性在科研中受到了歧视。例如，经常会观察到科技项目申请中男性获得支持的数量远远高于女性，但绝不能由此判定女性受到了不公正的待遇。我们从董丽娟和徐飞（2016）的文章中得到这样一个例子。他们发现，1994—2014 年国家杰出青年科学基金中男性的总获批率为 91. 21%，女性的总获批率仅为 8. 79%。然后，他们对 1997—2014 年分性别的申报和获批数据进行了分析，发现国家杰出青年科学基金项目申报中女性比男性的成功率更高，并不存在性别歧视或女性被边缘化的现象。

我们利用董丽娟和徐飞（2016）的数据来阐释这个真实的例证。如表 4-14 所示，如果我们仅从资助结果来看男女申报者承担国家杰出青年科学基金项目的差异，可以看到，2011—2014 年，男性获得的资助项目数占总资助项目数的 85%左右，2014 年甚至达到了 89. 39%。反观女性获得资助的比例只有 15%左右，2014 年则下降到 10. 61%。如果我们观察申请获批率，可以看到男性和女性获批率没有看起来那么大的差距，甚至情况出现了反转，女性的获批率在 2011—2013 年其实要高于男性，分别高出 2. 11、2. 79、0. 78 个百分点；只有 2014 年例外，获批的男性比例高于女性 1. 72 个百分点。

**表 4-14　2011—2014 年国家杰出青年科学基金项目分性别申报和获批情况**

| 申请年份 | 性别 | 申请人数 | 批准资助项目数（占总资助项数的比例） | 获批率（同一性别申请获批项目数/申请人数） |
|---|---|---|---|---|
| 2011 | 男 | 1772 | 169（85. 35%） | 9. 54% |
| | 女 | 249 | 29（14. 65%） | 11. 65% |
| 2012 | 男 | 1716 | 170（84. 58%） | 9. 91% |
| | 女 | 244 | 31（15. 42%） | 12. 70% |
| 2013 | 男 | 1716 | 170（85. 86%） | 9. 91% |
| | 女 | 262 | 28（14. 14%） | 10. 69% |
| 2014 | 男 | 1777 | 177（89. 39%） | 9. 96% |
| | 女 | 255 | 21（10. 61%） | 8. 24% |

董丽娟和徐飞（2016）指出，女性在国家杰出青年科学基金项目中平均获批率高于男性申报者，女性在国家杰出青年科学基金项目申报中并未一直被“边缘化”，甚至还得到了额外的关照。当然，这也许不能被视作一种关照。或许女性申请者的申请书相对于男性写得更好，或许进行申请

的女性相对于男性的平均水平更高，也或许选择申请的女性本身就比较自信，在能力上超出了其他未申请的女性的水平。总之，在这样一个样本面前，我们也许可以认为女性的科研能力并不弱于男性。但限于数据、时间、精力和能力，我们未能更深入地揭示这背后的原因。值得一提的是，与这个性别差异的数据结构类似，Bickel、Hammel 和 O'Connell（1975）发表在《科学》杂志上的文章，专门讨论了加州大学伯克利分校研究生录取中是否存在性别歧视的真实案例。在一些文献中将之称为辛普森悖论（Pearl and Mackenzie，2019：200-203）。所幸的是，这里的数据结构远没有伯克利数据那样具有欺骗性，只需要进行简单的分类分析即可揭示出接近事实的真相。

我们搜集整理了 2017 年中国工程院院士候选人和当选院士的性别数据。结果发现，有 38 名女性进入增选名单，占当年 533 名总增选人的 7.13%；最终有 4 名女性当选，占当年总增选的 67 名院士的 5.97%。如果不考虑院士选拔过程中能力和实绩的因素，只看过程和结果的数据，可以看到女性参选的比例和当选的比例并不高。或者说，科技界分层的金字塔中，如果用 2018 年女性科技工作者在科技工作者群体中占 26.79% 的比例作为一个参照标准，显然能够进入金字塔塔尖的女性科学家数量与男性相比还存在着较大的差距。

随着中国经济从过去的资源要素型、粗放型、外延型增长向集约型、内涵式、质量型发展的转变，随着劳动力人口红利的耗散与人口老龄化的加剧，随着世界政治经济格局的急剧变化，我们已经进入了一个需要用新发展理念，融入新发展格局，实现高质量发展的全新阶段。中国是拥有 14 亿多人口的大国，女性人口切切实实地“顶了半边天”，但在科技工作者群体中还需要继续扩容——从 26.79% 向 50% 进军，还需要继续提质——让更多女性进入科技人才金字塔的中高端。从以上的分析可以看到，更好地利用不同性别的人力资源，尤其是发挥科技创新与人力资本的作用，为女性科技工作者赋能，扩大发展空间，提升女性科技工作者对科技事业、经济社会发展的贡献，已经成为中国实现质量效益型发展的必然选择。

## ■ 本章参考文献


[1] ARENSBERGEN P V，WEIJDEN I V D，BESSELAAR P V D. Gender Differences in Scientific Productivity：A Persisting Phenomenon？［J］．Scientometrics，2012，93（3）：857-868.

[2] BICKEL P J，HAMMEL E A，O'CONNELL J W. Sex Bias in Graduate Admissions：Data From Berkeley［J］．Science，1975，187（4175）：398-404.

[3] EC. She Figures 2006，Women and Science，Statistics and Indicators［R］．Brussels：European Commission，2006.

[4] LANE N J. Why are There So Few Women in Science？［J/OL］．Nature，1999［2021-01-05］．https://dio. org/10. 1038/nature28067.

[5] PALERMO S，GIUFFRA E，ARZENTON V，et al. Gender and Science［J］．Embo Reports，2008，9（6）：494-495.

[6] PEARL J，MACKENZIE D. The Book of Why：The New Science of Cause and Effect［M］．［S. I. ］：Penguin Books，2019：852-855.

[7] WIECZOREK-SZYMAŃ SKA A. Gender Diversity in Academic Sector—Case Study［J］．Administrative Sciences，2020，41（10）：1-20.

[8] ZUCKERMAN H，COLE J. Women in American Science［J］．Minerva，1975，13（1）：82-102.

[9] 科技传播. 51 名科技工作者获何梁何利奖　首名女性获“科学与技术成就奖”［J］．科技传播，2010（20）：249.

[10] 泸州科技编辑部. 52 名科技工作者获何梁何利奖有 7 位女性获奖科学家占总人数 13. 5%［J］．泸州科技，2014（4）：36.

[11] 居里. 居里夫人传［M］．左明彻，译. 林光，校. 北京：商务印书馆，1984.

[12] 陈一筠. 西方社会科学中关于性别差异和性别分层的理论［J］．社会学研究，1988（6）：120-131.

[13] 董丽娟，徐飞. 中国女性科技人才政策的若干评价与思考［J］．科学学研究，2016，34（2）：178-185.

[14] 科学新闻编辑部. 历届当选的中国科学院院士（学部委员）名单（自然科学

部分共 912 名）[J]. 科学新闻，2000（22）：10-11.

[15] 李志红，林佳甜. 女科学家群体比较研究：以获诺贝尔自然科学奖的女科学家和中科院女院士为例 [J]. 自然辩证法研究，2020，36（8）：109-115.

[16] 林聚任. 美国科学社会学关于科学界性别分层研究的综述 [J]. 自然辩证法通讯，1997，19（1）：32-38.

[17] 林聚任. 从对女院士的调查看妇女的科学地位 [J]. 中国科技论坛，2000（2）：65-68.

[18] 彭青龙，易文娟. 科技人文、思维比较和人类精神：访谈钱旭红院士 [J]. 上海交通大学学报（哲学社会科学版），2020，28（2）：1-8.

[19] 科尔 J，科尔 S. 科学界的社会分层 [M]. 赵佳苓，等译. 北京：华夏出版社，1989.

[20] 任爱玲. 社会偏见还是性别差异："女性在科学中的相对缺席现象"分析 [J]. 科学技术与辩证法，2000（6）：41-45.

[21] 谢宇，齐沃德. 美国科学在衰退吗？[M]. 北京：社会科学文献出版社，2018.

[22] 薛乔. 性别与科学：近代女性在科学中的相对缺席 [J]. 西部学刊，2020（16）：58-61.

[23] 杨丽，徐飞. 中国科学院女性院士特征状况计量分析 [J]. 科学学研究，2008（5）：942-947.

[24] 张培富，李爱花. 玛蒂尔达效应：女科学家稀缺的历史困境 [J]. 山西大学学报（哲学社会科学版），2016，39（3）：134-139.

[25] 张再生，孙雪松，张奕野. 基于多维视角的女性科技工作者工作-家庭冲突问题研究 [J]. 天津大学学报（社会科学版），2019，21（1）：70-76.

[26] 中新. "妇女能顶半边天"的真正来历 [J]. 人才资源开发，2017（19）：39.

[27] 朱婷钰，赵万里. 玛蒂尔达效应与科学界的性别不平等：基于对中国科技工作者分层状况的调查研究 [J]. 自然辩证法通讯，2017，39（5）：8-18.

[28] 朱依娜，何光喜. 高校教师工作与科研时间的性别差异及其中介效应分析：基于全国科技工作者状况调查数据 [J]. 科学与社会，2014，4（3）：86-100.

[29] 朱依娜，卢阳旭. 性别、家庭与高校教师的时间分配：基于 2011 年全国科技工作者时间利用调查 [J]. 妇女研究论丛，2014（5）：24-32.

## ■ 本章附表

**附表 4-1 1901—2020 年诺贝尔奖自然科学和经济学女性得主基本信息**

| 获奖年份 | 姓名 | 生日 | 获奖理由 |
|---|---|---|---|
| 物理学（4 名） | | | |
| 2020 | Andrea Ghez | 1965. 06. 16 | for the discovery of a supermassive compact object at the centre of our galaxy |
| 2018 | Donna Strickland | 1959. 05. 27 | for groundbreaking inventions in the field of laser physics |
| 1963 | Maria Goeppert Mayer | 1906. 06. 28 | for their method of generating high-intensity, ultra-short optical pulses |
| 1903 | Marie Curie | 1867. 11. 07 | for their discoveries concerning nuclear shell structure |
| 化学（7 名） | | | |
| 2020 | Emmanuelle Charpentier | 1968. 12. 11 | for the development of a method for genome editing |
| 2020 | Jennifer A. Doudna | 1964. 02. 19 | for the development of a method for genome editing |
| 2018 | Frances H. Arnold | 1956. 07. 25 | for the directed evolution of enzymes |
| 2009 | Ada E. Yonath | 1939. 06. 22 | for studies of the structure and function of the ribosome |
| 1964 | Dorothy Crowfoot Hodgkin | 1910. 05. 12 | for her determinations by X-ray techniques of the structures of important biochemical substances |
| 1935 | Irène Joliot-Curie | 1867. 07. 04 | in recognition of their synthesis of new radioactive elements |
| 1911 | Marie Curie | 1867. 11. 07 | in recognition of her services to the advancement of chemistry by the discovery of the elements radium and polonium, by the isolation of radium and the study of the nature and compounds of this remarkable element |

续表

| 获奖年份 | 姓名 | 生日 | 获奖理由 |
|---|---|---|---|
| 生理学或医学（12 名） | | | |
| 2015 | Tu Youyou | 1930. 12. 30 | for her discoveries concerning a novel therapy against Malaria |
| 2014 | May-Britt Moser | 1963. 01. 04 | for their discoveries of cells that constitute a positioning system in the brain |
| 2009 | Elizabeth H. Blackburn | 1948. 11. 26 | for the discovery of how chromosomes are protected by telomeres and the enzyme telomerase |
| 2009 | Carol W. Greider | 1961. 04. 15 | for the discovery of how chromosomes are protected by telomeres and the enzyme telomerase |
| 2008 | Françoise Barré-Sinoussi | 1947. 07. 30 | for their discovery of human immunodeficiency virus |
| 2004 | Linda B. Buck | 1947. 01. 29 | for their discoveries of odorant receptors and the organization of the olfactory system |
| 1995 | Christiane Nüsslein-Volhard | 1942. 10. 20 | for their discoveries concerning the genetic control of early embryonic development |
| 1988 | Gertrude B. Elion | 1918. 01. 23 | for their discoveries of important principles for drug treatment |
| 1986 | Rita Levi-Montalcini | 1909. 04. 22 | for their discoveries of growth factors |
| 1983 | Barbara McClintock | 1902. 06. 16 | for her discovery of mobile genetic elements |
| 1977 | Rosalyn Yalow | 1921. 07. 19 | for the development of radioimmunoassays of peptide hormones |
| 1947 | Gerty Theresa Cori, née Radnitz | 1896. 08. 15 | for their discovery of the course of the catalytic conversion of glycogen |
| 经济学（2 名） | | | |
| 2019 | Esther Duflo | 1972. 10. 25 | for their experimental approach to alleviating global poverty |
| 2009 | Elinor Ostrom | 1933. 08. 07 | for her analysis of economic governance, especially the commons |

资料来源：摘自诺贝尔奖官网。

**附表 4-2　1955—2019 年两院院士分性别的留学国家分布**

| 国家 | 两院汇总 | | | 中国科学院 | | | 中国工程院 | | |
|---|---|---|---|---|---|---|---|---|---|
| | 女 | 男 | 小计 | 女 | 男 | 小计 | 女 | 男 | 小计 |
| 总计 | 45 | 801 | 846 | 29 | 588 | 617 | 16 | 213 | 229 |
| 美国 | 16 | 329 | 345 | 15 | 282 | 297 | 1 | 47 | 48 |
| 苏联 | 12 | 145 | 157 | 5 | 62 | 67 | 7 | 83 | 90 |
| 英国 | 2 | 95 | 97 | 2 | 80 | 82 | 0 | 15 | 15 |
| 日本 | 4 | 64 | 68 | 0 | 36 | 36 | 4 | 28 | 32 |
| 德国 | 6 | 58 | 64 | 3 | 48 | 51 | 3 | 10 | 13 |
| 法国 | 2 | 31 | 33 | 1 | 27 | 28 | 1 | 4 | 5 |
| 加拿大 | 0 | 16 | 16 | 0 | 11 | 11 | 0 | 5 | 5 |
| 比利时 | 0 | 8 | 8 | 0 | 5 | 5 | 0 | 3 | 3 |
| 瑞士 | 0 | 7 | 7 | 0 | 6 | 6 | 0 | 1 | 1 |
| 澳大利亚 | 0 | 7 | 7 | 0 | 5 | 5 | 0 | 2 | 2 |
| 瑞典 | 2 | 4 | 6 | 2 | 3 | 5 | 0 | 1 | 1 |
| 俄罗斯 | 0 | 5 | 5 | 0 | 5 | 5 | 0 | 0 | 0 |
| 波兰 | 0 | 5 | 5 | 0 | 1 | 1 | 0 | 4 | 4 |
| 丹麦 | 0 | 5 | 5 | 0 | 4 | 4 | 0 | 1 | 1 |
| 奥地利 | 0 | 4 | 4 | 0 | 4 | 4 | 0 | 0 | 0 |
| 荷兰 | 0 | 4 | 4 | 0 | 3 | 3 | 0 | 1 | 1 |
| 捷克斯洛伐克 | 0 | 3 | 3 | 0 | 1 | 1 | 0 | 2 | 2 |
| 意大利 | 0 | 3 | 3 | 0 | 3 | 3 | 0 | 0 | 0 |
| 爱尔兰 | 0 | 2 | 2 | 0 | 0 | 0 | 0 | 2 | 2 |
| 菲律宾 | 1 | 1 | 2 | 1 | 0 | 1 | 0 | 1 | 1 |
| 挪威 | 0 | 2 | 2 | 0 | 1 | 1 | 0 | 1 | 1 |
| 罗马尼亚 | 0 | 2 | 2 | 0 | 1 | 1 | 0 | 1 | 1 |
| 希腊 | 0 | 1 | 1 | 0 | 0 | 0 | 0 | 1 | 1 |

注：表中未剔除中国科学院跨中国工程院院士导致的重复计算问题。如果剔除，涉及苏联 4 人、德国 4 人、美国 11 人、英国 1 人、荷兰 1 人，共 21 人。

# 第5章 院士与地域：中国科技精英的地理分布

## 5.1 人才地理分布与环境因素

没有××的时代，只有时代的××[1]。这句充满辩证色彩的话表明，人才的成长离不开所处的时代。人才辈出只是时代的缩影。然而，时空不可分离。时代脉搏的跳动往往和社会人文环境以及作为载体的地理环境息息相关。因此，或许可以进一步地明确，人才的成长与个体赖以生存和发展的地理环境关系密切。事实上，出生和成长在哪里，对个体而言至关重要。出生在农村还是城市，出生在东部地区还是西部地区，就读于重点学校还是普通学校，各种非自主选择的被动人生，可能会导向不同的“诗和远方”，也许这里不需要用“可能”，而是用“肯定”更合适——当然，其中并不排斥外部条件许可下的社会流动。

当今中国科技界的社会分层，如果一定要用这个词的话，来自不同地域的人“可能”有着不同的境遇。如果追溯得更远一些，明朝初期震惊天下的“南北榜案”明确地昭示了地域在人才成长中的巨大作用。中国历史已经表明，自宋代以来我国的人才分布已经从过去的黄河流域转向长江流域。事实上，人才的空间集聚现象，古今中外，概莫能外。中国状元多出自江浙（梅介人，2002），明清两代状元中太湖流域有 71 名（胡兆量、王

[1] ××在此代指精英或大人物。

恩涌、韩茂莉，1998）。学者发现，美国一些学科人才分布在美国各州之间存在显著的集聚和不均衡现象（Horowitz，1965）。那么，当代中国科技界的精英从哪里来？是否还是大多来自长江流域呢？这里我们以 1948 年以来院士的籍贯和出生地作为基础做一些探究。

### 5.1.1 环境对人才成长的作用

环境这个概念很宽泛。在这里主要指自然地理环境，以及与自然地理相耦合的政治、经济、文化等因素构成的时空环境。一个区域所在的地理位置、气候、地形和自然资源等因素影响人才的地理分布（徐宝芳，1997）。人类的个体特征和社会特征将受到自然地理条件的影响，从而人才的出现和成长与地域自然环境产生了密切的关系。人与环境的互动，塑造了人自身，也影响了环境。地理环境差异会影响人类社会的生产方式和生活方法，进而影响一个地区的民风民俗和文化特征。这种自然地理环境与社会环境长期交互的结果，就会形成自身的独特风格，从而对人才的成长和集聚产生不可估量的影响（王会昌、王云海、余意峰，2005：7-8）。显然，一方面作为人类社会生存的基础物质条件，地理环境优越可能为人类提供更好的资源和产品；另一方面作为人类发展的空间，能够孕育出一些与众不同的个体。“好猎手多出于林区，好骑手多出于草原，游泳健将多出于水乡，滑雪能手多出于北国”（王会昌、王云海、余意峰，2005：8），就是地理环境与人才涌现之间关系的明证。总体来看，个体特征、经历和所处环境将共同决定一个人的发展（Bronfenbrenner and Morris，2006）。但是，在人类的生物特征进化缓慢的条件下，境遇的影响显然不能视而不见。

通常的研究都关注人才涌现较多的地域的情况，研究这些地域有何优势，但往往也忽略了某些地区出现的人才匮乏和人才流失的现象。也就是说，自然地理因素的影响可能是正面的，也可能是负面的。而且，自然地理条件的影响在不同的时代可能会显著不同。例如，明清时期天津的兴盛发达，就与其作为首都门户、军事要地、京杭大运河的重要节点等自然地理条件有关，在清末更是成为北方地区的军事要地、政治活动中心、经济中心和交通枢纽，形成了“近代中国看天津”的说法。但新中国成立以后尤其是改革开放以来，天津相对于北京的重要性下降，不再是政治、军事、交通的枢纽，原有的地理环境优势在新的时期不再占优，从而在汇聚各类人才（包括企业家、学问家、外地人、外国人）方面就显出明显的吸引力不足。

从这个角度而言，探析影响区域人才集聚的因素，评估区域发展面临的挑战与问题，具有重要的现实意义。

### 5.1.2 人才地理分布的决定因素

一个区域的自然地理和人文地理因素（包括经济、政治、文化、地域特色、人口分布）等会对人才成长产生影响（王会昌、王云海、余意峰，2005：1-73；徐宝芳，1997）。有学者认为，区域经济发达程度、国家的制度安排、区域的文化和传统以及人口的区域分布特征是影响人才地理分布的重要因素。例如，诺贝尔奖得主主要来自经济发达的北半球国家，集中在欧洲和北美洲；隋朝的九品中正制、宋明两朝的“南北榜”制度等强化了人才的地域分布特征等。人才系统的发展受到地理环境的影响和制约，通过人才对环境的感应影响到人才的成长，并形成一种人文地理环境，进而决定人才的地理分布（徐宝芳，1997）。

王会昌、王云海和余意峰（2005：10）指出，自然地理环境的优劣影响人才数量的多寡。自然条件优越的地区，一般总是率先在经济发展方面取得进步，进而促进科技和文化的发展。这些地区一方面能够为人才辈出提供较好的物质条件，另一方面也为人才涌现积累了现实的需要。乐承耀认为，区域的自然地理环境、经济发达程度、教育发达程度、学术思想活跃程度是宁波人文荟萃、代有俊杰的重要环境条件（周千军，2007：1-4）。

相关研究发现，经济发展水平、教育水平、城市化等是影响我国当代人才分布的主要宏观变量，人才的空间分布主要遵经济理性（方志，2014）。我国经济发达地区在东部沿海地带，基于发达经济的虹吸作用，高端人才出现了向东部沿海地区流动的总体态势。20 世纪 90 年代以来，我国人才分布的空间格局发生了根本转变，分布重心由北方内陆地区向东南沿海地区转移。区域人才密度的相对变动主要受到城市化和区域高等教育培养能力的影响；制度和政策对人才分布的影响也比较明显；高工资对人才具有吸引作用；自然环境对人才分布有间接作用（姜怀宇、徐效坡、李铁立，2005）。黄海刚、曲越和白华（2018）观察到，东南部的人才初步形成了人才环流，同时还吸引了大量的"孔雀"东南飞，造成了中西部和东北部出现了严重的人才逆差困境。院士出生地或籍贯集聚分布在经济条件良好、文化底蕴深厚的东部沿海地区（周亮、张亚，2019）。

事实上，美国也存在着人才分布与经济地理之间的紧密联系，一些地区经济发达、人才富集，而另一些地区经济平平、人才贫乏（Horowitz，1965），结果造成区域之间在知识和科技能力方面存在明显的不均衡性。

### 5.1.3　古代精英人才的地理分布

根据王会昌等的著述，我国人才地理分布经历了"黄河流域时代"和"长江流域时代"两大历史时期，这个转变与文化中心的转移息息相关。由于古代王朝的经济和政治中心不断从黄河流域向长江流域转移，我国的文化中心也逐渐南移。北宋时期是一个重要的转折点。之前，黄河流域包括齐鲁关洛等地，文化根基深厚。当时甚至连北宋名臣寇准也存在"南方下国，不宜多冠士"的地域歧视观念，认为黄河流域的人才优于南方地区，要让山东平度籍的蔡齐替换南方文士肖贯中作为新科状元（韩茂莉、胡兆量，1998）。但到了北宋末年尤其是北宋王朝覆灭后，长江流域成为名副其实的政治中心、经济中心和文化中心，终结了黄河流域长达数千年的文化优势（王会昌、王云海、余意峰，2005：2）。最终长江流域兴盛，成为我国精英人才的重要诞生地，这一影响沿袭至今，基本代表了当今的中国人才地理分布格局。

谈到我国古代精英人才的地理分布，免不了要提及自隋朝以来的科举制度。作为我国古代重要的官员选拔制度，科举成为人才晋升的主要途径

（韩茂莉、胡兆量，1998）。“学而优则仕”的人才选拔途径，为我国历史上的知识分子开启了报效国家和光宗耀祖之门（王宇，2009：1）。实行了一千多年的科举制度，为当时的统治阶级遴选出了一批又一批的时代精英。

梅介人对我国历代状元的地理分布进行了较为全面的梳理和分析。唐朝、五代十国、宋辽金、元、明、清累计共产生了600名状元（不包括期间产生的武状元），其中有籍可考的状元有448名，占状元总数的74.67%。根据对448名状元的考证，他发现：①唐代状元主要分布在黄河中下游的北方各省，其中河北、河南、陕西、山西、山东居多，河北为最；②自宋朝开始，黄河流域的状元总量已经不及长江中下游地区，虽然河南还具有一定优势，但浙江、福建、江苏等地的状元数量明显地增加了；③到了明朝，浙江、江苏的状元数量进一步增加，北方省份则越来越少；④到了清朝，江苏的状元总量上升到第一位，浙江位居次席（梅介人，2002）。当然，对于状元总数到底是多少，不同的文献还存在争议。例如周腊生（2008）认为，原来统计历代共886名状元其实存在低估，应该更正为914名。尽管如此，这可能并不会从根本上改变相关研究对状元地理分布分析的主要结论。

通过对不同朝代状元数量的地域分布变迁的研究，梅介人指出，南宋以前的人才主要集中在黄河流域各省，南宋和南宋以后则集中在长江流域各省（梅介人，2002）。这一观点与诸多文献的观点或研究发现一致。早期的研究也指出，自唐至明清，我国状元籍贯的地理分布具有明显的自北向南不断转移的态势。唐宋两代北方籍状元占优，但元明清时发生了明显的逆转，南方状元的数量占据了绝对优势，江苏苏州和浙江杭州、绍兴等地成为状元的主要“产地”（韩茂莉、胡兆量，1998；胡兆量、王恩涌、韩茂莉，1998）。王金龙（2017）发现，我国清代的武状元和文状元的地理分布极不均衡，武状元多在北方，而文状元多在南方，而且文武状元大多分布在社会经济发展水平较高和交通便捷的东部地区。

科举考试名列前茅的进士和前三甲的地理分布也与之类似。通过对进士地理分布的分析发现，随着时间推移，宋代北方籍进士越来越少，东南地区的进士则越来越多（韩茂莉、胡兆量，1998）。到了明清时期，江南进士是全国最多的，所占比例高达近 15%；而且江南地区包办了明代状元近 1/4 和清代状元 1/2 以上的人选（范金民，1997）。对中国共产党第十三届中央委员会委员的籍贯分析发现了类似的分布特征，江苏、浙江和上海籍贯的委员占总人数的 23.9%。

总体上，我国人才的地理分布遵从了从北向南偏东演变的规律，从“黄河流域时代”跨越到了“长江流域时代”。这一结构化转变带来的历史性影响至今犹存。

## 5.2　我国院士的地理分布：从民国到新世纪

从中华民国到新中国，我国已经累计遴选了 2585 名院士（学部委员），其中，中华民国中央研究院遴选了 81 名院士，新中国成立后中国科学院遴选了 1431 名院士（其中 37 名为原中央研究院院士）、中国工程院遴选了 1144 名院士（其中 34 名为建院时由中国科学院院士选聘加盟）。因此，新中国成立后实际遴选的院士数量为 2541 名。下面对这些院士的籍贯和出生地、工作地的分布进行分析。我们将按照籍贯、出生地和工作地所在的省份、所属东中西部地区❶、所属地理行政区划❷等多个层面进行分析。籍贯和出生地数据优先使用中国科学院和中国工程院披露的信息以及

---

❶ 本章东中西部地区划分方法：（1）东部地区：北京、天津、河北、辽宁、上海、江苏、浙江、福建、山东、广东、海南；（2）中部地区：山西、安徽、江西、河南、湖北、湖南、吉林、黑龙江；（3）西部地区：内蒙古、广西、重庆、四川、贵州、云南、西藏、陕西、甘肃、青海、宁夏、新疆；（4）港澳台地区：香港、澳门、台湾。西部地区的划分采用国家西部大开发战略时的划分方法。

❷ 地理行政区划划分方法：（1）华北地区：北京、天津、河北、山西、内蒙古；（2）东北地区：辽宁、吉林、黑龙江；（3）华东地区：上海、江苏、浙江、安徽、福建、江西、山东；（4）华南地区：广东、广西、海南；（5）华中地区：河南、湖北、湖南；（6）西南地区：重庆、四川、贵州、云南、西藏；（7）西北地区：陕西、甘肃、青海、宁夏、新疆；（8）港澳台地区：香港、澳门、台湾。

网络上搜集到的信息。对于未报告籍贯或出生地的，我们用院士的出生地或籍贯代替，并与各种渠道公布的情况进行了尽可能多的对照印证，以最大限度地保证数据的准确性。对于那些出生地和当选院士时工作地在国外的，统一归类为外国。没有籍贯的为外国的当选院士。

国内可见的关于院士地理分布的文献不多。张栋和侯帅（2007）对中央研究院院士的籍贯进行了分析，吴殿廷等分析了两院院士工作地、出生地分布，研究分析的对象包括 1955—2005 年当选的 1027 位院士和 1994—2005 年增选的 702 位院士（吴殿廷等，2006）。陈仕伟和徐飞对 2001—2009 年增选的中国科学院院士进行了分析，认为增选院士的地域分布呈现出不均衡现象，存在着马太效应（陈仕伟、徐飞，2011）。

本研究与前述文献有两个重要的区别：一是我们使用了全时间段的样本，分析对象涵盖了 1948 年中央研究院的院士和新中国成立以来的所有当选院士；二是我们使用了全体院士的籍贯和出生地、当选时工作单位所在地（工作地）的信息。在此基础上，我们还构建了东中西部地区院士地理分布数据和按地理行政区划的院士地理分布数据。

### 5.2.1 全体院士的地理分布

1. 籍贯和出生省份地理分布

表 5-1 报告了 1948—2019 年当选的 2585 名院士的籍贯和出生地的地理分布，并分别按省份进行了排名。总体来看，各省份间院士的籍贯和出生地的地理分布相当不均衡，可能存在优势累积叠加和劣势累积叠加的马太效应（卜晓勇，2007：47；陈仕伟、徐飞，2011）。

首先，可以观察到院士的籍贯分布集中度较高。排名前 10 位的省份分别是江苏（466 人）、浙江（385 人）、湖南（159 人）、山东（156 人）、广东（144 人）、福建（138 人）、安徽（130 人）、河北（113 人）、上海（106 人）、湖北（99 人）。院士籍贯排名前 10 位的省份的院士数量除了湖北外，均在 100 人以上，前 10 位总共的院士数量达到了 1896 人，占到全体院士的 73.35%。尤其需要提出的是，江苏籍和浙江籍的院士数量远远多于其他省份，分别占到全体院士数量的 18.03%和 14.89%，二者之和占全国院士数量的比例高达 32.92%。与此同时，江浙籍院士的高产必然意味着一些区域的沉陷。截至目前，还没有青海籍和澳门籍的院士，而排名靠后的新疆、海南、台湾、宁夏、香港、西藏等地，院士数量均为个位数，且不多于 5 位。

**表 5-1　1948—2019 年我国院士籍贯和出生地分布**

| 院士籍贯 | | | | 院士出生地 | | | |
|---|---|---|---|---|---|---|---|
| 排名 | 省份 | 人数 | 比例/% | 排名 | 省份* | 人数 | 比例/% |
| 1 | 江苏 | 466 | 18.03 | 1 | 江苏 | 420 | 16.25 |
| 2 | 浙江 | 385 | 14.89 | 2 | 浙江 | 296 | 11.45 |
| 3 | 湖南 | 159 | 6.15 | 3 | 上海 | 215 | 8.32 |
| 4 | 山东 | 156 | 6.03 | 4 | 湖南 | 151 | 5.84 |
| 5 | 广东 | 144 | 5.57 | 5 | 山东 | 139 | 5.38 |
| 6 | 福建 | 138 | 5.34 | 6 | 福建 | 112 | 4.33 |
| 7 | 安徽 | 130 | 5.03 | 7 | 广东 | 109 | 4.22 |
| 8 | 河北 | 113 | 4.37 | 8 | 北京 | 107 | 4.14 |
| 9 | 上海 | 106 | 4.10 | 9 | 安徽 | 104 | 4.02 |
| 10 | 湖北 | 99 | 3.83 | 10 | 河北 | 104 | 4.02 |
| 11 | 四川 | 94 | 3.64 | 11 | 四川 | 94 | 3.64 |
| 12 | 辽宁 | 85 | 3.29 | 12 | 湖北 | 94 | 3.64 |
| 13 | 江西 | 76 | 2.94 | 13 | 辽宁 | 91 | 3.52 |
| 14 | 河南 | 74 | 2.86 | 14 | 江西 | 72 | 2.79 |
| 15 | 北京 | 59 | 2.28 | 15 | 河南 | 70 | 2.71 |
| 16 | 陕西 | 49 | 1.90 | 16 | 陕西 | 53 | 2.05 |
| 17 | 山西 | 47 | 1.82 | 17 | 天津 | 49 | 1.90 |
| 18 | 吉林 | 34 | 1.32 | 18 | 吉林 | 46 | 1.78 |
| 19 | 天津 | 32 | 1.24 | 19 | 重庆 | 45 | 1.74 |
| 20 | 重庆 | 32 | 1.24 | 20 | 山西 | 41 | 1.59 |
| 21 | 黑龙江 | 27 | 1.04 | 21 | 黑龙江 | 39 | 1.51 |
| 22 | 云南 | 15 | 0.58 | 22 | 云南 | 21 | 0.81 |

续表

| 院士籍贯 | | | | 院士出生地 | | | |
|---|---|---|---|---|---|---|---|
| 排名 | 省份 | 人数 | 比例/% | 排名 | 省份* | 人数 | 比例/% |
| 23 | 内蒙古 | 13 | 0.50 | 23 | 甘肃 | 20 | 0.77 |
| 24 | 甘肃 | 13 | 0.50 | 24 | 香港 | 19 | 0.74 |
| 25 | 广西 | 12 | 0.46 | 25 | 内蒙古 | 15 | 0.58 |
| 26 | 贵州 | 10 | 0.39 | 26 | 广西 | 13 | 0.50 |
| 27 | 新疆 | 5 | 0.19 | 27 | 贵州 | 11 | 0.43 |
| 28 | 海南 | 4 | 0.15 | 28 | 新疆 | 6 | 0.23 |
| 29 | 台湾 | 3 | 0.12 | 29 | 海南 | 4 | 0.15 |
| 30 | 宁夏 | 2 | 0.08 | 30 | 宁夏 | 2 | 0.08 |
| 31 | 香港 | 2 | 0.08 | 31 | 台湾 | 2 | 0.08 |
| 32 | 西藏 | 1 | 0.04 | 32 | 西藏 | 1 | 0.04 |
| 33 | 青海 | 0 | 0 | 33 | 青海 | 1 | 0.04 |
| 34 | 澳门 | 0 | 0 | 34 | 澳门 | 0 | 0 |
| N/A | — | — | — | 35 | 印尼 | 6 | 0.23 |
| N/A | — | — | — | 36 | 日本 | 4 | 0.15 |
| N/A | — | — | — | 37 | 新加坡 | 2 | 0.08 |
| N/A | — | — | — | 38 | 菲律宾 | 2 | 0.08 |
| N/A | — | — | — | 39 | 马来西亚 | 2 | 0.08 |
| N/A | — | — | — | 40 | 东帝汶 | 1 | 0.04 |
| N/A | — | — | — | 41 | 朝鲜 | 1 | 0.04 |
| N/A | — | — | — | 42 | 越南 | 1 | 0.04 |
| 汇总 | | 2585 | 100 | 汇总 | | 2585 | 100 |

注：* 表示部分院士出生在国外，出生国别数据列示在表格末端。N/A 表示不适用。

将籍贯划分为东部、中部、西部地区来看（见表 5-2），这种区域间的不均衡性更加明显。籍贯为东部地区的院士达到了 1688 人，占全体院士的比例高达 65.30%；中部地区人数为 646 人，所占比例为 24.99%；而西部地区仅有 246 人，所占比例为 9.52%。

表5-2　1948—2019年我国院士籍贯的东中西部地区分布

| 地区 | 人数 | 比例/% | 累积比例/% |
|---|---|---|---|
| 东部地区 | 1688 | 65.30 | 65.30 |
| 中部地区 | 646 | 24.99 | 90.29 |
| 西部地区 | 246 | 9.52 | 99.81 |
| 港澳台地区 | 5 | 0.19 | 100 |
| 总计 | 2585 | 100 | — |

按地理行政区划来看（见表5-3），以华东地区为籍贯的院士最多，有1457人，占全体院士的56.36%；华中地区有332人，所占比例达到了12.84%；华北地区有264人，所占比例达到了10.21%；华南、西南、东北地区籍贯的院士数量和所占比例接近，均在150人左右，所占比例约为6%；西北地区籍贯的院士只有69人，所占比例不到3%。

表5-3　1948—2019年我国院士籍贯的地理行政区划分布

| 地区 | 人数 | 比例/% | 累积比例/% |
|---|---|---|---|
| 华东地区 | 1457 | 56.36 | 56.36 |
| 华中地区 | 332 | 12.84 | 69.21 |
| 华北地区 | 264 | 10.21 | 79.42 |
| 华南地区 | 160 | 6.19 | 85.61 |
| 西南地区 | 152 | 5.88 | 91.49 |
| 东北地区 | 146 | 5.65 | 97.14 |
| 西北地区 | 69 | 2.67 | 99.81 |
| 港澳台地区 | 5 | 0.19 | 100 |
| 总计 | 2585 | 100 | — |

其次，从院士的出生地来看，分布仍然较为集中。排名前10位的省份分别是江苏（420人）、浙江（296人）、上海（215人）、湖南（151人）、山东（139人）、福建（112人）、广东（109人）、北京（107人）、安徽（104人）、河北（104人）。院士出生地排名前10位的院士数量均超过了

100 人，前 10 位合计的院士数量达到了 1757 人，占全体院士的 67.97%。其中，江苏和浙江出生的院士数量仍然多于其他地区，上海出生的院士数量达到了 215 人，三地出生的院士分别占到全体院士数量的 16.25%、11.45%和 8.32%，三者之和占全国院士数量的比例高达 36.02%。与此同时，截至 2019 年，还没有出生在澳门的院士，排名靠后的新疆、海南、宁夏、台湾、西藏、青海等地，院士数量均为个位数，且不多于 6 位。

从出生地的东部、中部、西部地区分布来看（见表 5-4），这种区域间的不均衡性与籍贯的表现极为接近。出生地为东部地区的院士有 1646 人，占全体院士的比例高达 63.68%，仅比籍贯为东部地区的院士低了 1.62 个百分点；中部地区出生的院士人数所占比例下降了 1.12 个百分点；西部地区则上升了 1.39 个百分点。此外，出生在港澳台地区的人数达到了 21 人，出生在国外的有 19 人，合计占到了 1.55%。可以看出，祖辈和父辈的迁移行为反而有利于西部地区院士人才的孕育。

**表 5-4　1948—2019 年我国院士出生地的东中西部地区分布**

| 地区 | 人数 | 比例/% | 累积比例/% |
|---|---|---|---|
| 东部地区 | 1646 | 63.68 | 63.68 |
| 中部地区 | 617 | 23.87 | 87.54 |
| 西部地区 | 282 | 10.91 | 98.45 |
| 港澳台地区 | 21 | 0.81 | 99.26 |
| 外国 | 19 | 0.74 | 100 |
| 总计 | 2585 | 100 | — |

注：为保证数据统计的完整性，本表中的出生地包含“外国”。

按地理行政区划来看（见表 5-5），虽然华东地区出生的院士人数相对于籍贯的表现少了 99 人，占全体院士的比例下降了 3.83 个百分点，但仍然是出生院士最多的地区；华北地区出生的院士数量超越了华中地区出生的院士数量，但二者仅仅相差 1 人，占全国院士的比例均约为 12.20%；其余地区的院士数量所占比例均低于 10%。东北地区、西南地区、华南地区出生的院士数量和所占比例较为接近。西北地区出生的院士数量相对于籍贯增加了 13 名，占全体院士的比例超过了 3%。

**表 5-5　1948—2019 年我国院士出生地的地理行政区划分布**

| 地区 | 人数 | 比例/% | 累积比例/% |
|---|---|---|---|
| 华东地区 | 1358 | 52. 53 | 52. 53 |
| 华北地区 | 316 | 12. 22 | 64. 76 |
| 华中地区 | 315 | 12. 19 | 76. 94 |
| 东北地区 | 176 | 6. 81 | 83. 75 |
| 西南地区 | 172 | 6. 65 | 90. 41 |
| 华南地区 | 126 | 4. 87 | 95. 28 |
| 西北地区 | 82 | 3. 17 | 98. 45 |
| 港澳台地区 | 21 | 0. 81 | 99. 26 |
| 外国 | 19 | 0. 74 | 100 |
| 总计 | 2585 | 100 | — |

注：为保证数据统计的完整性，本表中的出生地包含“外国”。

基于出生地和籍贯的信息表明，离开籍贯的迁移行为似乎有利于人才的区域扩散。

如果将籍贯数据和出生地数据关联起来看，可以发现籍贯数据相对而言更集中，而出生地数据相对较为分散。这里面有两层含义：一是发生了人口的迁移，一些院士的祖辈迁居异地；二是籍贯对于人才成长的影响可能是持久的。部分地区的人迁移到新的地区后，仍然能够取得较为显著的成绩。

我们从中可以看到一些有趣的现象。可以观察到，上海籍院士 106 人，但在上海出生的院士有 215 人，这意味着有 109 位外地籍院士出生在上海。进一步分析发现，江苏籍院士中有 33 人出生在上海，浙江籍院士中有 61 人出生在上海，另外福建籍院士有 7 人，院士籍贯分散到包含上海在内的 11 个省份。这意味着江浙两省迁居上海的家户中，诞生了 94 位院士，长三角江浙沪之间有着紧密的人才链，而上海具有较为突出的虹吸效应。同样的现象也发生在北京地区。北京籍院士有 59 人，出生在北京的院士则多达 107 人。数据分析发现，在北京出生的院士籍贯非常多元化，除了北京籍的59人以外，江苏籍和浙江籍各有8人，院士籍贯一共分散到含北京在内的18个省份。显然，北京和上海院士的籍贯和出生地表现出各自的特色，但出生在上海的院士的籍贯主要以江苏和浙江为主，而出生在北京的院士的籍贯则非常分散。如果联系到后面将要分析的院士当选时的工作地状况，这将是一个非常值得关注的事实。院士当选时在北京工作的人数达到了1186人，占全体院士的45.88%；而上海只有255人，占9.86%；江苏为191人，占7.39%。显然，北京是最大的院士集聚地。

尽管如此，我们以省份为单位对院士分布的籍贯和出生地频数进行简单的相关分析后发现，二者的相关度达到了0.9624，在0.001的统计水平上显著。当剔除北京、上海的频数数据时，二者的相关度进一步提高到0.9925。因此，当籍贯或出生地信息缺乏时，使用二者相互替代具有较大的合理性，尤其是对于北京、上海以外的城市，这种替代具有更大的合理性。但是，这种替代，尤其是出生地对籍贯的替代，可能忽略了人才成长过程中祖辈、家庭和籍贯地的文化风俗等对于个人的潜在影响。

2. 籍贯和出生地分布的洛伦兹曲线

针对前述历史数据，我们引入洛伦兹曲线来描述院士在省际分布的不均衡性。在边长为1个单位的正方形区域，横轴表示省份，纵轴表示按省份累积的院士数量占总体的百分比，数量占比越低的越靠近原点，所有省份累积占比为100%，即坐标点（1，1）。洛伦兹曲线与绝对平等线之间包围的面积占直角三角形的面积之比就是基尼系数。洛伦兹曲线包围的面积越小，不平等程度越低，基尼系数越小。洛伦兹曲线包围的面积越大，不平等程度越高，基尼系数越大。绝对平等时，洛伦兹曲线与绝对平等线重合，基尼系数为0。当某一省份拥有所有的院士时，代表分布绝对不平等。绘制中，我们将剔除当选时出生地在国外的样本（后面的曲线绘制和基尼系数计算亦同此处理）。

鉴于院士的籍贯和出生地中北京和上海的特殊性，我们将绘制两种洛伦兹曲线并计算两种情况下的基尼系数。

绘制出将北京和上海包含在内的院士籍贯和出生地分布的洛伦兹曲

线，如图 5-1 中 Panel A 所示。可以看到，出生地的百分比累积曲线和籍贯百分比累积曲线距离绝对平等线都比较远，但后者较前者更加远离绝对平等线，这意味着院士的出生地分布相对于籍贯分布更加均衡。按省份计算的院士籍贯分布的基尼系数为 0. 6060，而院士出生地分布的基尼系数为 0. 5597（不包含出生在国外的院士）。这一事实告诉我们，总体上看，潜在的院士的祖辈和父辈的迁移行为降低了人才分布的不均衡性，更多本应在原籍出生的人出生在异地有利于人才的均衡分布。

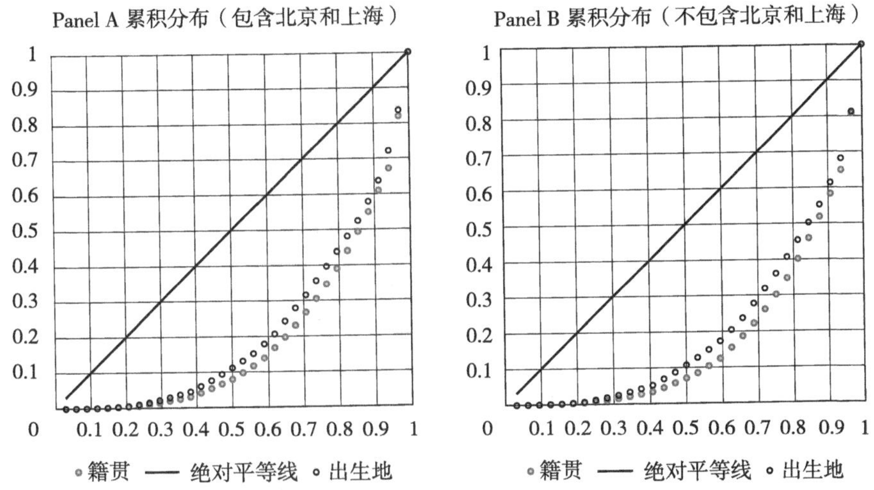


**图 5-1　院士籍贯和出生地分布的洛伦兹曲线**

直接从频数分布中剔除北京和上海，可以得到如图 5-1 中 Panel B 所示的洛伦兹曲线。对于籍贯和出生地的累积曲线，我们发现了与 Panel A 中一致的结果，即院士的出生地分布相对于籍贯分布更加均衡，迁移有利于人才的均衡分布。但令人意外的是，剔除北京和上海后，按籍贯计算的基尼系数上升为 0. 6248，按出生地计算的基尼系数上升为 0. 5733。进一步推敲发现，虽然在北京和上海出生的外地籍贯的院士最多，但他们在整个样本中所占的比例并不高。当我们剔除掉作为洛伦兹曲线中间部分的贡献力量后，更加凸显了江苏和浙江在整个样本中的比重，因此导致了籍贯省份和出生省份的基尼系数均相对上升了。

3. 工作地的地理分布

表 5-6 列示了全体院士在当选时工作地的频数分布情况，可以观察到一些有趣的事实。首先，映入眼帘的是北京高达 1186 名院士的统计频数，占全体当选院士的比例高达 45.88%。排在前 10 位的工作地中，紧随其后的是上海（255 人）、江苏（191 人）、湖北（97 人）、陕西（82 人）、辽宁（81 人）、四川（78 人）、湖南（60 人）、浙江（52 人）、吉林（49 人），上海及以下分别占全国的比例均不到 10%，而排名前 10 位的工作地中，当选时在湖南、浙江、吉林工作的院士数量均不到全国平均数。如果全国按 34 个省级行政单位（省、自治区、直辖市和港澳台）平均核算，每个省份平均的院士数量为 76 人，只有 7 个省份达到这一水准，而 79.41%的省份拥有的院士数量低于这一平均水平。排名靠后的 11 个省份当选院士数量均低于 10 位，其中宁夏、广西、澳门三地分别只有 1 人当选。这些省份与全国平均水平差距更大。

北京是院士当选时集聚度最高的城市。当选时在北京工作的院士数量是全国平均水平的 15.6 倍。这一倍比关系与笔者利用 1955—2005 年中国科学院和中国工程院院士出生地分布核算的结果一致（唐家龙，2020）。结合前面的北京籍贯的院士数据、北京出生的院士数据，可以看到在北京当选院士的人数是北京籍院士数量（59 名）的 20.10 倍，是北京出生的院士数量（107 名）的 11.08 倍。这充分说明，北京从全国各地吸引了大量的科技精英人才。作为首都、科教资源和高新技术发展的重要阵地，北京具有强大的人才吸引力。

**表 5-6　1948—2019 年院士当选时的工作地分布**

| 排名 | 工作地 | 人数 | 比例/% | 排名 | 工作地 | 人数 | 比例/% |
|---|---|---|---|---|---|---|---|
| 1 | 北京 | 1186 | 45.88 | 21 | 河北 | 17 | 0.66 |
| 2 | 上海 | 255 | 9.86 | 22 | 重庆 | 14 | 0.54 |
| 3 | 江苏 | 191 | 7.39 | 23 | 新疆 | 12 | 0.46 |
| 4 | 湖北 | 97 | 3.75 | 24 | 山西 | 9 | 0.35 |
| 5 | 陕西 | 82 | 3.17 | 25 | 江西 | 7 | 0.27 |

续表

| 排名 | 工作地 | 人数 | 比例/% | 排名 | 工作地 | 人数 | 比例/% |
|---|---|---|---|---|---|---|---|
| 6 | 辽宁 | 81 | 3.13 | 26 | 贵州 | 6 | 0.23 |
| 7 | 四川 | 78 | 3.02 | 27 | 青海 | 5 | 0.19 |
| 8 | 湖南 | 60 | 2.32 | 28 | 台湾 | 3 | 0.12 |
| 9 | 浙江 | 52 | 2.01 | 29 | 内蒙古 | 2 | 0.08 |
| 10 | 吉林 | 49 | 1.90 | 30 | 海南 | 2 | 0.08 |
| 11 | 广东 | 49 | 1.90 | 31 | 西藏 | 2 | 0.08 |
| 12 | 山东 | 47 | 1.82 | 32 | 宁夏 | 1 | 0.04 |
| 13 | 天津 | 45 | 1.74 | 33 | 广西 | 1 | 0.04 |
| 14 | 安徽 | 45 | 1.74 | 34 | 澳门 | 1 | 0.04 |
| 15 | 黑龙江 | 45 | 1.74 | 35 | 美国 | 5 | 0.19 |
| 16 | 甘肃 | 36 | 1.39 | 36 | 回国路上* | 2 | 0.08 |
| 17 | 香港 | 35 | 1.35 | 37 | 英国 | 1 | 0.04 |
| 18 | 福建 | 23 | 0.89 | N/A | N/A | — | — |
| 19 | 河南 | 20 | 0.77 | N/A | N/A | — | — |
| 20 | 云南 | 19 | 0.74 | 总计 | | 2585 | 100 |

注：*表示有 2 位院士在当选时正值从国外返回中国途中，且工作单位没有确定，因此归入回国路上一类。根据新中国成立后的遴选规则，当选中国科学院和中国工程院院士人选必须是中国籍，但在 1948 年中华民国中央研究院的院士遴选中没有排斥非中国籍的华人科学家，因此部分在美国和英国工作的华人科学家、企业家入选。N/A 代表不适用。

从工作地的东部、中部、西部地区分布来看（见表 5-7），这种区域间的不均衡性远大于籍贯、出生地的不均衡性。在东部地区工作的院士达到了 1948 人，比出生在东部地区的多出了 302 人，占全体院士的比例高达 75.36%，比出生在东部地区的比例高出 11.68 个百分点。在中部地区工作的院士人数为 332 人，所占比例为 12.84%，比出生在中部地区的院士数量减少了 285 人，所占比例下降了 11.03 个百分点。西部地区工作的院士人数为 258 人，所占比例为 9.98%，比出生在西部地区的院士数量减少了 24 人，所占比例下降了 0.93 个百分点。由此可见，中西部地区的“孔雀东南飞”现象在院士这个群体中是比较明显的。

**表 5-7 1948—2019 年我国院士工作地的东中西部地区分布**

| 地区 | 人数 | 比例/% | 累积比例/% |
|---|---|---|---|
| 东部地区 | 1948 | 75. 36 | 75. 36 |
| 中部地区 | 332 | 12. 84 | 88. 20 |
| 西部地区 | 258 | 9. 98 | 98. 18 |
| 港澳台地区 | 39 | 1. 51 | 99. 69 |
| 外国 | 8 | 0. 31 | 100 |
| 总计 | 2585 | 100 | — |

注：为保证数据统计的完整性，本表中的工作地包含“外国”。

按地理行政区划来看（见表 5-8），相对于籍贯和出生地集中在华东地区出现了明显的不同，院士工作地主要向华北地区转移，或者更直接地说向北京转移。华北地区工作的院士达到了 1259 人，占全体院士比例为 48. 70%；华东地区出生的院士为 1358 人，占全体院士比例为 52. 53%。总体看，华东地区出生的院士和华中地区出生的院士有大规模向外转移的趋向，而转移的受体则主要以华北地区——北京为主。

**表 5-8 1948—2019 年我国院士工作地的地理行政区划分布**

| 地区 | 人数 | 比例/% | 累积比例/% |
|---|---|---|---|
| 华北地区 | 1259 | 48. 70 | 48. 70 |
| 华东地区 | 620 | 23. 98 | 72. 69 |
| 华中地区 | 177 | 6. 85 | 79. 54 |
| 东北地区 | 175 | 6. 77 | 86. 31 |
| 西北地区 | 136 | 5. 26 | 91. 57 |
| 西南地区 | 119 | 4. 60 | 96. 17 |
| 华南地区 | 52 | 2. 01 | 98. 18 |
| 港澳台地区 | 39 | 1. 51 | 99. 69 |
| 外国 | 8 | 0. 31 | 100 |
| 总计 | 2585 | 100 | — |

注：为保证数据统计的完整性，本表中的工作地包含“外国”。

从院士籍贯、出生地和工作地的分布来看，再次印证了院士工作地集中度比较高的观点（吴殿廷等，2006）。这说明，虽然顶尖人才的孕育成长可能具有一定的集中性，但顶尖人才在实际的生产生活中具有地理空间上的集聚性。这与我国经济发展的总体格局、科教资源、产业能力的发展格局高度相关，充分反映了经济、科技和人才之间的内在关联性。

4. 工作地分布的洛伦兹曲线

鉴于北京在工作地中所占的超常比重，我们分别绘制了包含北京和不包含北京的院士工作地分布的洛伦兹曲线，如图 5-2 所示。同时，为了比较工作地和出生地之间的分布差异，将出生地的洛伦兹曲线结合到工作地的曲线中。

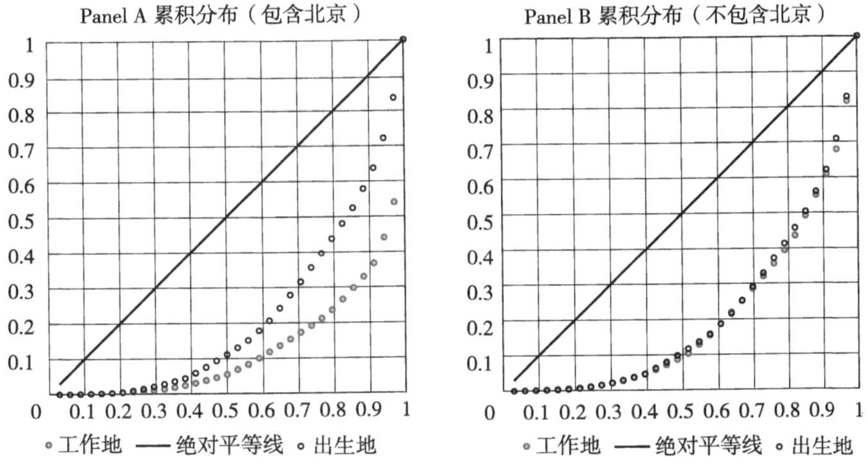


**图 5-2　院士工作地分布的洛伦兹曲线**

如图 5-2 中 Panel A 所示，院士工作地的百分比累积曲线相较于院士出生地的累积曲线距离绝对平等线要远很多。这意味着院士的工作地分布相对于出生地分布不平等程度更高，更加集中。如前所述，按出生地计算的院士分布的基尼系数为 0.5597，但按工作地计算的基尼系数则为 0.7358，上升了 0.1761。如果将北京剔除，如图 5-2 中的 Panel B 所示，工作地和出生地的洛伦兹曲线近乎重合，原有的工作地包裹着出生地的现象消失了。从基尼系数来看，按出生地计算的结果为 0. 5715，按工作地计算的结果为 0. 5822。这一结果充分说明，北京对北京市外出生的院士人才具有巨大的集聚力，吸纳了大量外地出生的人才在北京工作并当选为院士，使得全国院士工作地的分布不均衡性大幅提升。

### 5. 2. 2　中央研究院院士的地理分布

1. 籍贯和出生地分布

1948 年 3 月 25 日至 27 日，中华民国中央研究院召开评议大会，经过五轮投票最终产生了 81 名院士（罗丰，2004）。由此，诞生了我国历史上首批院士。

从首批院士的籍贯来看（见表 5-9），共有 16 个省份的 81 人当选，其余省份则没有当选者。其中排名居前 5 位的省份分别是浙江（21 人）、江苏（13 人）、江西（7 人）、湖北（7 人）、福建（7 人），合计占到全体院士的 67. 90%。在首批院士中，浙江和江苏表现突出，合计有 34 人，所占比例高达 41. 98%。这一比例比 1948—2019 年江浙两省对全国院士的贡献度高 9. 06 个百分点。

从出生地来看，分布则相对离散了许多，虽然浙江和江苏仍然贡献了 33. 33%的院士，但在山东出生的院士数量有所增加。院士出生地数量扩大到我国 19 个地区，还有 2 名院士分别出生在新加坡（林可胜，我国现代生理学奠基人，美国科学院院士）和日本（梁思成，建筑学家）。

本处统计与沈卫威在《胡适周围》一书中披露的胡适对于首批院士籍贯分布的记载（沈卫威，2003：369；转引自戴鞍钢，2006：473）有区别，可能的原因在于胡适当时并没有掌握部分院士的籍贯，而是代之以出生地数据，从而产生了一些差池。在当时资讯不发达的情况下，这种错漏在所难免，更何况这一记载只是胡适日记中未经考证的片断而已。

**表 5-9　1948 年中央研究院院士籍贯和出生地分布**

| 院士籍贯 | | | | 院士出生地 | | | |
|---|---|---|---|---|---|---|---|
| 省份 | 人数 | 比例/% | 累积比例/% | 省份* | 人数 | 比例/% | 累积比例/% |
| 浙江 | 21 | 25.93 | 25.93 | 浙江 | 16 | 19.75 | 19.75 |
| 江苏 | 13 | 16.05 | 41.98 | 江苏 | 11 | 13.58 | 33.33 |
| 江西 | 7 | 8.64 | 50.62 | 湖北 | 7 | 8.64 | 41.98 |
| 湖北 | 7 | 8.64 | 59.26 | 广东 | 6 | 7.41 | 49.38 |
| 福建 | 7 | 8.64 | 67.90 | 湖南 | 6 | 7.41 | 56.79 |
| 广东 | 6 | 7.41 | 75.31 | 上海 | 5 | 6.17 | 62.96 |
| 湖南 | 5 | 6.17 | 81.48 | 江西 | 5 | 6.17 | 69.14 |
| 上海 | 4 | 4.94 | 86.42 | 福建 | 5 | 6.17 | 75.31 |
| 河南 | 3 | 3.70 | 90.12 | 河南 | 4 | 4.94 | 80.25 |
| 四川 | 2 | 2.47 | 92.59 | 山东 | 3 | 3.70 | 83.95 |
| 安徽 | 1 | 1.23 | 93.83 | 四川 | 2 | 2.47 | 86.42 |
| 山西 | 1 | 1.23 | 95.06 | 天津 | 2 | 2.47 | 88.89 |
| 河北 | 1 | 1.23 | 96.30 | 北京 | 1 | 1.23 | 90.12 |
| 贵州 | 1 | 1.23 | 97.53 | 安徽 | 1 | 1.23 | 91.36 |
| 重庆 | 1 | 1.23 | 98.77 | 河北 | 1 | 1.23 | 92.59 |
| 陕西 | 1 | 1.23 | 100 | 甘肃 | 1 | 1.23 | 93.83 |
| N/A | — | — | — | 重庆 | 1 | 1.23 | 95.06 |
| N/A | — | — | — | 陕西 | 1 | 1.23 | 96.30 |
| N/A | — | — | — | 香港 | 1 | 1.23 | 97.53 |
| N/A | — | — | — | 新加坡 | 1 | 1.23 | 98.77 |
| N/A | — | — | — | 日本 | 1 | 1.23 | 100 |
| 总计 | 81 | 100 | — | 总计 | 81 | 100 | — |

注：* 表示部分院士出生在国外，出生国别数据列示在表格末端。N/A 代表不适用。

2. 工作地分布

从工作地的分布来看，中央研究院的选择与新中国的院士制度有明显的不同。在首批院士的遴选中，似乎并没有严格地规定当选的科学家、哲学家和文学家等需要在国内工作，以及应具有中国国籍。至少从当选院士在当选时的工作状态来看是这样的。

数据显示（见表 5-10），当选时在江苏、北京、上海工作的院士最多，分别达到 28 人、23 人、11 人，占 81 名院士的比例分别为 34.57%、28.40%和 13.58%。由于当时中央研究院设立在南京，中央研究院的很多研究所坐落在南京，因此这一结果并不令人意外。当时，成立于 1929 年的地方科研机构——北平研究院，与北京大学和清华大学等一起，也吸引了一大批精英。

**表 5-10　1948 年中央研究院院士工作地分布**

| 工作地 | 人数 | 比例/% | 累积比例/% |
|---|---|---|---|
| 江苏 | 28 | 34.57 | 34.57 |
| 北京 | 23 | 28.40 | 62.96 |
| 上海 | 11 | 13.58 | 76.54 |
| 美国 | 5 | 6.17 | 82.72 |
| 云南 | 2 | 2.47 | 85.19 |
| 回国路上 | 2 | 2.47 | 87.65 |
| 浙江 | 2 | 2.47 | 90.12 |
| 湖南 | 2 | 2.47 | 92.59 |
| 吉林 | 1 | 1.23 | 93.83 |
| 四川 | 1 | 1.23 | 95.06 |
| 天津 | 1 | 1.23 | 96.30 |
| 山东 | 1 | 1.23 | 97.53 |
| 湖北 | 1 | 1.23 | 98.77 |
| 英国 | 1 | 1.23 | 100 |
| 总计 | 81 | 100 | — |

让我们惊讶的是，当选人中有 5 位在美国工作、1 位在英国工作，当时他们正在国外任教或在企业工作。这 6 位院士分别是陈克恢（药理学家，时任美国礼来公司研究部主任）、吴大猷（物理学家，美国哥伦比亚

大学执教）、赵元任（语言学家、音乐家，加州大学伯克利分校执教退休，并终老于美国）、华罗庚（数学家，1948 年任美国伊利诺依大学正教授）、赵忠尧（物理学家，1946—1950 年在美国麻省理工学院、加州理工学院等处进行核物理和宇宙线方面的研究）和陈寅恪（抗战胜利后应聘于英国牛津大学任教，但因为眼疾严重而最终辞去聘约并于 1949 年回国）。

另外，还有 2 位院士正在回国的路上，分别是：冯友兰，回国后任教于清华大学；汤用彤，1947 年学术休假期间赴美国加州伯克利大学任教，1948 年婉拒哥伦比亚大学邀请后回国，1949 年曾任北京大学校务委员会主席，相当于校长一职。

因此，首届院士遴选中对候选人的工作地具有较大的包容性。更具包容性的是，对于郭沫若的院士候选提名，虽然胡适、傅斯年等与郭沫若有政见之争，尽管董作宾与郭沫若有学术之争，但是他们仍然不反对提名推荐郭沫若作为院士候选人。但郭沫若当选后拒绝了这一荣誉。有包容的一面也有坚持原则的一面，在资格审查中，由于曾经在日伪和伪满机构中担任职务，著名化学家赵承嘏、萨本铁二人被从候选人名单中删除了（罗丰，2004）。

3. 籍贯、出生地和工作地分布的洛伦兹曲线

鉴于中央研究院院士有限的样本量，我们只绘制了全样本的籍贯、出生地和工作地分布的洛伦兹曲线，并计算了相应的基尼系数。如图 5-3 所示，代表籍贯的洛伦兹曲线介于出生地曲线和工作地曲线之间，即院士的出生地分布更加靠近绝对平等线，籍贯分布次之，工作地距离绝对平等线最远。从图中可以观察到籍贯分布和出生地分布曲线形态较为一致，具有较强的相关性，但工作地曲线分布较为极化，从实际来看，主要体现为江苏和北京两地在院士工作地中所占比重较高，分别达到了 34.57% 和 28.40%，从而导致工作地的洛伦兹曲线先期较为平缓而后续陡然上升。

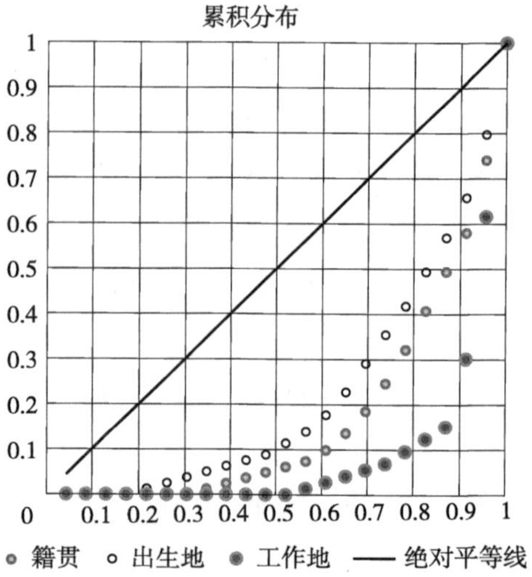


**图 5-3　中央研究院院士地理分布的洛伦兹曲线**

从对应的基尼系数来看，出生地的基尼系数（0.5570）<籍贯的基尼系数（0.6549）<工作地的基尼系数（0.8267）。因此，中央研究院院士工作地的地理空间分布极度不均衡，尤其是不考虑当时在国外工作或归国途中的院士的情况下（共 8 人），南京作为当时的首都，与作为文化中心的北京一起，分享了几乎 70% 的首批院士精英人才。

## 5.2.3　中国科学院院士的地理分布

新中国成立后，虽然第一时间组建了中国科学院，但是直到 1955 年才正式确立学部委员制度，当年选聘了学部委员 233 人，其中 172 人属于自然科学领域的科学家，61 人属于人文社会领域的专家。经过 1957 年、1980 年以及 1991—2019 年每两年一次的增选后，中国科学院共选出院士 1431 名（不含外籍院士和外籍院士后加入中国籍 3 人）。我们对这些院士的籍贯、出生地和工作地进行了梳理。院士籍贯均在我国，但有 10 人的出生地在国外，包括印尼、日本、菲律宾、东帝汶、马来西亚。

1. 籍贯和出生地分布

从籍贯来看（见表 5-11），中国科学院院士集中在江苏和浙江，院士人数分别为 282 人和 229 人，占中国科学院全体院士数量的 19.71% 和 16.00%，合计占到 35.71%，超过了 1/3。福建、广东、安徽、湖南、山东、河北、上海、湖北也是重要的院士籍贯地，产出院士数量均超过了 50 人，但港澳台以外的贵州、广西、甘肃、云南、内蒙古、宁夏、新疆、海南等地的院士产出量均在 10 人以下。

从出生地来看，中国科学院院士的分布集中度有所降低，院士出生地主要集中在江苏、浙江、上海、福建、湖南、安徽、山东、北京、广东、河北等地，这些地区出生的院士人数均超过了 50 人，累积比例达到了 70.72%，其中长三角地区的江苏、浙江、上海三地合计占到了 38.64%。但江苏和浙江的贡献均有所下降，而上海的贡献则上升了 4.83 个百分点，贡献了 123 位院士，超过上海籍院士数量 69 人。北京出生的院士达到了 64 位，也超过了北京籍的院士 35 人之多。

**表 5-11 1955—2019 年中国科学院院士籍贯和出生地分布**

| 院士籍贯 | | | | 院士出生地 | | | |
|---|---|---|---|---|---|---|---|
| 省份 | 人数 | 比例/% | 累积比例/% | 省份* | 人数 | 比例/% | 累积比例/% |
| 江苏 | 282 | 19.71 | 19.71 | 江苏 | 253 | 17.68 | 17.68 |
| 浙江 | 229 | 16.00 | 35.71 | 浙江 | 177 | 12.37 | 30.05 |
| 福建 | 95 | 6.64 | 42.35 | 上海 | 123 | 8.60 | 38.64 |
| 广东 | 89 | 6.22 | 48.57 | 福建 | 76 | 5.31 | 43.96 |
| 安徽 | 83 | 5.80 | 54.37 | 湖南 | 74 | 5.17 | 49.13 |
| 湖南 | 80 | 5.59 | 59.96 | 安徽 | 66 | 4.61 | 53.74 |
| 山东 | 72 | 5.03 | 64.99 | 山东 | 65 | 4.54 | 58.28 |
| 河北 | 58 | 4.05 | 69.04 | 北京 | 64 | 4.47 | 62.75 |
| 上海 | 54 | 3.77 | 72.82 | 广东 | 62 | 4.33 | 67.09 |
| 湖北 | 52 | 3.63 | 76.45 | 河北 | 52 | 3.63 | 70.72 |
| 四川 | 48 | 3.35 | 79.80 | 湖北 | 48 | 3.35 | 74.07 |
| 江西 | 46 | 3.21 | 83.02 | 四川 | 47 | 3.28 | 77.36 |
| 河南 | 38 | 2.66 | 85.67 | 江西 | 44 | 3.07 | 80.43 |
| 辽宁 | 31 | 2.17 | 87.84 | 河南 | 39 | 2.73 | 83.16 |

续表

| 院士籍贯 | | | | 院士出生地 | | | |
|---|---|---|---|---|---|---|---|
| 省份 | 人数 | 比例/% | 累积比例/% | 省份* | 人数 | 比例/% | 累积比例/% |
| 北京 | 29 | 2.03 | 89.87 | 辽宁 | 38 | 2.66 | 85.81 |
| 陕西 | 27 | 1.89 | 91.75 | 陕西 | 30 | 2.10 | 87.91 |
| 山西 | 22 | 1.54 | 93.29 | 天津 | 25 | 1.75 | 89.66 |
| 吉林 | 16 | 1.12 | 94.41 | 重庆 | 24 | 1.68 | 91.33 |
| 天津 | 15 | 1.05 | 95.46 | 吉林 | 23 | 1.61 | 92.94 |
| 重庆 | 15 | 1.05 | 96.51 | 山西 | 20 | 1.40 | 94.34 |
| 黑龙江 | 11 | 0.77 | 97.27 | 香港 | 14 | 0.98 | 95.32 |
| 贵州 | 8 | 0.56 | 97.83 | 黑龙江 | 14 | 0.98 | 96.30 |
| 广西 | 7 | 0.49 | 98.32 | 甘肃 | 11 | 0.77 | 97.06 |
| 甘肃 | 7 | 0.49 | 98.81 | 云南 | 9 | 0.63 | 97.69 |
| 云南 | 6 | 0.42 | 99.23 | 贵州 | 7 | 0.49 | 98.18 |
| 内蒙古 | 5 | 0.35 | 99.58 | 广西 | 6 | 0.42 | 98.60 |
| 宁夏 | 2 | 0.14 | 99.72 | 内蒙古 | 5 | 0.35 | 98.95 |
| 台湾 | 1 | 0.07 | 99.79 | 印尼 | 4 | 0.28 | 99.23 |
| 新疆 | 1 | 0.07 | 99.86 | 宁夏 | 2 | 0.14 | 99.37 |
| 海南 | 1 | 0.07 | 99.93 | 日本 | 2 | 0.14 | 99.51 |
| 香港 | 1 | 0.07 | 100 | 菲律宾 | 2 | 0.14 | 99.65 |
| N/A | — | — | — | 东帝汶 | 1 | 0.07 | 99.72 |
| N/A | — | — | — | 新疆 | 1 | 0.07 | 99.79 |
| N/A | — | — | — | 海南 | 1 | 0.07 | 99.86 |
| N/A | — | — | — | 青海 | 1 | 0.07 | 99.93 |
| N/A | — | — | — | 马来西亚 | 1 | 0.07 | 100 |
| 总计 | 1431 | 100 | — | 总计 | 1431 | 100 | — |

注：* 表示部分院士出生在国外。N/A 代表不适用。

### 2. 工作地分布

这里以院士当选时的工作单位所在地为标准确定院士的工作地。从表5-12中可以看到，中国科学院自1949年11月1日建院以来，截至2019

年批次的院士增选后，当选时院士所在工作地的分布呈现一种高度极化状态，这一极化集中表现为在北京工作的院士数量和比例。在过去 64 年共 19 批当选的院士中，当选时有 708 位院士工作地在北京，占院士总人数的 49.48%，接近 50%。其他省份如上海 166 人、江苏 98 人、湖北 50 人，其余的省份均在 50 人以下。除了上海所占比例高于 10%、江苏所占比例高于 6% 以外，其余省份的比例均低于 5%。

**表 5-12　1955—2019 年中国科学院院士工作地地理分布**

| 工作地 | 人数 | 比例/% | 累积比例/% |
|---|---|---|---|
| 北京 | 708 | 49.48 | 49.48 |
| 上海 | 166 | 11.60 | 61.08 |
| 江苏 | 98 | 6.85 | 67.92 |
| 湖北 | 50 | 3.49 | 71.42 |
| 辽宁 | 40 | 2.80 | 74.21 |
| 吉林 | 36 | 2.52 | 76.73 |
| 陕西 | 34 | 2.38 | 79.11 |
| 四川 | 33 | 2.31 | 81.41 |
| 安徽 | 31 | 2.17 | 83.58 |
| 香港 | 28 | 1.96 | 85.53 |
| 甘肃 | 26 | 1.82 | 87.35 |
| 天津 | 25 | 1.75 | 89.10 |
| 广东 | 24 | 1.68 | 90.78 |
| 山东 | 21 | 1.47 | 92.24 |
| 浙江 | 21 | 1.47 | 93.71 |
| 福建 | 19 | 1.33 | 95.04 |
| 湖南 | 16 | 1.12 | 96.16 |
| 云南 | 11 | 0.77 | 96.93 |
| 河南 | 8 | 0.56 | 97.48 |
| 黑龙江 | 7 | 0.49 | 97.97 |
| 新疆 | 5 | 0.35 | 98.32 |

续表

| 工作地 | 人数 | 比例/% | 累积比例/% |
| --- | --- | --- | --- |
| 河北 | 5 | 0. 35 | 98. 67 |
| 贵州 | 4 | 0. 28 | 98. 95 |
| 重庆 | 4 | 0. 28 | 99. 23 |
| 山西 | 3 | 0. 21 | 99. 44 |
| 江西 | 3 | 0. 21 | 99. 65 |
| 青海 | 3 | 0. 21 | 99. 86 |
| 海南 | 1 | 0. 07 | 99. 93 |
| 西藏 | 1 | 0. 07 | 100 |
| 总计 | 1431 | 100 | — |

3. 籍贯、出生地和工作地分布的洛伦兹曲线

我们绘制了籍贯、出生地和工作地分布的洛伦兹曲线，并计算了相应的基尼系数。鉴于北京在院士工作地分布中的特殊性，我们分别绘制了包含北京和不包含北京的图形。

如图 5-4 中 Panel A 所示，代表籍贯和出生地的洛伦兹曲线之间的距离较近且形态相似，同时它们距离绝对平等线亦较近；而工作地曲线远离了籍贯和出生地曲线，距离绝对平等线较远。因此，当以中国科学院院士全体为样本绘制洛伦兹曲线时，会发现院士工作地分布的不平等性高于院士籍贯分布，而后者的不平等性超过了出生地分布的不平等性。但是，当剔除了北京的数据进行比较时，如图 5-4 中 Panel B 所示，会发现籍贯、出生地、工作地三条曲线几乎重合在了一起，这意味着如果不包含北京，院士工作地的地理分布基本上取决于籍贯和出生地的分布。

从对应的基尼系数来看，包含北京样本时，出生地的基尼系数（0. 5728）<籍贯的基尼系数（0. 6254）<工作地的基尼系数（0. 7644）；不包含北京样本时，出生地和籍贯的基尼系数略微上升，而工作地的基尼系数显著下降，三者的排序发生了变化，出生地的基尼系数依然最小，但籍贯的基尼系数最大了：出生地的基尼系数（0. 5848）<工作地的基尼系数（0. 6122）<籍贯的基尼系数（0. 6309）。

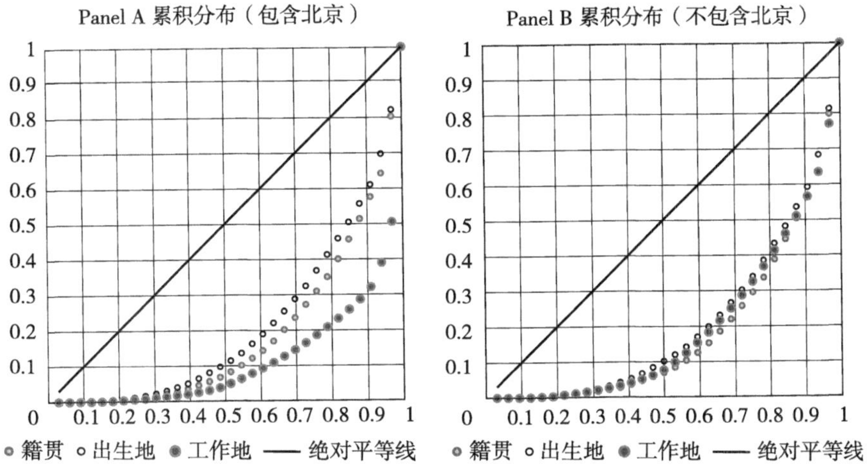


**图 5-4　1955—2019 年中国科学院院士地理分布的洛伦兹曲线**

中国科学院院士工作地的地理空间分布极度不均衡，主要原因在于中国科学院系统坐落于北京，各个研究院汇聚了一大批科技精英，同时北京的高校和国防科研机构也汇集了一批优秀科技人才。这些高水平的机构吸引了高水平的人才，高水平的人才在高水平的机构中也更可能在院士遴选中胜出。同样，上海优质的高校和中国科学院的研究所、各类高水平研究机构较多，也为上海吸引、培养了诸多优秀的科技人才。江苏作为中国院士籍贯和出生地的集中省份，江苏籍的中国科学院院士有 282 人，在江苏出生的有 253 人，但在江苏工作当选院士的只有 98 人。尽管如此，这个数据在全国仍然处于前列。但反观浙江则有一个奇怪的现象，浙江籍的中国科学院院士有 229 人，出生在浙江的有 177 人，但当选院士时工作单位在浙江的仅有 21 人，在全国排名处于中下游。因此，江浙两省是我国院士人才的输出大省，而浙江相对于江苏似乎人才流失（brain drain）更严重一些，为全国贡献了较多的精英人才。

人才包括精英人才的结构取决于地区经济结构。经济的发展和地区的自然资源状况、自然地理条件密切相关，并进而塑造着一个地区的民风民俗和人的性格特征。反过来，自然环境和人文条件通过生产力配置又会影响人才的地理分布（王会昌、王云海、余意峰，2005：11）。

### 5.2.4 中国工程院院士的地理分布

中国工程院成立于1994年6月3日，自1994年以来共开展了15次院士遴选，产生了1144名中国工程院院士，其中包括34名中国科学院院士。下面对1144名中国工程院院士的籍贯、出生地和工作地予以分析。其中，仍然有部分国外出生的院士，这些院士主要是新中国成立前出生，在中国工程院成立初期当选的。

1. 籍贯和出生地分布

从籍贯来看，与中国科学院的数据类似，中国工程院院士也集中在江苏和浙江，但集中度远不如中国科学院。如表5-13所示，中国工程院中江苏籍和浙江籍院士分别为188人和154人，占中国工程院院士总人数的16.43%和13.46%，合计占到总体的29.90%，相对于中国科学院中江浙籍院士占到1/3强的境况，有了明显的下降。紧随其后的是山东、湖南、河北、辽宁、广东、上海等地，院士人数均超过了50人，而安徽、四川、湖北籍的院士数量也分别接近于50人。云南、内蒙古、甘肃、广西等地的院士数量均在10人以下，一些省份只有1~2人当选，而且没有宁夏籍院士。

从出生地来看，中国工程院院士的分布集中度同样有所降低，院士出生地主要集中在江苏、浙江、上海、山东、湖南、辽宁、河北等地，这些地区出生的院士人数均超过了50人，累积百分比达到了55.59%，远低于中国科学院院士出生地的集中度。从长三角地区的江苏、浙江、上海三地合计来看，虽然院士人数占到了全国的1/3左右，但仍然低于中国科学院对应数据5.34个百分点。可以观察到，上海出生的院士数量超过上海籍院士数量41人，但区别于中国科学院的情况，北京出生的中国工程院院士数量并没有比北京籍院士数量大幅提升，仅多了13人。

**表 5-13　1994—2019 年中国工程院院士籍贯和出生地分布**

| 院士籍贯 | | | | 院士出生地 | | | |
|---|---|---|---|---|---|---|---|
| 省份 | 人数 | 比例/% | 累积比例/% | 省份* | 人数 | 比例/% | 累积比例/% |
| 江苏 | 188 | 16.43 | 16.43 | 江苏 | 172 | 15.03 | 15.03 |
| 浙江 | 154 | 13.46 | 29.90 | 浙江 | 118 | 10.31 | 25.35 |
| 山东 | 85 | 7.43 | 37.33 | 上海 | 91 | 7.95 | 33.30 |
| 湖南 | 77 | 6.73 | 44.06 | 山东 | 74 | 6.47 | 39.77 |
| 河北 | 56 | 4.90 | 48.95 | 湖南 | 74 | 6.47 | 46.24 |
| 辽宁 | 55 | 4.81 | 53.76 | 辽宁 | 54 | 4.72 | 50.96 |
| 广东 | 53 | 4.63 | 58.39 | 河北 | 53 | 4.63 | 55.59 |
| 上海 | 50 | 4.37 | 62.76 | 四川 | 47 | 4.11 | 59.70 |
| 安徽 | 47 | 4.11 | 66.87 | 广东 | 45 | 3.93 | 63.64 |
| 四川 | 46 | 4.02 | 70.89 | 湖北 | 45 | 3.93 | 67.57 |
| 湖北 | 46 | 4.02 | 74.91 | 北京 | 44 | 3.85 | 71.42 |
| 福建 | 41 | 3.58 | 78.50 | 安徽 | 38 | 3.32 | 74.74 |
| 河南 | 34 | 2.97 | 81.47 | 福建 | 36 | 3.15 | 77.88 |
| 北京 | 31 | 2.71 | 84.18 | 河南 | 28 | 2.45 | 80.33 |
| 江西 | 26 | 2.27 | 86.45 | 江西 | 26 | 2.27 | 82.60 |
| 山西 | 24 | 2.10 | 88.55 | 黑龙江 | 25 | 2.19 | 84.79 |
| 陕西 | 22 | 1.92 | 90.47 | 吉林 | 23 | 2.01 | 86.80 |
| 吉林 | 18 | 1.57 | 92.05 | 天津 | 23 | 2.01 | 88.81 |
| 天津 | 18 | 1.57 | 93.62 | 陕西 | 23 | 2.01 | 90.82 |
| 重庆 | 16 | 1.40 | 95.02 | 山西 | 21 | 1.84 | 92.66 |
| 黑龙江 | 16 | 1.40 | 96.42 | 重庆 | 20 | 1.75 | 94.41 |
| 云南 | 9 | 0.79 | 97.20 | 云南 | 12 | 1.05 | 95.45 |
| 内蒙古 | 8 | 0.70 | 97.90 | 内蒙古 | 10 | 0.87 | 96.33 |
| 甘肃 | 6 | 0.52 | 98.43 | 甘肃 | 8 | 0.70 | 97.03 |
| 广西 | 5 | 0.44 | 98.86 | 广西 | 7 | 0.61 | 97.64 |
| 新疆 | 4 | 0.35 | 99.21 | 新疆 | 5 | 0.44 | 98.08 |
| 海南 | 3 | 0.26 | 99.48 | 贵州 | 4 | 0.35 | 98.43 |

续表

| 院士籍贯 | | | | 院士出生地 | | | |
|---|---|---|---|---|---|---|---|
| 省份 | 人数 | 比例/% | 累积比例/% | 省份* | 人数 | 比例/% | 累积比例/% |
| 台湾 | 2 | 0.17 | 99.65 | 香港 | 4 | 0.35 | 98.78 |
| 贵州 | 2 | 0.17 | 99.83 | 海南 | 3 | 0.26 | 99.04 |
| 西藏 | 1 | 0.09 | 99.91 | 印尼 | 2 | 0.17 | 99.21 |
| 香港 | 1 | 0.09 | 100 | 台湾 | 2 | 0.17 | 99.39 |
| N/A | — | — | — | 日本 | 2 | 0.17 | 99.56 |
| N/A | — | — | — | 新加坡 | 1 | 0.09 | 99.65 |
| N/A | — | — | — | 朝鲜 | 1 | 0.09 | 99.74 |
| N/A | — | — | — | 西藏 | 1 | 0.09 | 99.83 |
| N/A | — | — | — | 越南 | 1 | 0.09 | 99.91 |
| N/A | — | — | — | 马来西亚 | 1 | 0.09 | 100 |
| 总计 | 1144 | 100 | — | 总计 | 1144 | 100 | — |

注：* 表示部分院士出生在国外。N/A 代表不适用。

2. 工作地分布

尽管没有像中国科学院那样强的极化分布，中国工程院院士当选时的工作地分布仍然是高度不均衡。在 1144 名院士中，在北京工作的达到了 505 人，占全体院士的 44.14%。紧随其后的是上海 86 人、江苏 66 人、湖北 50 人。其余省份院士数量均在 50 人以下，如表 5-14 所示。

**表 5-14　1994—2019 年中国工程院院士工作地地理分布**

| 省份 | 人数 | 比例/% | 累积比例/% |
|---|---|---|---|
| 北京 | 505 | 44.14 | 44.14 |
| 上海 | 86 | 7.52 | 51.66 |
| 江苏 | 66 | 5.77 | 57.43 |
| 湖北 | 50 | 4.37 | 61.80 |
| 陕西 | 48 | 4.20 | 66.00 |
| 四川 | 46 | 4.02 | 70.02 |
| 湖南 | 42 | 3.67 | 73.69 |

续表

| 省份 | 人数 | 比例/% | 累积比例/% |
|---|---|---|---|
| 辽宁 | 41 | 3. 58 | 77. 27 |
| 黑龙江 | 39 | 3. 41 | 80. 68 |
| 浙江 | 30 | 2. 62 | 83. 30 |
| 山东 | 26 | 2. 27 | 85. 58 |
| 广东 | 25 | 2. 19 | 87. 76 |
| 天津 | 19 | 1. 66 | 89. 42 |
| 安徽 | 15 | 1. 31 | 90. 73 |
| 吉林 | 14 | 1. 22 | 91. 96 |
| 河北 | 12 | 1. 05 | 93. 01 |
| 河南 | 12 | 1. 05 | 94. 06 |
| 甘肃 | 10 | 0. 87 | 94. 93 |
| 重庆 | 10 | 0. 87 | 95. 80 |
| 新疆 | 7 | 0. 61 | 96. 42 |
| 香港 | 7 | 0. 61 | 97. 03 |
| 云南 | 6 | 0. 52 | 97. 55 |
| 山西 | 6 | 0. 52 | 98. 08 |
| 江西 | 4 | 0. 35 | 98. 43 |
| 福建 | 4 | 0. 35 | 98. 78 |
| 台湾 | 3 | 0. 26 | 99. 04 |
| 内蒙古 | 2 | 0. 17 | 99. 21 |
| 贵州 | 2 | 0. 17 | 99. 39 |
| 青海 | 2 | 0. 17 | 99. 56 |
| 宁夏 | 1 | 0. 09 | 99. 65 |
| 广西 | 1 | 0. 09 | 99. 74 |
| 海南 | 1 | 0. 09 | 99. 83 |
| 澳门 | 1 | 0. 09 | 99. 91 |
| 西藏 | 1 | 0. 09 | 100 |
| 总计 | 1144 | 100 | — |

3. 籍贯、出生地和工作地分布的洛伦兹曲线

对数据的处理参照中国科学院部分。如图 5-5 中 Panel A 所示，相对于中国科学院的曲线，中国工程院中代表籍贯和出生地的洛伦兹曲线形态相近且距离更小，但出生地的曲线更靠近绝对平等线，而工作地的曲线距前两者较远，距绝对平等线更远。因此，中国工程院院士的工作地分布的不平等性大于籍贯和出生地分布。在剔除了北京的数据后，如图 5-5 中 Panel B 所示，会观察到与中国科学院类似的现象，籍贯、出生地、工作地三条曲线几乎重合在一起了。

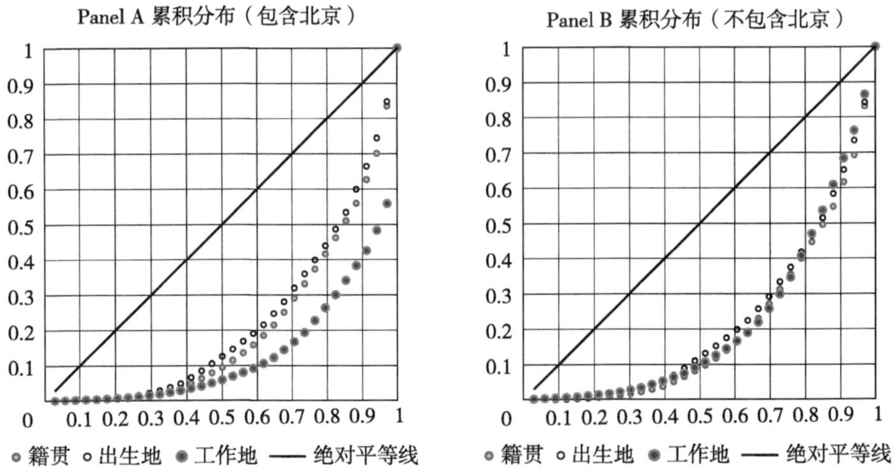


**图 5-5 1994—2019 年中国工程院院士地理分布的洛伦兹曲线**

从对应的基尼系数来看，结果与中国科学院的数据类似（见表 5-15）。包含北京样本时，出生地的基尼系数（0. 5461）<籍贯的基尼系数（0. 5832）<工作地的基尼系数（0. 7187）；不包含北京样本时，出生地和籍贯的基尼系数略微上升，而工作地的基尼系数显著下降，三者的排序发生了变化，出生地的基尼系数依然最小，但籍贯的基尼系数反而最大了：出生地的基尼系数（0. 5568）<工作地的基尼系数（0. 5658）<籍贯的基尼系数（0. 5912）。

从中国科学院和中国工程院对比来看，中国工程院院士的籍贯、出生地和工作地的分布都比中国科学院要均衡一些；在剔除北京样本后，这一

规律没有改变。

**表 5-15　中国科学院、中国工程院院士地理分布基尼系数的比较**

| 样本特征 | 院别 | 籍贯 | 出生地 | 工作地 |
|---|---|---|---|---|
| 全样本 | 中国科学院 | 0.6254 | 0.5728 | 0.7644 |
| | 中国工程院 | 0.5832 | 0.5461 | 0.7187 |
| 不含北京样本 | 中国科学院 | 0.6309 | 0.5848 | 0.6122 |
| | 中国工程院 | 0.5912 | 0.5568 | 0.5658 |

## 5.3　院士时空分布的马太效应

前文对我国院士的地理分布进行了静态描述，可以观察到院士分布确实存在着区域的不均衡性，为院士分布的马太效应提供了直接的证据。我们需要关注的是这一效应随着时间迁移是否在发生变化，是增强了还是减弱了，或者是产生了一些波动。由于中央研究院院士样本较少，且一部分院士进入了 1955 年的中国科学院学部委员序列，因此这里主要就新中国成立后的两院院士综合情况进行分析，并且不再区分中国工程院和中国科学院院士地理分布的内部差异，样本量为 2541。之所以不再区分，是因为二者的模式基本一致。这里主要把握全国层面院士地理分布均衡性的时空变化。为了便于分析，我们将院士的当选时期划分为 20 世纪 50 年代、20 世纪 80 年代、20 世纪 90 年代、21 世纪头 10 年和 21 世纪第二个 10 年，分别指代 1955 年当选的院士、1980 年当选的院士、1991—1999 年当选的院士、2001—2009 年当选的院士、2011—2019 年当选的院士所处的时间，各个时期的样本量分别为 190、282、966、497、606。主要通过不同时期洛沦兹曲线的对比和基尼系数的变化来考察马太效应的变化。

### 5.3.1　洛伦兹曲线的时空变化

基于前述分类，我们绘制了不同时期当选的院士籍贯、出生地和工作地的洛伦兹曲线，如图 5-6 所示。从 20 世纪 50 年代到 2019 年，每个时期基本都遵从以下规律：①院士出生地分布的均衡性高于院士籍贯分布的均衡性，二者的形态基本一致并且比较贴近；②院士工作地分布的不均衡性高于籍贯和出生地分布的不均衡性，而且工作地洛伦兹曲线距离籍贯的曲线比较远。但从各时期的变化来看，工作地分布的不均衡性随着年代变化有着较为明显的变化，相对于 20 世纪 50 年代，工作地的分布不均衡性与 20 世纪 80 年代相比大致相同，20 世纪 90 年代则有所下降，进入 21 世纪后进一步下降，但 2010 年后似乎略有上升。而籍贯和出生地的变化比较细微，呈现出不同程度的先上升再逐渐下降的过程。通过计算洛伦兹曲线相关的基础系数可以得到更加准确的结果。

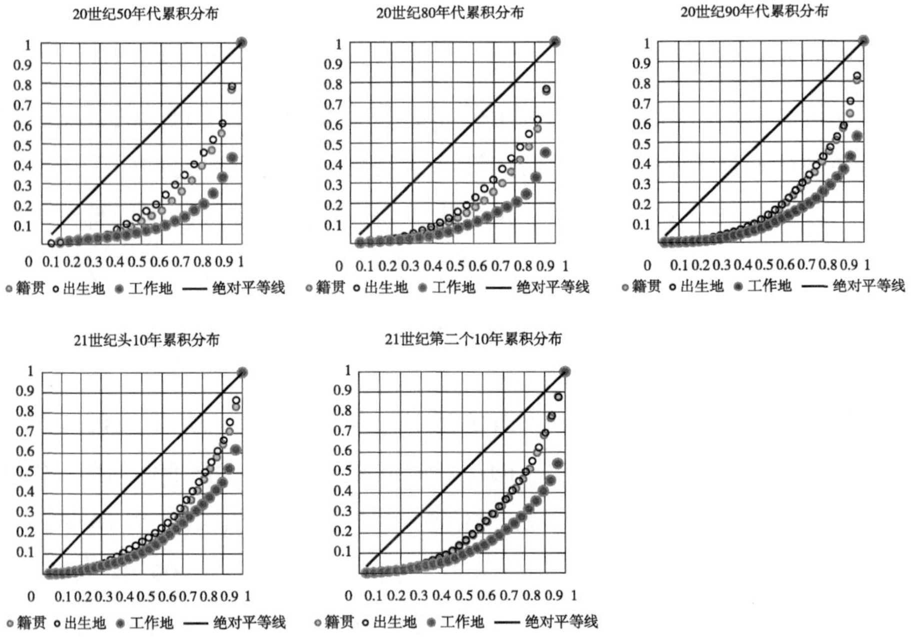


**图 5-6　20 世纪 50 年代至 2019 年我国两院院士地理分布的洛伦兹曲线**

## 5.3.2　基尼系数的时空变化

从对应的基尼系数来看（见表 5-16），从 20 世纪 50 年代起，籍贯的基尼系数先增加然后逐年降低，意味着院士籍贯分布的马太效应在消退；2010 年后，籍贯的基尼系数下降到 0.5 以下，这意味着传统的力量和文化的力量可能正在让位于现代教育的勃兴，越来越多的地区涌现出了科技精英。出生地的基尼系数保持了先增加后减少再增加的态势，尤其是进入 21 世纪后出生地的基尼系数出现了大幅下滑。因此，从时间上看，出生地精英的均衡化进程（指基尼系数出现较大幅度下降这一事实）要先于籍贯地的均衡化进程。对于院士工作地的基尼系数，整体上处于 0.63～0.75 这个较为不平等分布的区间，但按照时间推进，呈现出一个先缓慢下降，再大幅下降的态势，意味着新遴选院士的工作地分布更加均衡化，但 2010 年以后，基尼系数又有所反弹。

**表 5-16　不同时期我国两院院士地理分布的基尼系数变化**

| 样本区间 | 籍贯 | 出生地 | 工作地 |
|---|---|---|---|
| 20 世纪 50 年代 | 0.5779 | 0.5243 | 0.7454 |
| 20 世纪 80 年代 | 0.5883 | 0.5311 | 0.7416 |
| 20 世纪 90 年代 | 0.5854 | 0.5493 | 0.7204 |
| 21 世纪头 10 年 | 0.5429 | 0.4820 | 0.6300 |
| 21 世纪第二个 10 年 | 0.4991 | 0.4880 | 0.6767 |

即便我们改变分析的样本区间，也改变不了当前观察到的事实。笔者曾经用 1955—2005 年和 2007—2019 年的院士工作地的数据做过核算，来考察院士区域分布是否存在马太效应，并区分了包含与不包含北京样本的情况下结果的异同（见图 5-7）。

洛伦兹曲线显示，1955—2005 年院士工作地的累积分布曲线比 2007—2019 年的累积分布曲线更加外凸，意味着院士工作地分布在既往年份相对于当前更加不均衡，即院士工作地分布的不均衡性随着时间推移事实上在下降，区域分布的马太效应在下降。从具体数值看，1955—2005 年院士工作地基尼系数为 0.7804，而 2007—2019 年院士工作地基尼系数为 0.7100，说明院士工作地分布的区域不均衡性在下降。

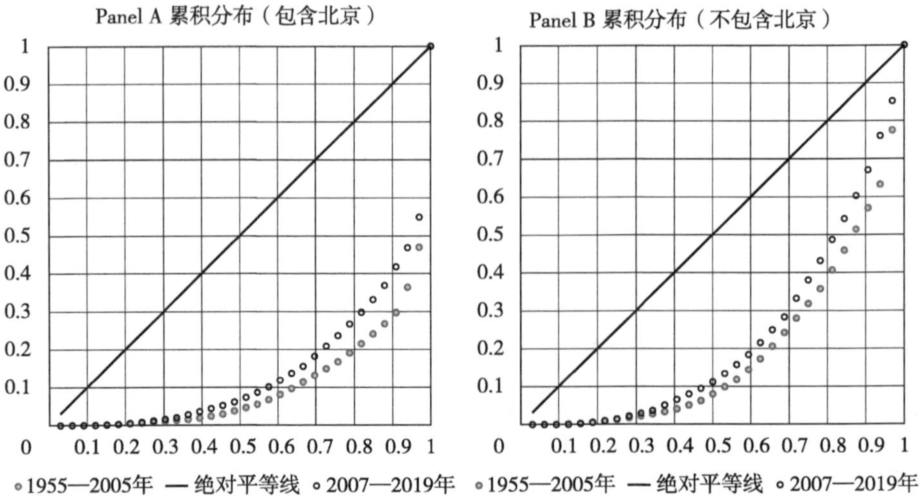


**图 5-7　2006 年前后当选院士的工作地分布对比**

不包含北京样本的洛伦兹曲线形态与包含北京样本的基本一致，但无论是 1955—2005 年的累积分布曲线还是 2007—2019 年的累积分布曲线，都更加接近于绝对平均线，但 1955—2005 年的曲线仍然更加外凸。从具体数值看，不包含北京样本时，1955—2005 年院士工作地基尼系数为 0. 6150，而 2007—2019 年院士工作地基尼系数为 0. 5437，仍然表明院士工作地分布的区域不均衡性下降了。

同时，我们发现，北京对院士的地理分布的不均衡性具有重要影响。北京因素导致 1955—2005 年的基尼系数上升了 0. 1654，2007—2019 年上升了 0. 1663。

## 5. 4　结论与讨论

### 5. 4. 1　结论

历史的车轮滚滚向前。自从人才地理分布进入“长江流域时代”以来，这一趋势似乎并没有再发生大的转变。我们的研究发现，南宋以来的精英集中涌现于江浙的现象在当代院士的孕育过程中仍然如昔，东部地区尤其是长江下游的江浙沪地区仍然是我国人才地理格局中的重要贡献主体。利用 1948—2019 年全时段院士信息，使用全体院士的籍贯和出生地、当选时工作单位所在地（工作地）信息，我们得出以下结论：

（1）院士籍贯分布的集中度较高，东中西部分布极不均衡。籍贯为东部地区的院士达到了 1688 人，占全体院士的比例高达 65. 30%；中部地区人数为 646 人，所占比例为 24. 99%；而西部地区仅有 246 人，所占比例为 9. 52%。院士籍贯排名前 10 位的省份的院士数量达到了 1896 人，占到全体院士的 73. 35%。江苏籍和浙江籍的院士数量分别占全体院士数量的 18. 03% 和 14. 89%，二者之和占全国院士数量的比例高达 32. 92%。

（2）院士出生地分布的集中度略低于籍贯分布的集中度。出生地为东部地区的院士达到了 1646 人，占全体院士的比例高达 63. 68%，仅比籍贯地的院士数量少 42 人，比例低了 1. 62 个百分点；中部地区出生的院士人数所占比例下降了 1. 12 个百分点；西部地区则上升了 1. 39 个百分点。院士出生地排名前 10 位的院士数量合计达到 1757 人，占全体院士数量的 67. 97%。江苏和浙江出生的院士数量仍然多于其他地区，上海出生的院士数量达到了 215 人，三地出生的院士分别占全体院士数量的 16. 25%、11. 45% 和 8. 32%，三者之和占全国院士数量的比例高达 36. 02%。

（3）院士工作地分布极度不均衡。这种区域间的不均衡性远大于籍贯、出生地的不均衡性。在东部地区工作的院士达到了 1948 人，比出生在东部地区的多出了 302 人，占全体院士的比例高达 75. 36%，比出生在东部地区的院士比例高出 11. 68 个百分点。在中部地区工作的院士人数为 332 人，所占比例为 12. 84%，比出生在中部地区的院士数量减少了 285 人，所占比例下降了 11. 03 个百分点。在北京当选的院士有 1186 人，占全体当选院士的比例高达 45. 88%，院士数量是全国平均水平的 15. 6 倍。北京吸纳了大量外地出生和非北京籍的人才在北京工作并当选为院士，使得全国院士工作地的分布不均衡性大幅提升。

（4）中央研究院院士地理分布不均衡性高于中国科学院，中国科学院院士地理分布不均衡性高于中国工程院。中国工程院院士的籍贯、出生地和工作地的分布都比中国科学院要均衡一些；在剔除北京样本后，这一模式仍然没有改变。

（5）从院士地理分布的时代演进来看，分布不均衡性有所减弱。从20世纪50年代到2010年，虽然籍贯、出生地和工作地的基尼系数的总体水平仍然相对较高，但都呈现先增加后降低，2010年后再下降或略有上升的态势。但2010年后的基尼系数均低于20世纪50年代的基尼系数，这意味着新遴选院士的地理分布更加均衡化了。

## 5.4.2 讨论：关于马太效应

总体看来，我国院士的地理分布从籍贯和出生地、工作地来看，马太效应呈现一种逐渐减弱的态势，至少2000年以后与2000年以前相比，当选院士的籍贯和出生地、工作地分布的不均衡性都出现了明显的下降，意味着更多的地区孕育出了院士人才，而且成长起来的院士人才的分布较新中国成立之初和改革开放的初期更加均衡了。因此，从绝对数值较高的角度看，我国院士的地理分布仍然存在着不均衡的现象，但随着时间的推移这种现象正在逐渐减弱。这表明，院士分布的两极分化效应并非是一个加速深化的过程，即便科技界有着突出的社会分层效应，但地域上的马太效应似乎正在衰减。

虽然近年来的院士增选结果表明，院士地理分布极其不均衡的马太效应有所减缓，但必须承认，科技精英的极化分布，尤其是向北京、上海等一线城市集聚具有内在的合理性。已有文献表明，吸引人才主要是基于经济因素和社会公共服务因素，其中经济水平、产业结构、科技氛围会显著提高人才吸引力（郭鑫鑫、杨河清，2018）。因此，既要看到院士分布的不均衡性，也要考察其背后的原因。北京拥有中国科学院、清华大学、北京大学等全国最优质的高校院所资源，上海拥有多家中科院研究所和复旦大学、同济大学、上海交通大学等“985工程”院校，同时这些区域的经济总量、财政科技投入、国际化程度都远远超过了同侪城市。这些因素推动了高端人才的局部集中。

马太效应一定是坏事吗？科尔兄弟明确指出过“科学是一个高度分层的体制”。从前面估算的院士地理分布的基尼系数看，如果参考收入基尼系数的标准，基尼系数在 0. 35 以下是可以接受的，超过 0. 4 就太高了（王祖祥，2006），那么我国院士的区域分布是极度不均衡的。显然，院士的区域分布存在着人才极化或马太效应的现象。但科技界是否普遍存在这样一个相对于一般社会分层更加偏态的分层结构呢？或者说，科学技术发展是否内在地要求人才在地理空间上的聚集呢？

事实上，世界各国科学家的分布都不是均衡的，总会出现一些科技精英荟萃的地区。从我国院士分布来看，无论是从籍贯、出生地还是工作地看，院士在地域间的分布都存在着不均衡的现象。这意味着人才的孕育和成长可能需要一定的外在条件，一些地区在长时期的自我进化过程中，形成了有利于人才孕育和成长的内外部环境条件，从而天然地形成了人才分布的马太效应现象。

那些有着优良文化传统、历史上就人才辈出的地区，孕育诞生了引领时代风气的精英人物，为国家的振兴和科技的进步做出了突出的贡献。人才培养必然是一个优势（或劣势）叠加的进程，马太效应现象在育才、引才、兴才、成才领域应该是一个普遍现象。好的自然地理环境和人文环境同样会产生与优良的生物基因相同甚至更好的效应，为人才成长提供强大的环境助力。也许，更重要的是如何为人才的孕育和成长提供形成马太效应的基础条件，从而让更多的地域能够涌现出杰出人才，并且用好他们，让人才发挥出自身潜能，成长为杰出人才，甚至成长为能够摘得世界科技事业发展中的明珠的精英人才。

特别说明，本章部分内容来自笔者的论文：唐家龙. 我国两院院士区域分布存在马太效应吗？[J] 安徽科技，2020（12）：7-14.

## ■ 本章参考文献


[1] BRONFENBRENNER U, MORRIS P A. The Bioecological Model of Human Development. In W. Damon & R. Lerner (Series Eds.) & R. M. Lerner (Vol. Ed.), Handbook of Child Psychology: Vol 1: Theoretical Models of Human Development [M]. 6th ed. New York: Wiley, 2006: 793-828.

[2] HOROWITZ I. The Regional Distribution of Scientific Talent [J]. Southern Economic Journal, 1965, 31 (3): 238-250.

[3] 卜晓勇. 中国现代科学精英 [D]. 合肥: 中国科学技术大学, 2007.

[4] 陈仕伟, 徐飞. 中国科学院院士增选中的马太效应: 以 2001 年—2009 年院士增选为例 [J]. 科学学研究, 2011, 29 (1): 37-43.

[5] 戴鞍钢. 发展与落差: 近代中国东西部经济发展进程比较研究 [M]. 上海: 复旦大学出版社, 2006.

[6] 范金民. 明清江南进士数量、地域分布及其特色分析 [J]. 南京大学学报(哲学·人文科学·社会科学版), 1997 (2): 171-178.

[7] 方志. 我国人才省际分布及其影响因素研究 [J]. 青海社会科学, 2014 (4): 71-79.

[8] 郭鑫鑫, 杨河清. 中国省际人才分布影响因素的实证研究 [J]. 人口与经济, 2018 (3): 47-55.

[9] 韩茂莉, 胡兆量. 中国古代状元分布的文化背景 [J]. 地理学报, 1998 (6): 50-58.

[10] 胡兆量, 王恩涌, 韩茂莉. 中国人才地理特征 [J]. 经济地理, 1998 (1): 8-14.

[11] 黄海刚, 曲越, 白华. 中国高端人才的地理流动、空间布局与组织集聚 [J]. 科学学研究, 2018, 36 (12): 2191-2204.

[12] 姜怀宇, 徐效坡, 李铁立. 1990 年代以来中国人才分布的空间变动分析 [J]. 经济地理, 2005 (5): 702-706.

[13] 罗丰. 夏鼐与中央研究院第一届院士选举 [J]. 考古与文物, 2004 (4): 84-89.

[14] 梅介人. 中国状元及其地理分布 [J]. 中国人才, 2002 (12): 25-27.

［15］唐家龙．我国两院院士区域分布存在马太效应吗？［J］．安徽科技，2020（12）：7-14．

［16］王会昌，王云海，余意峰．长江流域人才地理［M］．武汉：湖北教育出版社，2005．

［17］王金龙．清代武状元籍贯与地域分布［J］．历史档案，2017（4）：92-99．

［18］王宇．金字塔顶，他们是状元［M］．北京：海潮出版社，2009．

［19］王祖祥．中部六省基尼系数的估算研究［J］．中国社会科学，2006（4）：77-87．

［20］吴殿廷，陈向玲，刘超，等．我国高级科技人才空间集聚的初步研究：以两院院士为例［J］．中国科技论坛，2006（6）：108-112．

［21］徐宝芳．人才地域分布形成机制研究［J］．科学管理研究，1997（6）：54-56．

［22］张栋，侯帅．中央研究院第一届院士的时空分布透析［J］．科教文汇（中旬刊），2007（1）：197-198．

［23］周腊生．再谈历代状元知多少［J］．大学教育科学，2008（6）：59-64．

［24］周亮，张亚．中国顶尖学术型人才空间分布特征及其流动趋势：以中国科学院院士为例［J］．地理研究，2019，38（7）：1749-1763．

［25］周千军．甬人风采［M］．宁波：宁波出版社，2007．

# 第6章 晋阶院士之路：个体因素的作用——来自2017年中国工程院院士遴选的证据

## 6.1 问题的提出

中国科学院和中国工程院院士作为中国顶尖的人才称号，在很大程度上反映了这一话题。随着中国经济在全球的影响日益增强，随着国际竞争日益激烈，国家对于创新和人才也越来越重视。人才是支撑发展的第一资源，创新驱动实质上是人才驱动。中国共产党的十九大报告指出，走创新发展之路，首先要重视集聚创新人才，要培养造就一大批具有国际水平的战略科技人才、科技领军人才、青年科技人才和高水平创新团队。院士作为顶尖的领军人才，站在科学技术和产业创新的最前沿，具有很强的预见和创新能力，是企业高科技、高效益发展新途径的开拓者和引领者。也因此，院士成为国家和各省市最珍视的宝贵资源。

目前，国内外对于人才需求、人才流动的研究文献已经较为丰富，也有一些文献对人才选拔进行了关注（马妍等，2013；王福涛等，2017；陈仕伟、徐飞，2011；Arensbergen，Weijden，and Besselaar，2014；Besselaar and Arensbergen，2013）。对于什么样的人更容易成为官方认定的领军人才（如院士），更多的研究基于学历、学缘、获奖等单因素角度开展了实证研究（唐爱国，2012；熊麟，2013；樊向伟、肖仙桃，2015；王福涛等，2017；徐飞、卜晓勇，2006）。以吴殿廷为代表的团队持续跟踪了领军人才成材的影响因素问题，他们对诺贝尔奖获得者、杰出的科学家、经济学家、院士等人物的年龄、成长经历、教育背景等特征进行了分析（吴殿廷等，2003；刘超等，2004；吴殿廷等，2005；吴殿廷等，2006；楼武林、吴殿廷、张艳平，2010；李瑞等，2013）。还有一些学者研究了我国国家最高科学技术奖获得者和长江学者的特征（如李峰、吴蝶，2016；王帆、郭洪林、张冉，2015；李永瑞、黎翔，2010），也有研究提到美国科学院院士和中国科学院院士遴选的指标方法和马太效应问题（如赵闯，2015；雷二庆、陈红光，2009；陈仕伟、徐飞，2011）。

前述文献具有重要的基础性作用，对本研究搭建分析框架、收集数据、选择变量提供了良好的理论和研究路径参考。但最重要的是，还缺乏基于普遍主义视角的实证研究，什么样的人更容易被官方遴选为院士、长江学者等国家级人才呢？他们的年龄、教育背景、行政职务、获奖情况是怎样的？目前的文献还缺乏基于微观个体数据的、相对系统的多元实证分析。当前研究主要是对已经当选或成长为领军人才的特征进行分析，如吴殿廷等（2005）基于中国两院院士的特征，分析高级科学人才和高级科技人才成材的影响因素。对于分析人才成长的决定性因素，存在着明显的幸存者偏差或样本选择偏差。本研究致力于弥补这一缺失，具体探讨中国工程院院士候选人的特征及其最终当选为院士的或然性。本研究利用 2017 年中国工程院院士候选人在入围、第二轮评审、最终当选三个阶段的公告信息，收集每位候选人在 2017 年之前的教育背景、海外经历、职务、获奖、工作所在地等信息，引入多元 Logistic 分析。

本研究的边际贡献在于：一是首次形成院士候选人微观数据集，并开展院士遴选的个体微观实证分析，将候选人的教育背景、海外经历、职务、获奖等因素作为核心解释变量引入并建立院士晋阶的决定因素模型。长期以来，受孔子教育思想的影响，中国存在着“仕而优则学，学而优则仕”的现象（帕尔默，2008）。本章对行政职务与院士晋阶间的实证关系进行重点讨论，并印证了这一观点。二是首次以实证的方式来解构院士人才选拔从初选入围到进入第二轮评审、进入终选的内部评价标准，从而解构领军人才的成长路径，找到领军人才成长过程中的共性因素，通过实证分析，来探讨政府人才培养、选拔乃至个人成长的有益经验并提出相关政策启示。同时，研究的结论将为我国院士制度是否遵循现代科学精神所倡导的普遍主义原则提供经验证据，这一点将在第8章中予以讨论。

本章的结构安排如下：6.2节对院士等领军人才的相关研究进行回顾并做适当评介；6.3节介绍研究方法、数据来源和实证分析结果；6.4节对结果进行稳健性检验；6.5节进行总结，并对“学而优则仕”这一现象进行简要的讨论。

## 6.2 文献回顾

当前，我们已经从舒尔茨等人呼吁投资于人的时代向集聚更多高层次人才的时代变迁（Carmichael，1953；Schultz，1961；Khilji，Tarique，and Schuler，2015）。具有明星效应的战略科技人才、领军人才日益受到重视。从经济学的角度看，人才中的明星人物之所以如此重要，根源就在于他们的不可替代性和带来的巨大收益（Adler，1985），这是优质人力资本稀缺性的最直接体现。中国正进入一个创新驱动发展的新时代，领军人才的战略地位已经受到国家重视。国家杰出青年基金获得者、教育部长江学者特聘教授，以及国家高层次人才特殊支持计划（又称“万人计划”）入选者等各类人才受到各界高度重视，而两院院士的遴选更是其中最重要的部分。那么，哪些揭示出的显性信息有助于人才的晋阶呢？吴殿廷等（2003）使用1999年年底前中国科学院院士和中国工程院院士的概括性统计指标以及个案调查，从微观、中观和宏观三个层面探讨了影响高级专门人才成长的因素。微观上，影响一个人成功的因素很多，既包括个人的天赋、机遇和努力，也包括家庭经济社会因素、工作单位因素以及学缘师承因素。中观上，个体的出生地域、成长地域、工作地域的经济社会和人文特征也会影响到个人成长。从更宏观的层次看，社会的整体氛围、国际国内科技合作交流等都会发生作用。

年龄、性别等先天因素和教育背景、工作背景是影响个人成长的重要微观因素，也是人才发挥作用的重要影响因素。在人才选拔中，这些因素被作为基础性条件进行考虑。还有一些文献对人才成长的领导力、品质毅力因素、团队因素进行了分析，如韩文玲、陈卓、韩洁（2011）和李燕（2015）的研究。本研究重点关注年龄、教育、海外经历、行政职务、获得人才称号、获得国家科技奖励等与院士遴选相关的文献。

（1）年龄。年龄与发明创造有着紧密的联系（Jones，2010）。科学学的先驱人物赵红州先生在对科学家社会年龄问题的研究中发现了最佳年龄规律（赵红州，1979），他指出科学家们存在一个最容易做出贡献的"最佳年龄区"。门伟莉和张志强（2013）提出，35～50 岁是一个最佳创造年龄区间。王通讯（2006）认为，最佳创造年龄规律与师承效应、共生效应等一起，构成了人才成长的八大规律。其后，还有诸多学者探讨了年龄与学术创造间的关系问题（阎光才，2014；赵伟、徐琳，2011；樊向伟、肖仙桃，2015）。在现实的人才选拔和项目评审实践中，年龄是一个重要的考量因素。以国内的国家杰出青年基金获得者和优秀青年科学基金获得者为例，在选拔时就限定了年限。例如，2018 年规定，申报优秀青年科学基金、国家杰出青年基金者的年龄分别不能超过 38 岁（女性 40 岁）、45 岁。对参与院士遴选的候选人也规定了年龄的上限，如中国工程院增选办法中明确规定候选人的年龄原则上不超过 65 周岁。

（2）教育背景。学习经历是一个人成长中重要的组成部分，往往会对一个人的一生都产生重要的影响。这其中既包括了家庭的教育、父母和亲友的影响，也包括了学校教育的影响。对诺贝尔奖得主的分析发现，家庭背景、求学经历和工作经历对他们的成长有重要影响（朱克曼，1979）。从两院院士的成长经历来看，大学教育甚至研究生教育和留学经历必不可少，而那些在教师、知识分子家庭中出生的孩子最容易成才、成大才（吴殿廷等，2003）。对获得国家最高科学技术奖的 24 名科学家的分析显示，他们大多从小接受了良好的家庭教育，受到浓郁的家庭文化氛围熏陶（李祖超、李蔚然、王天娥，2014）。更多的研究论述了高等教育对院士、长江学者等领军人才成才的正面影响（李永瑞、黎翔，2010；刘少雪，2012；李峰、吴蝶，2016；李雨辰，2015）。总体来看，高科技人才成长的轨迹显示，学历越高，成就越高（熊麟，2013）。此外，教育中的师承关系对个人成长的影响非常重要。徐希元和王亚军（2011）指出，由于名师能够站在领域前沿、慧眼识英才、博采众长，更容易培养出高水平的徒弟。在具有良好的先天素质的情况下，进入名校接受优质教育，获得名师指导，对于科研人才的成长至关重要（李祖超、李蔚然、王天娥，2014；李晓轩、牛珩、冯俊新，2005）。在当前国内普通高校和院所高水平名师分布极度不均衡的前提下，能够得到名师的教诲和指导，对于个人成长的影响相对于同龄人将获得较大的正外部性。

（3）海外经历。在经历过一段时间的智力流失后，随着国力的增强和发展机遇的增加，越来越多的具有海外学习和工作经历的人开始返回祖国，成为本土创新的重要驱动力量（Luo and Lovely，2017），智力流失的负面效应越来越值得辩证地审视（Carr，Inkson，and Thorn，2005；Johnson，1998）。这些观点能在很大程度上反映海外经历对人才的重要影响及其对国家发展的重要意义。海归人才由于接受了国外更扎实的学术训练，接触了学术前沿，具有相对更高的学术创新能力。他们在创新和创业方面有重要作用（Welch and Zhen，2008）。张亚征、赵伟和彭洁（2012）对能源领域的海内外人才产出质量的分析发现，国内毕业的博士生的创新性和价值与国外高校所培养的科技人才相比还有差距。李文聪、何静和董纪昌（2018）发现，海外留学和工作能够加深对外国科研体制的了解，帮助科研人员获取隐性学术资源和获得国际同行认可。海归人才甚至可以成为高校改革创新的重要力量和对外交流与合作的重要桥梁（潮龙起，2014）。

（4）行政职务效应。行政职务效应来自两个方面：一方面是单位领导或导师作为领导带来的影响，另一方面是自身成为行政领导后对自身成长的影响。吴殿廷等对我国两院院士的调查发现，有 7% 的院士认为单位领导是对自己影响最大的人（吴殿廷等，2003）。因此，科研离不开仪器、设备等工作条件的支持，而单位领导对于资源的分配具有重要的话语权，决定了科研资源的配置情况。通常情况下，科研能力较强的名师往往也是单位或部门的主要负责人，能够充分地调动单位或部门的人、财、物等资源，同时也能够协调对外关系，在获取科研项目经费等科研事业上占据优先位置。在现实中，学生也往往愿意选择担任领导职务的科研人员作为导师，而一些高校院所也会出现争取一个处长职务时竞争者众多的现象。当然，由于“学而优则仕”是普遍现象，我们很难区分个人成就源自于领导职务的影响还是个人能力的影响。

（5）获得人才称号。院士是中国科研工作者最高的官方荣誉。一般而言，晋阶院士的候选人都是入选教育部长江学者特聘教授、国家杰出青年基金获得者的各类人才计划的佼佼者。中国科学技术大学网站上提出了一个问题：长江学者和国家杰青当选院士有多难？[1] 他们发现从长江学者特聘教授和国家杰青大致需要近 12 年的科研积累，才能当选为两院院士。而且，最终仅有 1/10 的长江学者特聘教授和国家杰青有机会成为院士。因此，在一定程度上，入选仅次于两院院士的国家人才计划是通向两院院士大门的一块“敲门砖”。

（6）获得国家科技奖励。在院士选拔过程中，国家科技奖是重要的影响因素。唐爱国（2012）指出，院士候选人中获得国家自然科学奖、国家技术发明奖、国家科学技术进步奖三大奖项的比例提升明显。因此，国家科技奖已经成为通向两院院士大门的另一块“敲门砖”。但徐飞和赵明（2012）在《科技导报》刊文指出，尽管院士制度和国家自然科学奖励是国家对科学家的官方认可制度，但这二者之间并非完全一致。从对它们的简单相关分析中发现，二者的关联性并不理想甚至有时会出现冲突。借鉴诺贝尔奖评选中的经验，张九庆（2015）提出无须审视年龄、学历等因素，中国的科技奖励可以颁发给名副其实的科研成果和科学家。这一建议其实蕴含了现代科学精神要求的普遍主义原则——科学的断言无关个体属

[1] 中国科学技术大学官网，长江学者和国家杰青当选院士有多难？，http://fgy.ustc.edu.cn/2018/0502/c6922a258137/page.htm，检索于 2019 年 1 月 9 日。

性和社会属性（默顿，2003a：365-366）。需要进一步提升院士遴选中的效度，包括国家科技奖励在遴选中的影响（王福涛等，2017）。

（7）经济社会等中宏观因素。人才的培养和涌现会受到经济发展程度、乡土人文因缘和科技发展水平的影响。例如，韩茂莉和胡兆量（1998）分析了中国古代状元的地域分布，发现状元籍贯的地理分布与时空变化表现出向少数州府集中的趋势。吴殿廷等（2006）对两院院士的空间集聚进行分析后发现：在东部地带工作的院士占全国院士的82%，这一比例远高于该地带人口和经济总量在全国所占的比例；院士数量与区域的R&D经费、R&D经费占GDP的比例显著相关。郭鑫鑫和杨河清（2018）发现，中国省际人才分布与地区经济发展水平密切相关。同时，人力资本的空间分布取决于生产力的空间布局，高技术产业的集聚会形成人才的集聚效应（裴玲玲，2016）。

虽然有文献对人才成长或选拔中需要考虑的微观和中宏观因素进行了分析，具有重要的指导意义，但还存在三个明显的局限：一是历史文献多是基于双因素或多因素的描述性和相关性分析，但结论的稳健性还有待微观统计数据的验证；二是研究方法中多局限于已经成长为公认的院士、诺贝尔奖获得者这样的人才的探讨，基于候选人的微观统计分析几乎没有，样本的选择性偏差较大；三是对于中国社会中普遍存在的“学而优则仕”现象对人才遴选的影响也缺乏数据刻画。因此，利用微观个体数据并结合地域经济社会数据，引入综合性的多元回归分析，较为系统地探讨人才遴选标准及背后蕴含的人才成才路径，具有重要的理论价值和现实意义。

## 6.3 数据来源与变量描述

### 6.3.1 数据来源

根据2017年中国工程院院士增选公示信息，院士进入有效候选人名单后，经过第二轮评审和最终评审进行遴选。因此，能够将候选院士有效候选人、第二轮评审名单、终选名单构建成一个涵盖候选人姓名、年龄、性别、工作单位的基础性数据集。其中，有效候选人 533 人，进入第二轮评审名单 205 人，最终当选 67 人。基于此，本研究收集整理形成了候选人的受教育水平、海外经历、职务级别、获得国家级人才称号、获得国家级奖项以及工作所在地的经济科技情况的数据集。由于我们没有获得候选人的申报书，只能通过手工收集整理网络数据，数据来源包括候选人工作单位官网和个人网站以及中国工程院官网、中国知网和其他学术期刊网站、高校发布的校友活动信息等。但部分数据，如教育经历和工作经历等仍然存在较多的缺失情况。

## 6.3.2　变量定义

1. 因变量

根据院士有效候选人名单、第二轮评审名单、终选名单，我们确定进入有效候选人名单者，如果在第二轮评审中被淘汰，设置变量 Round = 0；未被淘汰但没有最终入选，设置变量 Round = 1；如果最终当选，则 Round = 2。因此，这是一个多分类变量，但又不同于完全的有序多分类变量，有效候选人进入第二轮评审与第二轮评审进入终选名单的评选标准存在着差异。其中，有效候选人 533 人，进入第二轮评审 205 人，最终当选 67 人，因此，Round = 0、1、2 对应的人数分别为 328 人、138 人、67 人。

核心解释变量的说明如下（见表 6–1）。

（1）受教育水平。候选人的教育程度均在本科及以上，因此我们根据候选人是否接受本科、研究生（硕士、博士）教育，设定教育的分类变量 EDU = 0、1、2，分别代表候选人相应的教育水平。同时，我们获得了国内“211 工程”和“985 工程”建设学校的名录，与候选人在本科、研究生（硕士和博士）上学期间的学校名称予以比较。如果读博的学校属于“211 或 985”高校，定义 DR = 1，否则 DR = 0。为了方便处理，将海外高校、中国科学院及知名的科研院所视同为“211 或 985”高校处理。对硕士 MA、本科 UG 类似处理，但国内的本科教育都在普通高校进行，不存在科研院所就读问题。关于名校经历，我们作为稳健性检验引入分析。

（2）海外经历。这项变量主要用来研究候选人是否有海外留学、访学或工作背景，有此经历设 Oversea＝1，否则 Oversea＝0。根据候选人披露的海外留学、访学或工作经历，设定在海外的年限，没有说明该经历的设定为 0。本章将在港澳台访学的情况也归为此类。这一变量作为稳健性分析引入后续分析。

（3）职务级别。以申请人申报之前所任职的最高职位为标准。通常，国家机关和国有企事业单位的行政职务可以划分为正副部级、正副局级、正副处级、正副科级、科员等。由于部级和科级及以下在样本中均较少，为了简化级别层次，设定科级及以下为 ZW＝0，处级为 ZW＝1，局级及以上为 ZW＝2。对于部分来自非国有企业的候选人，设定总裁、董事长、总工等为局级，中层为处级，其余为科级及以下。部队中少将对应局级，依此类推，校级对应处级。

（4）人才称号。这一变量主要用来探讨院士候选人所拥有的长江学者、国家杰青，以及 973 和 863 专家称号是否对院士当选有所影响。处理这一变量时，将中国工程院院士候选人中这三类称号一个都没有的设为 Talent＝0，至少有一个称号的设为 Talent＝1。这里没有将国家“千人计划”人选和“万人计划”人选纳入，原因是“千人计划”于 2008 年启动，实行时间较短；“万人计划”存在根据省市进行定额分配的倾向。后续将是否为长江学者、国家杰青、973 或 863 首席专家引入模型做稳健性检验。

（5）国家级奖项。仅考虑候选人获得 2017 年以前的国家自然科学奖、国家技术发明奖和国家科学技术进步奖三类国家科技奖励的情况。结合 2000 年以来三大类奖项颁发项数及相互比例关系，以及获奖人在奖项中的排名，在分别对奖项赋值和用排名倒数赋值的情况下，生成 Awards 数据，没有获奖人以 0 分计算。后续将候选人获奖次数和获得排名第一的奖项的次数引入模型做稳健性检验。

表 6-1　变量定义

| 变量 | 符号 | 定义 |
|---|---|---|
| 入选状态 | Round | 未进入第二轮的有效候选人 Round=0，未进入终选的第二轮候选人 Round=1，最终当选 Round=2 |
| 年龄 | Age | 院士候选人的实际年龄 |
| 年龄的二次方 | $Age^2$ | 院士候选人实际年龄的二次方 |
| 性别 | Sex | 女性 Sex=0，男性 Sex=1 |
| 受教育水平 | EDU | 学士 EDU=0，硕士 EDU=1，博士 EDU=2 |
| 海外经历 | Oversea | 有海外留学、访学或工作经历 Oversea=1，否则 Oversea=0 |
| 职务级别 | ZW | 科级及以下 ZW=0，处级 ZW=1，局级及以上 ZW=2 |
| 人才称号 | Talent | 长江学者、国家杰出青年科学基金获得者、973 或 863 首席专家，Talent=1，否则 Talent=0 |
| 国家级奖项 | Awards | 对候选人所有获奖进行分类排名赋值后加总 |
| 所处区域 | Region | 东部 Region=1，中部 Region=2，西部 Region=3 |
| 人均 GDP | lnPGDP | 以 2016 年工作地人均 GDP 取对数计算 |
| 综合科技进步水平 | TECH | 以 2016 年工作地的综合科技进步水平实际值为准 |

2. 控制变量

控制变量包括年龄、性别、所处区域、人均 GDP、综合科技进步水平。年龄：以候选人申请时的年龄为准，考虑到遴选时对年龄的限制，预期年龄的影响是非线性的，因此引入年龄的二次方。性别：女性=0，男性=1。地区经济发展水平使用候选人工作所在省份的人均 GDP 表征，科技发展水平使用科技部发布的省市科技进步综合指数代表。将工作地分为三大区域，即东部区域、中部区域、西部区域，具体划分方法与前面章节相同，东部 Region=1，中部 Region=2，西部 Region=3。对于来自香港和澳门地区的 4 名候选人，相关数据直接用广东省的数据近似替代。

### 6.3.3 变量描述

表 6-2 为变量的描述性统计结果。由于部分变量存在缺失值，因此各

变量的观测样本量不全相等。

**表 6-2 变量的描述性统计**

| 变量 | 样本量 | 平均值 | 标准差 | 最小值 | 中位数 | 最大值 |
|---|---|---|---|---|---|---|
| Round | 533 | 0.5103 | 0.7087 | 0 | 0 | 2 |
| Age | 533 | 55.7813 | 4.6941 | 44.50 | 54.75 | 74.25 |
| $Age^2$ | 533 | 3133.54 | 539.06 | 1980.25 | 2997.56 | 5513.06 |
| Sex | 533 | 0.9287 | 0.2576 | 0 | 1 | 1 |
| EDU | 521 | 1.7351 | 0.5842 | 0 | 2 | 2 |
| Oversea | 520 | 0.4615 | 0.4990 | 0 | 0 | 1 |
| ZW | 533 | 1.3790 | 0.6274 | 0 | 1 | 2 |
| Talent | 533 | 0.3640 | 0.4816 | 0 | 0 | 1 |
| Awards | 533 | 14.9976 | 12.4652 | 0 | 15.00 | 65.83 |
| lnPGDP | 533 | 11.2838 | 0.4641 | 10.23 | 11.48 | 13.04 |
| TECH | 529 | 72.9868 | 13.5695 | 40.75 | 76.84 | 85.36 |
| Region | 533 | 1.5216 | 0.8030 | 1 | 1 | 3 |

注：对于 Round、Sex、EDU 等分类变量，其平均值、标准差仅作为参考列示。

下面对相关变量进行描述性说明。

（1）年龄。一般来说，年龄越大积累就会越多，厚积而薄发。我们观察发现，院士候选人年龄在 56 岁左右，且年龄较为集中，相互之间的年龄差距不是很明显。那么，有限的年龄差距是否会对院士候选人有一定的影响呢？我们预期将有一定的影响，且预期年龄对是否当选院士呈现出倒 U 形影响：在一定年龄之前，当选院士的可能性随着年龄增大而增加；但是在一定年龄之后，当选院士的可能性随着年龄的增加反而减少。数据显示，2017 年中国工程院院士候选人的年龄为 50~59 岁时当选比例最高，其次是 60~69 岁（见表 6-3）。总体来看，存在一个随着年龄上升，当选比例提高，但随后下降的倒 U 形模式，与理论预期基本一致。

**表 6-3　2017 年中国工程院院士候选人年龄组别与晋级情况**

| 年龄组别 | | 初评 | 第二轮 | 当选 | 小计 |
|---|---|---|---|---|---|
| 40~49 岁 | 人数 | 22 | 13 | 1 | 36 |
| | 横向比例 | 61. 11% | 36. 11% | 2. 78% | 100% |
| | 纵向比例 | 6. 71% | 9. 42% | 1. 49% | 6. 75% |
| 50~59 岁 | 人数 | 242 | 96 | 53 | 391 |
| | 横向比例 | 61. 89% | 24. 55% | 13. 55% | 100% |
| | 纵向比例 | 73. 78% | 69. 57% | 79. 10% | 73. 36% |
| 60~69 岁 | 人数 | 60 | 26 | 13 | 99 |
| | 横向比例 | 60. 61% | 26. 26% | 13. 13% | 100% |
| | 纵向比例 | 18. 29% | 18. 84% | 19. 40% | 18. 57% |
| 70~79 岁 | 人数 | 4 | 3 | 0 | 7 |
| | 横向比例 | 57. 14% | 42. 86% | 0 | 100% |
| | 纵向比例 | 1. 22% | 2. 17% | 0 | 1. 31% |
| 总计 | 人数 | 328 | 138 | 67 | 533 |
| | 横向比例 | 61. 54% | 25. 89% | 12. 57% | 100% |
| | 纵向比例 | 100% | 100% | 100% | 100% |

（2）性别。2017 年中国工程院院士候选人中女性所占比例为 7. 13%，远少于男性所占比例（见表 6-4）。从女性的最终当选率来看，38 名女性中有 4 位成功晋阶，占当选院士数量的 5. 97%。这一数据与前面计算的多年平均数据较为接近。进入第二轮的女性比例高于总体结构，而最终当选的女性比例低于总体结构。这一结果说明在 2017 年中国工程院院士遴选中，女性候选人数量偏少，所占比例大大偏低，但从当选比例（女性横向比例为 10. 53%，男性横向比例为 12. 73%）上看，尚难以确定女性候选人是否受到了性别歧视。

**表 6-4 2017 年中国工程院院士候选人性别与晋级情况**

| 性别 | | 初评 | 第二轮 | 当选 | 小计 |
|---|---|---|---|---|---|
| 女性 | 人数 | 23 | 11 | 4 | 38 |
| | 横向比例 | 60.53% | 28.95% | 10.53% | 100% |
| | 纵向比例 | 7.01% | 7.97% | 5.97% | 7.13% |
| 男性 | 人数 | 305 | 127 | 63 | 495 |
| | 横向比例 | 61.62% | 25.66% | 12.73% | 100% |
| | 纵向比例 | 92.99% | 92.03% | 94.03% | 92.87% |
| 总计 | 人数 | 328 | 138 | 67 | 533 |
| | 横向比例 | 61.54% | 25.89% | 12.57% | 100% |
| | 纵向比例 | 100% | 100% | 100% | 100% |

（3）受教育水平。教育经历对院士人才成长具有重要作用（李永瑞、黎翔，2010）。数据显示，受益于我国教育事业的蓬勃发展，2017 年中国工程院院士候选人普遍具有较高的学历（见表 6-5），相对于前面章节中发现的 20 世纪 80 年代以后当选院士的受教育水平不够高的现象已经出现了大的逆转。在可获得教育信息的 521 位候选人中，拥有硕士、博士学位的达到了 92.71%，其中 80.81%为博士，学士学位仅为 7.29%。在最终当选的 67 人中，有 52 人是博士，占 77.61%。尽管当选人中博士学位所占比例相对于候选人中博士比例有所下降，但总体来看候选人和当选人的受教育水平都比较高。这一结果似乎表明，在进入院士候选人的高层次人才群体中，受教育水平对当选的作用可能并不显著。

**表 6-5 2017 年中国工程院院士候选人受教育水平与晋级情况**

| 受教育水平 | | 初评 | 第二轮 | 当选 | 小计 |
|---|---|---|---|---|---|
| 学士 | 人数 | 21 | 13 | 4 | 38 |
| | 横向比例 | 55.26% | 34.21% | 10.53% | 100% |
| | 纵向比例 | 6.60% | 9.56% | 5.97% | 7.29% |

续表

| 受教育水平 | | 初评 | 第二轮 | 当选 | 小计 |
|---|---|---|---|---|---|
| 硕士 | 人数 | 39 | 12 | 11 | 62 |
| | 横向比例 | 62.90% | 19.35% | 17.74% | 100% |
| | 纵向比例 | 12.26% | 8.82% | 16.42% | 11.90% |
| 博士 | 人数 | 258 | 111 | 52 | 421 |
| | 横向比例 | 61.28% | 26.37% | 12.35% | 100% |
| | 纵向比例 | 81.13% | 81.62% | 77.61% | 80.81% |
| 总计 | 人数 | 318 | 136 | 67 | 521 |
| | 横向比例 | 61.04% | 26.10% | 12.86% | 100% |
| | 纵向比例 | 100% | 100% | 100% | 100% |

（4）海外经历。中国科技事业的起步得益于西学东渐。在早期中央研究院和2000年以前的院士（学部委员）中，有留学美国、英国、苏联经历的比例非常高。我国的“两弹一星”元勋大多具有海外学习的经历。数据显示，在520名候选人中有46.15%具有海外经历，而最终当选人中有50%具有海外经历（见表6-6）。这在一定程度上似乎表明海外经历有助于候选人当选。但这种影响是否在统计上显著，还需要经过进一步的检验。

**表 6-6　2017 年中国工程院院士候选人海外经历与晋级情况**

| 海外经历 | | 初评 | 第二轮 | 当选 | 小计 |
|---|---|---|---|---|---|
| 无 | 人数 | 177 | 70 | 33 | 280 |
| | 横向比例 | 63.21% | 25.00% | 11.79% | 100% |
| | 纵向比例 | 55.66% | 51.47% | 50.00% | 53.85% |
| 有 | 人数 | 141 | 66 | 33 | 240 |
| | 横向比例 | 58.75% | 27.50% | 13.75% | 100% |
| | 纵向比例 | 44.34% | 48.53% | 50.00% | 46.15% |
| 总计 | 人数 | 318 | 136 | 66 | 520 |
| | 横向比例 | 61.15% | 26.15% | 12.69% | 100% |
| | 纵向比例 | 100% | 100% | 100% | 100% |

（5）职务级别。官员和企业老总当选中国工程院院士过多是被社会诟病的重要靶点（王婧、林茵，2010）。从2017年数据看（见表6-7），候选人中局级及以上的有244人，占总人数的45.78%；处级的有247人，占总人数的46.34%；科级及以下的只有42人，占总人数的7.88%。在初评结束后，科级及以下的进入第二轮的只有4人，而局级和处级比例大致相当但局级所占比例略高。最终当选的67人中，没有科级及以下的候选人，处级候选人所占比例下降到了40.30%，而局级及以上的上升到了59.70%。由此可见，职务级别越高的候选人在遴选中脱颖而出的概率越高。由于我国长久以来的“学而优则仕”的传统，我们很难区分候选人在晋级中能力因素的作用和职务级别的作用。

**表6-7　2017年中国工程院院士候选人职务级别与晋级情况**

| 职务级别 | | 初评 | 第二轮 | 当选 | 小计 |
|---|---|---|---|---|---|
| 科级及以下 | 人数 | 38 | 4 | 0 | 42 |
| | 横向比例 | 90.48% | 9.52% | 0 | 100% |
| | 纵向比例 | 11.59% | 2.90% | 0 | 7.88% |
| 处级 | 人数 | 154 | 66 | 27 | 247 |
| | 横向比例 | 62.35% | 26.72% | 10.93% | 100% |
| | 纵向比例 | 46.95% | 47.83% | 40.30% | 46.34% |
| 局级及以上 | 人数 | 136 | 68 | 40 | 244 |
| | 横向比例 | 55.74% | 27.87% | 16.39% | 100% |
| | 纵向比例 | 41.46% | 49.28% | 59.70% | 45.78% |
| 总计 | 人数 | 328 | 138 | 67 | 533 |
| | 横向比例 | 61.54% | 25.89% | 12.57% | 100% |
| | 纵向比例 | 100% | 100% | 100% | 100% |

（6）人才称号。在我国的人才计划体系中，中组部“千人计划”、教育部长江学者计划、国家自然科学基金委员会的杰出青年基金项目以及后来设立的国家“万人计划”是位阶处于院士荣誉之下的、最接近于院士“王冠”的人才级别。一些主持过国家重点研究计划的首席专家也

被视为高层次的人才。我们对候选人获得的重要的人才称号进行了梳理，发现候选人中获得国家级人才称号的有 194 人，占全体候选人的 36.40%（见表 6-8）。在初评中被淘汰的候选人中，具有人才称号的比例明显低于候选人总体水平。在最终当选的 67 人中，具有人才称号的比例上升到 46.27%，显著地高于在初评和第二轮被淘汰的候选人的此项比例。描述性统计结果初步显示，国家级人才称号有助于候选人晋阶院士。

**表 6-8　2017 年中国工程院院士候选人人才称号与晋级情况**

| 人才称号 | | 初评 | 第二轮 | 当选 | 小计 |
|---|---|---|---|---|---|
| 无 | 人数 | 220 | 83 | 36 | 339 |
| | 横向比例 | 64.90% | 24.48% | 10.62% | 100% |
| | 纵向比例 | 67.07% | 60.14% | 53.73% | 63.60% |
| 有 | 人数 | 108 | 55 | 31 | 194 |
| | 横向比例 | 55.67% | 28.35% | 15.98% | 100% |
| | 纵向比例 | 32.93% | 39.86% | 46.27% | 36.40% |
| 总计 | 人数 | 328 | 138 | 67 | 533 |
| | 横向比例 | 61.54% | 25.89% | 12.57% | 100% |
| | 纵向比例 | 100% | 100% | 100% | 100% |

（7）国家级奖项。获得国家级奖项是候选人取得重要科技成就的官方认证证明。候选人获得国家级奖项越多，排名越靠前，尤其是领衔获得国家科技奖励的话，能够较好地体现出个人的科研组织、领导和创新能力。数据显示，候选人中 78.42% 的人获得过国家级奖项，最终当选人中有 77.61% 的人获得过国家级奖项（见表 6-9）。但需要注意两点：一是候选人在所获奖项中的排名和获奖的次数没有体现；二是这里仅统计到国家科技奖励办公室公布的通用类的国家科技奖励，一部分候选人可能获得了非通用类的奖励，因此存在漏统问题。第二个问题暂时缺乏解决的办法。针对第一个问题，我们引入了获得排名和获奖次数的加权计分方式。最后发现，获得过国家级奖项且最终当选的院士候选人国家级奖项的平均赋值为 18.66，远高于初评被淘汰、第二轮被淘汰的候选

人的平均得分 13.7 和 16.4。因此，即便是在可能存在漏统的情况下，我们依然发现获得国家级奖项对候选人当选可能存在正向的效应。

**表 6-9 2017 年中国工程院院士候选人获国家级奖项与晋级情况**

| 国家级奖项 | | 初评 | 第二轮 | 当选 | 小计 |
|---|---|---|---|---|---|
| 无 | 人数 | 73 | 27 | 15 | 115 |
| | 横向比例 | 63.48% | 23.48% | 13.04% | 100% |
| | 纵向比例 | 22.26% | 19.57% | 22.39% | 21.58% |
| 有 | 人数 | 255 | 111 | 52 | 418 |
| | 横向比例 | 61.00% | 26.56% | 12.44% | 100% |
| | 纵向比例 | 77.74% | 80.43% | 77.61% | 78.42% |
| 总计 | 人数 | 328 | 138 | 67 | 533 |
| | 横向比例 | 61.54% | 25.89% | 12.57% | 100% |
| | 纵向比例 | 100% | 100% | 100% | 100% |

（8）人均 GDP。通常情况下，经济越发达的地区，公共基础设施和社会福利都越优渥，对于人才有着更大的吸引力。不仅如此，这些地区可能有着更加充沛的资金来源，研发投入力度更大，从而为候选人开展科研活动提供了良好的条件。从候选人所在省份的人均 GDP 来看，人均 GDP 与院士当选的简单 Pearson 相关系数为 0.0127，系数值不高且不具有统计上的显著性，与理论的预期不一致。

（9）综合科技进步水平。院士的成长离不开科技的沃土。综合科技进步水平指数是中国科学技术发展战略研究院发布的一个关于各个省份科技创新能力的测试指标。一个地区综合科技水平的高低与科技资金、人力资本等投入因素密切相关。综合科技进步水平越高，越有利于候选人获得与科研相关的资源，并形成与科研环境良好的互动关系，进而形成优势积累的马太效应（默顿，2010）。数据显示，候选人大多聚集在综合科技进步水平较高的省份，而候选人所在省份的综合科技水平越低，其进入下一轮角逐的可能性也越低。因此，院士候选人所在地区的综合科技进步水平对候选人成长发挥了优势累积或劣势累积的效应。

## 6.4　实证分析

### 6.4.1　模型设定

我们研究候选人当选院士的决定因素，将候选人的状态区分为入围第二轮、第二轮评审通过、最终当选三种状态（Round = 0、1、2）。结果变量与轮次之间有时间先后且结果之间有一定的递进性，不完全具备有序分类的性质，不区别有序和无序分类的情况。但有序 Logistic 模型不能捕捉相同的解释变量对候选人在不同轮次晋阶影响的差异，因此我们最终决定以入围初选而未入围第二轮的候选人为参照组，采用无序多分类 Logistic 模型，从而可以对照得出相对解释变量对候选人进入第二轮评审和最终当选状态的影响。[1] 我们假定候选结果为一次性确定所得到的三种结果，使用无序多分类 Logistic 模型进行估计。

根据王济川和郭志刚（2001）的著述，对于有 $j = 0,1,2,\cdots,J$ 类的多分类结果变量，结果 Round $= j$ 相对于不出现结果 Round $= j$ 的风险（Odds Ratio）由下式决定：

$$\ln \frac{p_j}{1-p_j} = \alpha_j + \sum_{k=1}^{K} \beta_{jk} x_k$$

式中，$p_j$ 表示结果事件 $j$ 发生的概率；$p_j/(1-p_j)$ 表示结果发生相对于结果不发生的概率；$\alpha_j$ 表示截距项；$\beta_{jk}$ 表示自变量对因变量产生影响的参数估计，采取似然函数获得；$x_k$ 包括了解释变量和控制变量，如 EDU、Oversea、ZW、Talent、Awards、Age 和 $Age^2$、Sex、lnPGDP、TECH、Region。

为了逐步考察不同变量对候选人当选与否的影响，我们首先建立了以年龄、性别和候选人所在省份经济、科技和东中部区域为控制变量的基础模型（Base 模型），然后再逐步加入 EDU、Oversea、ZW、Talent 和 Awards

---

[1] 事实上，由于候选人是从上一轮次进入下一轮次，结果变量 Round 不严格满足有序或无序 Logistic 模型下通常多个结果同时决定的情况。当然，我们可以采用分阶段二分类 Logistic 模型进行处理，后续的稳健性分析中就采用了分阶段处理的方法。

等变量（相应模型依次称为 EDU 模型、Oversea 模型……），以观察不同变量加入后对候选结果的影响。最终报告了涵盖前述核心解释变量和控制变量的完整模型。

## 6.4.2 回归结果

整个研究均使用统计分析软件包 Stata 15.0，采用多分类 Logistic 模型的命令 mlogit 进行分析。为了减少异方差和多重共线性的影响，对模型进行了 robust 的稳健回归处理，回归结果见表 6-10。

表 6-10 中国工程院院士候选人遴选的多分类 Logistic 模型回归结果

| 变量 | 模型（1）<br>Base | 模型（2）<br>EDU | 模型（3）<br>Oversea | 模型（4）<br>Talent | 模型（5）<br>ZW | 模型（6）<br>Awards |
|---|---|---|---|---|---|---|
| 第二轮评审 | | | | | | |
| 核心解释变量 | | | | | | |
| EDU（硕士） | | −0.828<br>(−1.652) | −0.884<br>(−1.780) | −0.902<br>(−1.807) | −0.890<br>(−1.721) | −0.884<br>(−1.690) |
| EDU（博士） | | −0.494<br>(−1.230) | −0.630<br>(−1.493) | −0.650<br>(−1.525) | −0.656<br>(−1.465) | −0.665<br>(−1.476) |
| Oversea | | | 0.247<br>(1.083) | 0.221<br>(0.938) | 0.219<br>(0.913) | 0.214<br>(0.892) |
| Talent | | | | 0.103<br>(0.442) | 0.123<br>(0.516) | 0.116<br>(0.488) |
| ZW（处级） | | | | | 1.513**<br>(2.732) | 1.444*<br>(2.558) |
| ZW（局级及以上） | | | | | 1.646**<br>(2.921) | 1.608**<br>(2.799) |
| Awards | | | | | | 0.018*<br>(2.119) |

续表

| 变量 | 模型（1）Base | 模型（2）EDU | 模型（3）Oversea | 模型（4）Talent | 模型（5）ZW | 模型（6）Awards |
|---|---|---|---|---|---|---|
| 控制变量 | | | | | | |
| Age | −0. 171<br>（−0. 532） | −0. 156<br>（−0. 449） | −0. 132<br>（−0. 381） | −0. 115<br>（−0. 330） | −0. 151<br>（−0. 434） | −0. 126<br>（−0. 369） |
| $Age^2$ | 0. 001<br>（0. 516） | 0. 001<br>（0. 406） | 0. 001<br>（0. 323） | 0. 001<br>（0. 279） | 0. 001<br>（0. 409） | 0. 001<br>（0. 343） |
| Sex（男） | −0. 170<br>（−0. 438） | −0. 031<br>（−0. 079） | −0. 070<br>（−0. 177） | −0. 079<br>（−0. 199） | −0. 312<br>（−0. 779） | −0. 361<br>（−0. 880） |
| lnPGDP | −1. 237<br>（−1. 328） | −1. 266<br>（−1. 334） | −1. 282<br>（−1. 330） | −1. 225<br>（−1. 278） | −1. 276<br>（−1. 331） | −1. 402<br>（−1. 443） |
| TECH | 0. 065*<br>（2. 483） | 0. 073**<br>（2. 700） | 0. 074**<br>（2. 679） | 0. 072**<br>（2. 616） | 0. 076**<br>（2. 774） | 0. 082**<br>（2. 903） |
| Region（中部） | 1. 223**<br>（2. 654） | 1. 355**<br>（2. 818） | 1. 361**<br>（2. 828） | 1. 364**<br>（2. 829） | 1. 445**<br>（2. 908） | 1. 478**<br>（2. 952） |
| Region（西部） | 0. 417<br>（0. 845） | 0. 491<br>（0. 961） | 0. 501<br>（0. 973） | 0. 519<br>（1. 012） | 0. 527<br>（1. 004） | 0. 585<br>（1. 101） |
| 常数项 | 13. 274<br>（0. 999） | 13. 125<br>（0. 948） | 12. 763<br>（0. 918） | 11. 701<br>（0. 837） | 11. 471<br>（0. 822） | 11. 588<br>（0. 833） |
| 最终当选 | | | | | | |
| 核心解释变量 | | | | | | |
| EDU（硕士） | | 0. 193<br>（0. 293） | 0. 114<br>（0. 170） | 0. 025<br>（0. 037） | 0. 214<br>（0. 317） | 0. 205<br>（0. 304） |
| EDU（博士） | | −0. 135<br>（−0. 225） | −0. 377<br>（−0. 592） | −0. 510<br>（−0. 793） | −0. 424<br>（−0. 658） | −0. 473<br>（−0. 723） |
| Oversea | | | 0. 375<br>（1. 238） | 0. 221<br>（0. 698） | 0. 180<br>（0. 556） | 0. 133<br>（0. 410） |
| Talent | | | | 0. 543<br>（1. 759） | 0. 667*<br>（2. 038） | 0. 681**<br>（2. 053） |

续表

| 变量 | 模型（1）Base | 模型（2）EDU | 模型（3）Oversea | 模型（4）Talent | 模型（5）ZW | 模型（6）Awards |
|---|---|---|---|---|---|---|
| ZW（处级） | | | | | 14.618***<br>(44.320) | 15.081***<br>(45.035) |
| ZW（局级及以上） | | | | | 15.283***<br>(48.608) | 15.803***<br>(50.155) |
| Awards | | | | | | 0.032**<br>(2.647) |
| 控制变量 | | | | | | |
| Age | 1.408<br>(1.944) | 1.439<br>(1.928) | 1.530<br>(1.931) | 1.633*<br>(2.070) | 1.687*<br>(2.103) | 1.731*<br>(2.193) |
| $Age^2$ | −0.012<br>(−1.895) | −0.013<br>(−1.891) | −0.014<br>(−1.910) | −0.014*<br>(−2.032) | −0.015*<br>(−2.051) | −0.015*<br>(−2.137) |
| Sex（男） | 0.137<br>(0.239) | 0.127<br>(0.219) | 0.036<br>(0.061) | −0.013<br>(−0.023) | −0.445<br>(−0.763) | −0.581<br>(−0.946) |
| lnPGDP | −0.822<br>(−0.584) | −0.773<br>(−0.545) | −0.893<br>(−0.582) | −0.583<br>(−0.379) | −0.554<br>(−0.371) | −0.716<br>(−0.463) |
| TECH | 0.063<br>(1.525) | 0.064<br>(1.535) | 0.071<br>(1.564) | 0.062<br>(1.367) | 0.065<br>(1.487) | 0.074<br>(1.628) |
| Region（中部） | 1.130<br>(1.647) | 1.145<br>(1.700) | 1.247<br>(1.805) | 1.245<br>(1.790) | 1.373<br>(1.894) | 1.461*<br>(1.960) |
| Region（西部） | 0.703<br>(1.031) | 0.722<br>(1.062) | 0.807<br>(1.138) | 0.898<br>(1.245) | 1.011<br>(1.361) | 1.142<br>(1.512) |
| 常数项 | −37.596<br>(−1.432) | −38.654<br>(−1.436) | −39.876<br>(−1.396) | −45.929<br>(−1.607) | −62.913*<br>(−2.183) | −63.840*<br>(−2.206) |
| $N$ | 529 | 517 | 516 | 516 | 516 | 516 |
| Pseudo $R^2$ | 0.0281 | 0.0351 | 0.0386 | 0.0419 | 0.0718 | 0.0820 |
| $-2(LL_{model}-LL_{null})$ | −30.031 | −34.159 | −36.472 | −39.609 | −67.798 | −77.447 |

注：各变量横向对应的第一列为稳健回归系数，系数下方括号内为回归系数对应的标准差。*代表 $p<0.05$，**代表 $p<0.01$，***代表 $p<0.001$。

结果显示，模型对样本数据拟合较好。由于 Logistic 模型中使用似然函数迭代进行参数估计，传统的度量模型拟合优度的 $R^2$ 不再适用。McFadden（1974）提出以 Pseudo $R^2$ 作为 Logistic 模型拟合优度的测量，认为 Pseudo $R^2$ 值在 0.2 左右时表明模型拟合较好。其中，Pseudo $R^2 = 1 - LL_{model}/LL_{null}$。$LL_{model}$ 代表约束模型的似然函数值，$LL_{null}$ 代表无约束模型的似然函数值。Stata 使用手册推荐，Logistic 模型也可以使用 $-2(LL_{model} - LL_{null})$ 测算拟合优度。表 6-10 最后两行呈现了模型拟合情况。结果显示，随着核心解释变量加入，无论 Pseudo $R^2$ 还是 $-2(LL_{model} - LL_{null})$ 代表的拟合优度均在不断提高，表明模型与数据拟合较好。

下面分别根据 Base 模型、EDU 模型等分模型，并主要以完整模型为主，对核心解释变量对第二轮评审和最终当选结果的影响进行说明，同时对年龄、性别等控制变量的影响做简要说明。

1. 核心解释变量的作用

总体上，我们发现，ZW、Awards 对于候选人进入第二轮评审具有显著的正向影响，与预期相符。Oversea、Talent 对候选人进入第二轮评审为正向影响，与预期相符但统计上不显著。但 EDU 对候选人进入第二轮评审的影响让我们惊讶，尤其是硕士和博士的相对影响为负，意味着更高学历的候选人通过第二轮评审的可能性反而不如具有学士学位的候选人。进入最终当选轮次时，ZW、Awards 对于候选人最终当选具有显著的正向影响，而且比第二轮评审时估计的回归系数值更大，意味着 ZW 和 Awards 对最终当选的影响更大。同时，Talent 对于最终当选的影响变得在统计上显著。这意味着在终选轮的遴选中，更加重视国家级人才称号或在国家重大项目研发中发挥作用。下面结合模型的估计系数和统计显著性具体报告有关结果。

（1）受教育水平的影响。在第二轮评审中，硕士和博士的回归系数均为负，且硕士的回归系数一致地低于博士的回归系数，但影响不显著。这表明，受教育水平越高，通过第二轮评审的可能性反而越低。在终选轮中，硕士的回归系数为正，博士的回归系数为负，但影响仍然不显著。这一结果与我们的理论预期明显相反。通常认为，学历越高越容易当选为院士（熊麟，2013）。我们猜测，由于院士候选人群体是一个高度选择性的群体，他们本身的能力和水平相对而言已经处于国内顶尖行列。他们在各自行业和（或）学科领域已经有了突出的成就，因此学历的影响不显著也是正常的。如变量描述显示，候选人的年龄中位数是 54.75 岁，最低 44.50 岁，最高 74.25 岁。这个年龄段的候选人中，有很大一部分在我国研究生教育普及之前就已完成本科教育参加工作了，承担了国防军工和产业经济、科学研究等方面的重要工作，在实践中取得了成绩并证明了自己。他们没有继续追求硕士、博士学位，但他们的能力已经可以与成为硕士、博士的同龄人竞争。因此，受教育水平对候选人当选的影响不显著是可以理解的。

（2）海外经历的影响。有研究发现，有海外经历的人才其学术研究的创新性和成果的价值较高（张亚征等，2012）。但我们惊讶地发现，海外经历对于候选人晋阶院士遴选轮次的影响虽然为正但不显著。这意味着，一般的评价人才的学术性标准可能与中国工程院院士的遴选标准不一致，海外经历并不一定有助于候选人晋阶院士。而且，也可能由于具有海外经历而更注重国外的科研导向，与中国工程院院士遴选的导向出现了差异，导致海外经历不能显著地促进候选人当选。部分候选人较长时期的海外经历，反而缩短了其在国内科研活动中做出贡献的时间，减少了具有竞争力的科研成果，降低了遴选晋阶的可能性。

（3）国家级人才称号的影响。在 Talent 模型中，国家级人才称号对于候选人通过第二轮评审和最终当选具有正向的影响，但并不显著。当我们引入职务级别和国家级奖项因素后，国家级人才称号的影响在终选轮的影响转变为正向且在统计上变得显著。从回归系数的数值上看，终选轮的系数均在 0.6 上下且显著，在第二轮评审中约为 0.1 但不显著，这意味着具有国家级人才称号的候选人在第二轮评审中比没有国家级人才称号的候选人高出 12% 的可能性通过评审，最终当选的可能性则进一步高出 97% 且具有显著影响。因此，获得官方认可的人才称号对于候选人当选的影响是巨大的。社会上关于长江学者、国家杰青是院士后备人选——谓之“小院士”的说法，可谓名副其实。

（4）职务级别的影响。如果说受教育水平、海外经历、国家级人才称号都是候选人个人能力的直接体现，职务级别则与个人能力存在着纠缠关系。我们发现，担任高校院所等事业单位行政领导职务或企业老总等的候选人，对其在院士遴选中晋阶具有显著的正向影响。而且，从回归系数来看，在ZW模型中，第二轮评审时处级、局级及以上的回归系数分别为1.513、1.646，且在0.01的统计水平上显著；在终选轮时回归系数分别为14.618、15.283，且在0.001的统计水平上显著。这意味着相对于科级及以下的候选人而言，在第二轮评审中处级、局级及以上晋阶终选轮的可能性要分别高出3.54倍、4.18倍，在终选轮当选的可能性更是高出难以想象的百万倍。而局级及以上相对于处级而言，在第二轮晋阶终选轮的可能性高出12%，在终选轮当选的可能性则高出94%。数据显示，处级和局级及以上人数占候选人总数的92.12%，其中处级占46.34%，局级及以上占45.78%。因此，总体来看，院士候选人晋阶的竞争是处级和局级及以上候选人的竞争，而局级及以上候选人占据显著优势。无怪乎，2011年院士增选人初步名单出炉后，引发了院士人选官僚化的巨大争议（邓清波，2011）。而顾海兵和颜晴川（2009）针对中国工程院医药卫生学部和工程管理学部的当选院士进行分析后，认为院士群体已经官僚化。

（5）国家级奖项的影响。国家级奖项是当前国内没有明示的晋阶院士的“敲门砖”，唐爱国（2012）专门对此做了研究。有研究认为，院士当选与国家科技奖励制度之间具有关联关系（徐飞、赵明，2012）。我们用统计模型来验证这一影响在多元回归中是否具有双因素相关分析下的一致性。在第二轮评审和终选轮两个阶段，国家级奖项对候选人晋阶均具有显著的正向影响，回归系数分别为0.018、0.032。这意味着我们的研究从实证上验证了国家科技奖励制度与院士遴选之间的正向关联关系，候选人拥有的国家级奖项的数量越多、质量（分值）越高，越容易在遴选中胜出。在第二轮评审中，国家级奖项分值每增加1个单位，晋阶终选轮的可能性增加1.8%，在终选轮当选的可能性则增加3.2%。

在第 8 章中，我们将国家级奖项作为中国践行普遍主义原则的代理变量，对中国科学院院士遴选与中国工程院院士遴选进行对比分析，由此检验默顿提出的普遍主义原则在中国是否适用。从已有结果看，个体履性仍然在院士遴选中发挥着作用，而重大科技成就（如果以国家级奖项作为标志）同时也发挥着作用，这意味着普遍主义原则和利益冲突在中国并存。

2. 关于控制变量的说明

从 Base 模型来看，TECH 对候选人第二轮评审通过具有显著的正向影响，Region（中部）具有统计上显著的正向影响，Region（西部）具有正向影响但不显著。然而，这些变量对候选人最终当选的影响在统计上并不显著。

随着核心解释变量 EDU、Oversea、Talent 等的加入，控制变量中 Age、$Age^2$、Sex、lnPGDP 对第二轮评审通过的影响在统计上均不显著，Region（西部）不存在显著的差异，但 TECH 对候选人能否晋阶最终当选轮次一直具有显著的影响，同时 Region（中部）具有显著影响。在最终当选轮次，Sex、lnPGDP 等控制变量对最终当选的影响在统计上一直不显著，且不存在地区上的显著差异，但年龄具有显著的影响。Age、$Age^2$ 的影响变为在 0.05 的统计水平上显著，表明年龄对候选人最终当选具有的倒 U 形效应成立。根据 Awards 模型中年龄变量的估计结果，根据二次曲线的性质，可知当年龄低于 57.3 岁时，随着年龄提高，候选人当选的概率逐渐提高；当年龄高于 57.3 岁时，随着年龄提高，候选人当选的概率逐渐下降。中国工程院官网公布，2017 年增选的 67 名院士平均年龄为 56.37 岁，在一定程度上表明了我们的数据拟合较好。在核心解释变量不断引入过程中，存在显著的中西部地区差异，而且中部地区占优。

### 6.4.3 稳健性检验

从方法和变量两个角度进行结果的稳健性检验。

1. 基于方法变换的稳健性检验

从方法上看，前述采用无序多分类 Logistic 模型时因各分类之间并非独立而存在着潜在的问题，尤其是参考组的选择不一定适宜。因此，我们分别采用有序多分类 Logistic 模型和分阶段二分类 Logistic 模型对前面的结果进行了检验（见表 6-11）。在分阶段二分类 Logistic 模型中，第二轮评审时，样本量为 533，未进入第二轮评审的为 338 人。最终评选时，通过第二轮评审的候选人有 205 人，最终当选为 67 人，不同阶段的参照组会发生变化。由于存在缺失值，各阶段样本量有所减少。

**表 6-11　有序多分类 Logistic 模型和分阶段二分类 Logistic 模型**

| 变量 | 有序多分类 Logistic 模型 | 分阶段二分类 Logistic 模型 | |
|---|---|---|---|
| | | 第二轮评审 | 终选评审 |
| EDU（硕士） | -0. 248<br>(-0. 573) | -0. 537<br>(-1. 163) | 1. 381<br>(1. 709) |
| EDU（博士） | -0. 492<br>(-1. 338) | -0. 624<br>(-1. 505) | 0. 312<br>(0. 422) |
| Oversea | 0. 170<br>(0. 819) | 0. 196<br>(0. 919) | 0. 010<br>(0. 028) |
| Talent | 0. 361<br>(1. 700) | 0. 285<br>(1. 335) | 0. 442<br>(1. 186) |
| ZW（处级） | 1. 735***<br>(3. 228) | 1. 738**<br>(3. 127) | 13. 359***<br>(18. 427) |
| ZW（局级及以上） | 2. 132***<br>(3. 912) | 2. 082***<br>(3. 697) | 13. 890***<br>(19. 740) |
| Awards | 0. 023**<br>(2. 940) | 0. 022**<br>(2. 901) | 0. 012<br>(0. 929) |
| 控制其他变量 | 是 | 是 | 是 |
| 常数项 | — | -0. 344<br>(-0. 027) | -75. 580**<br>(-2. 822) |
| $N$ | 516 | 516 | 201 |
| Pseudo $R^2$ | 0. 0643 | 0. 0830 | 0. 0811 |
| $-2\ (LL_{model}-LL_{null})$ | -60. 758 | -57. 297 | -20. 632 |

注：本表仅报告核心变量结果。各变量横向对应的第一列为稳健回归系数，系数下方括号内为回归系数对应的标准差。* 代表 $p<0.05$，** 代表 $p<0.01$，*** 代表 $p<0.001$。

从有序多分类 Logistic 模型和分阶段二分类 Logistic 模型分析结果中发现，受教育水平、海外经历、国家级人才称号对候选人是否能够晋阶院士评选的下一轮或当选院士均不具有显著影响，处级和局级及以上职务级别均具有正向的显著影响。在有序多分类 Logistic 模型中，Awards 的影响显著为正；在分阶段二分类 Logistic 模型的第二轮评审中，其影响也显著为正，在终选轮中的影响为正但不显著。

总体来看，除了国家级人才称号的影响与无序多分类 Logistic 模型的估计结果在符号方向上一致但在统计上不显著外，其余的结果基本一致。

2. 基于变量替换的稳健性检验

从核心解释变量的测量方式上看，可以得到以下结果。

（1）在受教育水平变量中引入是否为名校进行检验，发现影响仍然不显著，模型的其他估计结果基本稳健。

（2）对海外经历变量，将海外经历的年限换算为连续计量的变量，没有检索到海外经历的年限设定为 0，发现海外经历的影响仍然不显著，模型的其他估计结果基本稳健。进一步地，为了避免没有检索到海外经历时将年限设定为 0 带来的偏差，剔除年限为 0 的样本进行回归，发现海外经历的影响在两个阶段仍不显著，但在对于候选人进入第二轮评审的影响接近 0.05 的统计水平上显著（$p=0.07$），如果以 0.1 为检验的统计水平，在一定程度上可以认为海外经历的年限越长，对候选人通过第二轮评审越有帮助。同时，模型的其他估计结果基本稳健。

（3）对国家级人才称号，我们将 Talent 变量包含的教育部长江学者、国家杰出青年基金获得者、担当 863/973 计划首席专家等拆分开来，发现仅国家杰出青年基金获得者对于进入第二轮评审有显著影响，而担当 863/973 计划首席专家对于最终轮当选为院士具有显著影响。结果体现出国家级人才称号总体上有正面影响，但不同人才称号的影响是不同的。特别要指出的是，我们发现长江学者称号对于候选人通过第二轮评审具有正向影响但不显著，对于候选人最终当选具有负面影响但不显著。这可能与长江学者的评选标准更强调学术性和院士的终选标准更强调经济社会贡献的差异有关。同时，模型的其他估计结果基本稳健。

（4）对国家级奖项，我们将候选人获得国家级奖项的次数作为连续变量引入时，发现其在第二轮评审中具有显著的正向作用，在最终轮次中具有正向影响但统计上不显著。同时，模型的其他估计结果基本稳健。

总体来看，决定院士当选是个人因素和社会经济因素共同作用的结果。我们通过研究发现，职务级别、国家级奖项对候选人最终当选院士具有显著的正向影响；在不同的评审阶段，年龄、国家级人才称号具有显著影响；受教育水平、海外经历的影响在院士遴选中没有显著差异。

## 6.5　结论与讨论

### 6.5.1　结论

领军人才的选拔或培养是国家创新驱动发展战略的重要支点。长期以来，这一议题仅局限于质性的观念性分析或描述性分析，没有构建一个领军人才的实证分析模型。本研究利用手工收集整理形成的数据集，包含了 2017 年中国工程院院士候选人的个体和地区宏观经济科技数据，针对中国工程院院士遴选活动，就人才遴选的标准和潜在的人才成长影响因素及路径，采用无序多分类 Logistic 模型进行了分析，并进行了基于方法变换和基于变量替换的稳健性检验，主要结论如下。

职务级别作为中国社会传统中最重要的变量，最直接地影响着院士候选人晋阶院士之路。在国内，具有行政职务既是候选人能力的表征，又是权力或资源获取权、分配权的代名词，也是社会关系的重要渠道。我们的研究发现，处级和局级及以上的候选人在第二轮评审和最终当选轮次通过的可能性远远大于处级及以下候选人通过的可能性。我们认为，这种显著的正向选择性是候选人能力、资源、关系等的综合体现。

获得国家级人才称号是晋阶院士的有效“敲门砖”。但在中国工程院院士遴选中，不同人才称号的影响并不一致，获得国家杰出青年基金或担当 863/973 计划首席专家的经历有助于候选人在第二轮评审或最终轮评审中通过，但需要区分人才称号的类别及其背后的原因。教育部长江学者的评审主要从高校中以学术标准遴选人才，而国家自然科学基金委员会遴选国家杰出青年基金获得者的选择面不仅包括高校，还包括中国科学院等科研院所。而担当863/973计划首席专家的候选人，通常在学术界或业内被高度认可，因此更容易在院士遴选中胜出。

获得国家级奖项不仅是晋阶院士的一块“敲门砖”，更是最终当选与否的决定性因素。这说明普遍主义原则在中国工程院院士遴选中发挥着重要的导向作用。国家自然科学奖、国家技术发明奖、国家科学技术进步奖等是经过官方认可的国家级奖项，对成果的先进性、代表性和社会经济、学术影响等具有很强的“官方”标签价值和权威性。我们使用分类赋值和个人获奖排名排序赋值并累加以及获奖次数的方法均表明，国家级奖项对于院士晋阶具有重要的影响。

尽管受教育水平、海外经历的影响不显著，但必须注意到院士遴选已经是中国最高层次人才的遴选，候选人已经是国内最高水平的一批工程科技人才，他们绝大多数均具有博士学位和海外经历。另外，没有海外经历或博士学位的候选人，他们工作后大多奋战在国防军工、重要的行业和产业领域的第一线，属于其所在行业或领域的顶尖人才，在经济社会和科技发展的实践中做出了巨大贡献。他们的贡献更加贴近中国工程院的院士遴选标准。因此，在实证分析中，受教育水平和海外经历的影响不显著也是可以理解的。换句话说，在领军人才成长的过程中，具有在重大科技活动、经济活动中的实践经历，对人才成长非常重要。

### 6.5.2 讨论：关于“学而优则仕”

由于本研究仅是基于中国工程院院士候选人的数据进行分析，这一结果与中国科学院的院士遴选标准可能存在较大差异。同时，仅分析一年的数据，不能排除遗漏变量和解释变量间相关关系的影响。将更多年份的数据以及中国科学院数据纳入分析，能够在一定程度上缓解样本局限带来的困扰。

本研究揭示，以中国工程院院士为代表的领军人才遴选过程具有其内在的选拔标准，更加重视国家级人才称号、国家级奖项等官方认可和已经做出的业绩贡献。职务级别作为一个与这些因素相关联的表征，对候选人晋阶院士具有重要影响。这一发现，对于国内科研、产业人才乃至用人部门、政府而言，都具有重要意义。我国科研活动去行政化过程具有持久性，只有正确看待这一问题，并探索更加合理的资源配置方式、人才培育方式，才能为科技精英的成长提供更好的助力。人才的成长不仅要具有自我的觉醒和成长，还需要用人部门给予更多的科研资源、基础条件的支持，甚至给予领导职务去支配科研资源和组建人才团队，政府要充分地关注到人才成长的个体及其制度环境，去调动和激励人才在重大的科研活动、产业经济中做出更大贡献，并完善人才的官方和社会认可机制，进一步反作用于人才成长。“学而优则仕”并不一定是贬责之词，只要有利于科技创新和经济社会的进步，让一部分真正的学优为科而“仕”，何乐而不为呢？但如何避免行政对科研的干扰确实是一个值得深入探究的问题。

作为一个传统社会中对“仕”有着无比偏好的国家，“士”如何能坚守本心，以“士”为“仕”之后又如何坚守本心，对于国家治理体系和治理能力的现代化而言，也是一个现实的挑战。对于科技界的现实则是，在高校院所中，“学/士→仕”之路必然不可避免，应该避免的是“仕而高则‘学’”，不能因为官高就必须追求学问大，或者以政治秩序干扰正常的科学秩序。这样的后果，必然会对科技界分层形成不正常扰动，如果这种扰动成为常态，必然会损害科技事业的发展和声誉，不利于民族科学精神的坚挺，也不利于创新型国家的建设。

特别说明，本章内容来自笔者的论文：唐家龙，缪鹏，蔺洪全. 院士遴选的决定因素：基于 2017 年工程院院士候选人数据的实证分析［J］. 中国科技论坛，2020（1）：156-164.

## ■ 本章参考文献

[1] 马妍，何苗，邢星，等．H 指数与类 H 指数应用于人才遴选的可行性探讨［J］．情报科学，2013，31（6）：60-66.

[2] 王福涛，周丹丹，张振刚，等．中国科学院院士遴选效度评价研究［J］．科技进步与对策，2017，34（11）：108-113.

[3] 陈仕伟，徐飞．中国科学院院士增选中的马太效应：以 2001 年—2009 年院士增选为例［J］．科学学研究，2011，29（1）：37-43.

[4] ARENSBERGEN P V，WEIJDEN I V D，BESSELAAR P V D. Academic Talent Selection in Grant Review Panels［J］．2014.

[5] BESSELAAR P V D，ARENSBERGEN P V. Talent Selection and the Funding of Research［J］．Higher Education Policy，2013，26（3）：421-427.

[6] 唐爱国．国家科技奖励是通向院士大门的敲门砖吗？［J］．社会科学管理与评论，2012（3）：31-36.

[7] 熊麟．基于学缘的中国科学院院士成长特征研究［D］．成都：西南交通大学，2013.

[8] 樊向伟，肖仙桃．中国科学院院士的年龄及学历结构研究［J］．情报杂志，2015，34（11）：36-39.

[9] 徐飞，卜晓勇．中国科学院院士特征状况的计量分析［J］．自然辩证法研究，2006，22（3）：68-74.

[10] 吴殿廷，李东方，刘超，等．高级科技人才成长的环境因素分析：以中国两院院士为例［J］．自然辩证法研究，2003，19（9）：54-63.

[11] 刘超，吴殿廷，顾苏丹，等．高级人才成材因素的初步研究：中国科学院院士成材背景的统计分析［J］．人文地理，2004，19（5）：64-68.

[12] 吴殿廷，刘超，顾淑丹，等．高级科学人才和高级科技人才成长因素的对比分析：以中国科学院院士与中国工程院院士为例［J］．中国软科学，2005（8）：70-75.

[13] 吴殿廷，陈向玲，刘超，等．我国高级科技人才空间集聚的初步研究：以两院院士为例［J］．中国科技论坛，2006（6）：108-112.

[14] 楼武林，吴殿廷，张艳平. 杰出经济学家成长的环境因素分析与启示：以诺贝尔经济学奖获得者为例 [J]. 传承，2010 (6)：98-101.

[15] 李瑞，吴殿廷，鲍捷，等. 高级科学人才集聚成长的时空格局演化及其驱动机制：基于中国科学院院士的典型分析 [J]. 地理科学进展，2013，32 (7)：1123-1138.

[16] 李峰，吴蝶. 高等教育背景如何影响不同学科科技人才成长：以教育部长江学者特聘教授为例 [J]. 高等教育研究，2016，37 (10)：42-48.

[17] 王帆，郭洪林，张冉. 人文社会科学领军人才成长特征研究：基于长江学者特聘教授的分析 [J]. 中国人民大学教育学刊，2015 (4)：128-145.

[18] 李永瑞，黎翔. 50后两院院士高等教育传记特征与政策建议 [J]. 北京师范大学学报 (社会科学版)，2010 (4)：33-39.

[19] 赵闯. h指数和多个类h指数应用于优秀科学家绩效评价的尝试：以美国医学研究院2003—2012年当选院士为例 [D]. 沈阳：中国医科大学，2015.

[20] 雷二庆，陈红光. H指数评价中国科学家的适用性及影响因素分析：以2007年中国科学院增选院士候选人为例 [J]. 科研管理，2009，30 (S1)：84-89.

[21] 帕尔默. 教育究竟是什么?：100位思想家论教育 [M]. 任钟印，诸惠芳，译. 北京：北京大学出版社，2008：5-6.

[22] CARMICHAEL L. Manpower and Human Talents [J]. The Science News-Letter, 1953, 63 (10): 154-156.

[23] SCHULTZ T W. Investment in Human Capital [J]. The American Economic Review, 1961, 51 (1): 1-17.

[24] KHILJI S E, TARIQUE I, SCHULER R S. Incorporating the Macro View in Global Talent Management [J]. Human Resource Management Review, 2015, 25 (3): 236-248.

[25] ADLER M. Stardom and Talent [J]. The American Economic Review, 1985, 75 (1): 208-212.

[26] 韩文玲，陈卓，韩洁. 关于科技领军人才的概念、特征和培养措施研究 [J]. 科技管理研究，2011，31 (22)：129-132.

[27] 李燕. 我国科技创新领军人才的过去、现在与未来 [J]. 中国人力资源开

发，2015（21）：65-71.

[28] JONES B F. Age and Great Invention [J]. Review of Economics & Statistics, 2010, 92（1）：1-14.

[29] 赵红州. 关于科学家社会年龄问题的研究 [J]. 自然辩证法通讯，1979（4）：29-44.

[30] 门伟莉，张志强. 科研创造峰值年龄变化规律研究综述 [J]. 科学学研究，2013，31（11）：1623-1629.

[31] 王通讯. 人才成长的八大规律 [J]. 决策与信息，2006（5）：15-16.

[32] 阎光才. 年龄变化与学术职业生涯展开的轨迹 [J]. 高等教育研究，2014，35（2）：41-47.

[33] 赵伟，徐琳. 信息科学领域国家杰出青年科学基金获得者年龄分布趋势研究 [J]. 中国基础科学，2011，13（5）：51-53.

[34] 朱克曼. 科学界的精英：美国的诺贝尔奖金获得者 [M]. 周叶廉，冯世则，译. 北京：商务印书馆，1979.

[35] 李祖超，李蔚然，王天娥. 24 位国家最高科学技术奖获得者成才因素分析 [J]. 教育研究，2014，35（12）：61-71.

[36] 刘少雪. 大学与大师：谁成就了谁——以诺贝尔科学奖获得者的教育和工作经历为视角 [J]. 高等教育研究，2012，33（2）：30-34.

[37] 李雨辰. 高等教育对创新人才成长的影响分析：基于两院院士的高等教育经历 [D]. 成都：西南交通大学，2015.

[38] 徐希元，王亚军. 从“名师出高徒”看博士生培养 [J]. 学位与研究生教育，2001（9）：11-13.

[39] 李晓轩，牛珩，冯俊新. 科研拔尖人才的成才规律与启示 [J]. 中国青年研究，2005，22（4）：73-76.

[40] LUO S, LOVELY M E. Intellectual Returnees as Drivers of Indigenous Innovation: Evidence from the Chinese Photovoltaic Industry [J]. The World Economy, 2017, 40（11）：2424-2454.

[41] CARR S C, INKSON K, THORN K. From Global Careers to Talent Flow: Reinterpreting “Brain Drain” [J]. Journal of World Business, 2005, 40（4）：386-398.

[42] JOHNSON J M R M. International Mobility of Scientists and Engineers to the United

States—Brain Drain or Brain Circulation? [J]. SRS Issue Brief, 1998: 6.

[43] WELCH A R, ZHEN Z. Higher Education and Global Talent Flows: Brain Drain, Overseas Chinese Intellectuals, and Diasporic Knowledge Networks [J]. Higher Education Policy, 2008, 21 (4): 519-537.

[44] 张亚征，赵伟，彭洁. 教育经历对中国高层次科技人才成长的影响分析：以能源领域为例 [J]. 中国科技论坛，2012 (3): 118-123.

[45] 李文聪，何静，董纪昌. 国际合作与海外经历对科研人员论文质量的影响：以生命科学为例 [J]. 管理评论，2018，30 (11): 68-75.

[46] 潮龙起. 高校高层次海归人才现状及其作用研究：以中央“千人计划”为中心 [J]. 东南亚研究，2014 (4): 57-63.

[47] 徐飞，赵明. 杰出科学家的国家认可机制探索：以中国科学院院士制度与国家自然科学奖励制度关联性为例 [J]. 科技导报，2012 (11): 85-94.

[48] 张九庆. 中国的国家科技奖励制度应向诺贝尔奖借鉴什么 [J]. 中国科技论坛，2015 (1): 1.

[49] 默顿. 科学社会学：理论与经验研究　上册 [M]. 鲁旭东，林聚任，译. 北京：商务印书馆，2003a.

[50] 韩茂莉，胡兆量. 中国古代状元分布的文化背景 [J]. 地理学报，1998 (6): 50-58.

[51] 郭鑫鑫，杨河清. 中国省际人才分布影响因素的实证研究 [J]. 人口与经济，2018 (3): 47-55.

[52] 裴玲玲. 区域科技人才集聚与高技术产业发展的互动关系研究 [D]. 南京：南京航空航天大学，2016.

[53] 王婧，林茵. 官而优则院士? [J]. 领导文萃，2010 (7): 42-45.

[54] 戴鞍钢. 发展与落差：近代中国东西部经济发展进程比较研究 [M]. 上海：复旦大学出版社，2006.

[55] 默顿，马亨亭 (译)，林聚任 (译). 科学界的优势和劣势累积 [J]. 贵州社会科学，2010 (11): 21-23.

[56] 王济川，郭志刚. Logistic 回归模型：方法与应用 [M]. 北京：高等教育出版社，2001.

[57] MCFADDEN D L. Conditional Logit Analysis of Qualitative Choice Analysis [J]. Frontiers in Econometrics，1974：105-142.

[58] 邓清波. 老总官员评院士应增三个条件 [J]. 学习月刊，2011 (19)：5.

[59] 顾海兵，颜晴川. 院士官员化倾向性分析 [J]. 学术界，2009 (3)：142-147.

# 第7章

# 晋阶院士之路：宏观因素的影响

## ——来自2017年中国工程院院士遴选的证据

## 7.1 问题的提出

2010 年前后，中国科学院和中国工程院院士的遴选成为国内业界和学界探讨的热门话题。由于院士头衔代表着崇高的学术地位，在全国具有极大的影响力，甚至有的地方给予院士副省部级干部的待遇。所以，院士头衔成为个体争相竞争的至高荣誉，院士成为各个省市不遗余力地争夺的对象。2007—2015 年增选的 226 名院士中，有 33 名主动发生了职业的横向流动（江珊、刘少雪，2018），是这场人才争夺战的最高层次的具象表现。从经济学的角度看，这些学术“明星”之所以如此重要，在于他们的不可替代性和潜在的巨大收益（Adler，1985）。尽管大家都看到了院士人才的极端重要性，但国内研究院士候选人晋阶的文献并不多。通过分析院士等领军人才成长或选拔的过程，了解院士候选人成长为院士的影响因素，不仅有助于分析领军人才成长的路径，也有助于从微观层面理解人才成长的环境条件需求，能够为一省一地深刻认识领军人才成长路径、避免缘木求鱼获得一些经验证据，同时也可以在一定程度上对社会上关于院士制度的一些批评和建设性意见（顾海兵、李慧，2003；张鲜堂，2003；潘家铮，2010）予以学术性的回应。

毫无疑问，领军人才的成长既是个体努力的结果，也离不开孕育人才发展的环境的作用。德国心理学家勒温指出，一个心理事件或行为的发生，是个人的状态及其所处环境作用的结果，要在客体和环境的关系之内寻找事件发生的原因（勒温，2003：14）。总体来看，当前针对院士等领军人才的研究文献基本从属于这一基本的分析框架。例如，吴殿廷等人认为，一个人的成功取决于多种因素，既包括个人努力，也包括环境因素。他们进一步将环境因素细分为微观、中观和宏观的环境因素（吴殿廷等，2006）。但更多的研究偏重针对某个具体的因素开展研究。例如，Jones（2010）、徐飞和陈仕伟（2012）、门伟莉和张志强（2013）以及樊向伟和肖仙桃（2015）重点关注了科研人才（包括院士）的年龄问题。李永瑞和黎翔（2010），张亚征、赵伟和彭洁（2012），李峰和吴蝶（2016）研究了院士、教育部长江学者的学历或教育背景问题。熊麟（2013）探讨了学缘对院士成长的影响。杨媛媛（2017）对院士长期工作地的地理文化做了研究。吴殿廷等（2003）和刘超等（2004）分析了院士分布的时空特征，指出院士成材比率与籍贯地的经济发展水平和地形地貌相关，大学教育甚至研究生教育和留学经历必不可少。楼武林等（2010）指出，强大的国家实力是诺贝尔经济学奖获得者成长的重要环境保障。从2001—2009年新增选院士的结果来看，出现了明显的省际不均衡，北京、上海等地出现了强者恒强的马太效应（陈仕伟、徐飞，2011）。

总体上，前述文献具有非常重要的启发性，为我们后续的分析奠定了较好的基础。但当前文献中的下述问题值得探讨：一是在样本选择上，主要针对显性的领军人才进行研究，缺乏对没有成为领军人才的潜在候选人的分析，这样可能导致样本选择出现幸存者偏差；二是在研究内容上，相对较多地重视成才路上个体的年龄、受教育水平等能力因素的分析，缺乏对领军人才所处经济社会环境的分析，或者将二者剥离开来，综合性研究还不多；三是在方法上，以对显性人才的定性或描述性分析为主，而且现有文献中还较少看到将某一类人才的候选人与当选者纳入同一框架的实证分析。当然，造成这些问题的主要原因可能是候选人数据搜集困难，不仅有信息披露不全面的问题，而且搜集起来耗费的时间和精力也非常惊人。

我们前期已经对影响院士候选人当选的个体进行了实证分析（唐家龙、缪鹏、蔺洪全，2020），并在第 6 章中进行了引述。本研究进一步探讨院士候选人所在地区的社会经济背景如何影响当选的机制和概率。

本研究的贡献在于：一是首次搜集了院士候选人和当选院士的个体人口社会学特征因素和省级宏观经济社会指标，将院士候选人和当选院士纳入同一分析框架，探讨影响院士候选人晋阶背后的经济社会机制，将院士候选人纳入分析范围扩展了现有文献。随着国内经济社会的发展，各个领域的人才纷纷涌现，既有文献过多地强调了个人能力，但忽略了经济社会环境对人才成长的影响，存在着可以加强的空间。我们的研究以个体的“能力”为基础，重点加强分析宏观的“环境”对人才成长的影响，可以丰富人们对于院士等领军人才遴选、培养的认识，具有理论价值。二是将经济社会等环境因素纳入分析中，能够探索环境因素对人才成长影响的经验证据，从而探讨其背后的政策含义。本研究的实证结果发现，经济发展水平对于院士候选人当选并没有显著的影响，但研发投入水平、城市化水平具有显著的正向影响，而经济开放度具有显著的负向影响。这表明，对于个体的成长而言，能力因素固然不可忽视，但环境的影响也不可忽视，结论的政策含义是不言而喻的。

本章余下部分安排如下：7.2 节对院士等领军人才的相关研究进行回顾并提出研究假设；7.3 节进行数据、方法、变量的描述；7.4 节进行实证分析和稳健性检验；7.5 节概述本章结论，并针对环境的作用进行相关讨论。

## 7.2　文献回顾和研究假设

个体特征、经历和所处环境决定了一个人的发展（Bronfenbrenner and Morris，2006）。或者说，科技人才要成长为院士，不仅需要自身的天赋和勤奋，还离不开社会的培养，需要经济资源和社会资源的支持（陈仕伟、徐飞，2011）。现有文献基本上可归类为对个体自身因素和环境因素的研究，或者二者结合的分析。限于篇幅，本研究将重点关注经济发展水平等经济社会因素对吸引和促进领军人才成长的影响。

### 7.2.1 经济发展水平与院士候选人晋阶

对于高端人才而言，所在地区的经济发展水平越高，其面临的外地吸引的“推力”越小，而本地留住人才的“拉力”越大。在推力和拉力的共同作用下，人才更多地涌向或留在经济条件更优渥的地区。更重要的是，在经济发达地区，有更多的就业机会、更高的薪酬期望、更大的成长空间、更优渥的人才环境等，能够为人才的成长和其家人的生活提供更有力的支撑。从理论上看，人口迁移的推拉理论对于解释经济社会因素与人才成长的关系具有重要的启示。迁移决策取决于对迁出地的推力因素和迁入地的拉力因素的理性分析（Lee，1966）。陈锐等（2014）研究发现，人口总量较多并且人均 GDP 较低的地区，人口容易流向人均 GDP 较高的地区。根据国家统计局数据，改革开放以来我国各区域经济总量不断攀升。1978 年，东部、中部、西部、东北地区的生产总值分别为 1514 亿元、750 亿元、726 亿元和 486 亿元，占全国的比重分别为 43.56%、21.58%、20.89%、13.98%。2018 年，东部、中部、西部和东北地区的生产总值分别达到 48.1 万亿元、19.3 万亿元、18.4 万亿元和 5.7 万亿元，占全国的比重分别为 52.57%、21.09%、20.11%、6.23%。东部地区 GDP 在全国的比重明显上升，东北地区明显下降，而中部和西部地区基本保持不变。显然，东部地区的经济增长率在全国占据明显优势。从现实情况来看，东北地区人口流出和经济下滑严重甚至有“沦陷”的危险。这已经引起了国家层面的高度重视。东部地区也是先进制造业集聚的主要区域。针对产业集群与高端人才的分析发现，产业集群的出现导致高端人才向其集聚，从而人才的跨区域迁移不可避免（于斌斌，2012）。陈仕伟和徐飞（2011）指出，院士的出生地大多在经济发达地区。发达地区在人才培养方面具有资源优势，往往进一步累积形成院士候选人当选的优势。更直观地，刘超等（2004）指出，院士成材比率与籍贯地的经济发展水平呈显著的正相关。

杨媛媛（2017）发现，院士长期工作地的分布与各地区的人均 GDP 和城镇居民人均可支配收入等经济发展指标呈线性相关。郭鑫鑫和杨河清（2018）研究了人才的省域分布，发现经济发展水平越高，对人才的吸引力越大。基于此，我们提出以下假设。

假设 1：一个地区的经济发展水平越高，来自这个地区的院士候选人晋阶院士的可能性越高。

### 7.2.2　经济开放度与院士候选人晋阶

改革开放以来，尤其是在 1992 年邓小平同志南方谈话和 2001 年加入世界贸易组织以后，中国的经济开放度大幅提升，对外贸易和吸引外资的水平迅速提升。在这个过程中，中国的经济和科技都经历了对外开放的历程，通过加工贸易和引进消化再吸收的方式，中国经济得到了迅速的发展。经济的发展和对外开放促进了人才的成长，而人才的成长又会推动经济增长。同时，多样性和开放性也能够吸引人才（Florida and Gates，2002），开放往往和包容、多元联系在一起，这些特质共存的地方往往标志着创新和创造的汇聚。有学者认为，中国技术进步的主要原因就在于自身经济开放，融入世界产业链条中（强永昌、符磊，2013）。在开放进程中，各行各业的人才通过自主学习和对外学习取得了长足进步。开放不仅对人才存量有直接影响，对创新和区域经济也有直接影响（Qian，2010）。而且经济开放度高的区域，无论是人才走出国门还是海外人才进入本地交流学习的机会也更多。改革开放以后，尤其是后期对外资开放以后，国内机构、企业和人才通过与海外高水平的同行打交道，一方面能够通过外部压力推动人才学习进而提高，另一方面也能够逐渐增强人才自信心和提升人才眼界，促进国内外优秀科学技术知识和文化融会贯通，推动人才成长。基于此，我们提出以下假设。

假设 2：一个地区的经济开放度越高，来自这个地区的院士候选人晋阶院士的可能性越高。

### 7.2.3 研发投入与院士候选人晋阶

研发投入是知识生产的过程（Romer，1986），对于技术进步和规模报酬递增具有重要作用，是人类打破马尔萨斯陷阱的重要途径。在人才的成长过程中，科研条件的支持不可或缺。根据国家发布的统计公报，自2006年提出建设创新型国家以来，我国的全社会研究与试验发展（R&D）经费大幅增加，从2006年的2943亿元增长到2019年的2万亿元以上，全社会研发投入占国内生产总值的比重从1.41%上升到2.23%。随着经济社会进步、科研投入的增加，必然带来技术的变革，孕育更多的精英人才。区别于经济发展水平对人才成长广泛而多元的影响，研发投入是对科技创新和科技人才的直接支出，能够对人才进行科学探索和技术研究、成果产业化等活动起到直接的条件支撑作用，并能够形成更多的杰出科研成果，从而加强院士候选人在竞争中的获胜基础，有利于院士候选人在遴选中胜出。前期的一些描述性统计也支持这一推论。统计公报数据显示，2019年R&D经费投入超过千亿元的省市有6个，分别为广东（3098.5亿元）、江苏（2779.5亿元）、北京（2233.6亿元）、浙江（1669.8亿元）、上海（1524.6亿元）和山东（1494.7亿元），全部集中在东部地区；R&D经费投入强度（与地区生产总值之比）超过全国平均水平的省市有7个，分别为北京、上海、天津、广东、江苏、浙江和陕西。吴殿廷等（2006）指出，院士数量与R&D经费、R&D经费占GDP的比例显著相关。陈仕伟和徐飞（2011）发现，近10年增选的院士基本上集中在科研机构和重点高校，而科研机构和重点高校正是研发投入相对密集的单位。科技工作者由于得到了更好的科研基础条件和环境支持，能够更好地积累学科和产业领域的专项人力资本，提升学术声誉，从而为院士候选人当选提供支撑。因此，在院士遴选中，研发投入可能导致院士增选出现马太效应，研发投入水平越高，高端人才越密集，越容易形成优势累积的效应，涌现出院士人才的可能性也就越高。2008年爆发的经济危机给出了一个生动的例证。经济危机导致各国研发投入出现较大波动，引起了人才的洲际流动，使人才向研发投入更丰裕的国家和地区转移（Marijk，2015）。基于此，我们提出以下假设。

假设 3：一个地区的研发投入水平越高，来自这个地区的院士候选人晋阶院士的可能性越高。

### 7.2.4　城市化水平与院士候选人晋阶

城市化进程是经济发展过程中的人口结构、产业结构、城市管理乃至文化变化，其内涵远远超越经济增长的单一内涵。在这个进程中，城市一方面由于高度专业化的分工和产业的多元性，有利于吸引更多的人才；另一方面也为更多优秀人才的涌现提供了发挥作用的舞台。城市中拥有良好的产业集聚效应、先进的科研条件和信息交流平台，有利于知识和信息的共享，从而提升创新的效率。在知识溢出功能的支持下，创新活动能够在城市内高效地传播，使城市成为创新的中心（刘俊、白永秀、韩先锋，2017）。不仅如此，城市也是公共资源、文化资源供给的中心，除了能够为人才自身的教育成长、科研活动提供较好的条件支持外，对其子女的教育、生活便利等也提供了有效支持。在中国的城镇化进程中，过去主要体现在人口的临时迁移上，如农民工进城务工，后来逐渐演变为郊区城镇化，农村人口市民化，乡村人口向县镇聚集，县镇人口向市区聚集，中小城市人口逐渐向大城市、中心城市、都市圈汇聚。人才的移动也呈现出类似的模式。因此，可以较为明显地观察到，中国人才的空间分布出现了较大的变化，高层次人才更多地向大中城市和区域中心城市集聚，而乡村人才则向地市区县等中小城市集聚。城市化和教育因素对区域人才密度有着直接影响，城市化既是区域经济增长的主要动力，也通过吸引人才间接促进区域经济增长（姜怀宇、徐效坡、李铁立，2005）。城市化对技术开发效率的影响具有条件性，当城市化水平跨越一定临界值时就会促进技术开发效率（刘俊、白永秀、韩先锋，2017）。正如吴殿廷等（2006）所述，院士主要集中在政治中心、经济中心、文化中心，以及其他一些人口密集、经济发达的省市。这些地方恰恰也是中国城市化水平最高的区域。基于此，我们提出以下假设。

假设 4：一个地区的城市化水平越高，来自这个地区的院士候选人晋阶院士的可能性越高。

### 7.2.5 地域差异与院士候选人晋阶

自古以来，中国人才的培养和涌现就受到区域经济发达程度、乡土人文因素、科技发展水平甚至地理条件的影响，呈现出明显的区域差异。例如，对中国古代状元的地域分布进行研究发现，状元籍贯的地理分布与时空变化表现出向少数州府集中的趋势（韩茂莉、胡兆量，1998）。总体来看，我国状元的地理分布在南宋以前主要集中在黄河中下游各地区，但南宋以后则集中在长江流域各地区。历史上，江苏和浙江分别涌现出 76 位和 64 位状元，两省合计占全国有籍可考的状元数量的 31.25%（梅介人，2002）。自新中国成立以来，人才的分布又出现了新的特点。吴殿廷等（2006）对两院院士的空间集聚进行分析发现，院士在省份之间分布极不平衡，多者如北京，占到全国院士的一半以上；有的省份则一个院士也没有。在东部地区工作的院士占全国院士总数的 82%，这一比例远高于该地区的人口和经济总量在全国所占的比例。近 10 年增选的结果表明，新增院士在全国各省级行政区的分布呈现出不均衡分布的马太效应（陈仕伟、徐飞，2011）。杨媛媛（2017）发现，院士人才的分布受到历史因素的影响，“三线建设”打破了院士人才偏向东部沿海地区的传统布局；但当前区域经济发展水平等差异仍然形成了在东部工作的院士多于中部、西部的局面。显然，院士的不均衡分布与经济发展水平、生产力空间布局、产业集聚等因素密切相关（郭鑫鑫、杨河清，2018；裴玲玲，2016）。相对于其他地区，预期未来人口依然还会活跃在中、东部地区（陈锐等，2014）。显然，人才也不可能脱离这一总体的大趋势。基于此，我们提出以下假设。

假设 5：院士候选人的晋阶具有区域差异，来自东部地区的候选人晋阶院士的可能性高于中、西部地区的候选人。

## 7.3　数据来源与变量描述

### 7.3.1　数据来源

本研究关注中国工程院院士遴选问题，搜集了中国工程院 2017 年院士增选公示的候选人初选信息、第二轮评审名单和最终入选名单的信息。根据公示的姓名、年龄、性别、当前工作单位、所在学部等信息，我们对院士候选人的教育经历、任职经历、海外经历、获得国家级科技奖励以及当前工作单位所在省份（自治区、直辖市）的经济社会指标进行了搜集。由于没有获得候选人的申报书，个体信息数据主要通过搜索引擎、候选人工作单位官网和个人网站以及中国工程院官网、中国知网和其他学术期刊网站、高校发布的校友活动信息等渠道获得或验证。经济社会指标主要通过国家统计局官网和《2016 年全国科技经费投入统计公报》直接获取或利用有关指标计算得来。

根据中国工程院院士增选公示信息，2017 年有效候选人 533 人（其中港澳候选人 4 名），进入第二轮评审名单 205 人，最终当选 67 人，进入第二轮、最终晋阶院士的比例分别为 38.46%、12.57%，意味着最终 8 人中有 1 人能够当选院士。鉴于没有取得个别候选人的教育相关信息，样本略有缺失，剔除港澳候选人后样本变为 517 人。

### 7.3.2　变量定义

1. 因变量

根据院士增选公布的有效候选人名单、第二轮评审名单、终选名单，我们设定因变量。对于进入有效候选人名单者，如果在第二轮评审中被淘汰，设置变量 $Y=0$；未被淘汰但没有最终入选，设置变量 $Y=1$；如果最终当选，则 $Y=2$。因此这是一个多分类的因变量，但又不同于完全的有序多分类变量，因为有效候选人进入第二轮评审与第二轮评审进入终选名单的评选标准存在差异。样本中，进入第二轮评审名单 203 人，最终当选

67 人。

核心解释变量的说明如下。

（1）经济发展水平。经济发展水平是一个地区发展的重要基础，也是代表区域竞争力的重要指标。由于每个省份的人口数量不同，我们引入候选人所在省份的人均 GDP 作为经济发展水平的度量指标，并对其进行对数化处理，得到对数化的人均 GDP 变量 lnPGDP。经济发展水平越高，各类生产和科研要素资源集聚度就越高，从而候选人能够获得的机会、支持和高水平合作也越多。在研究假设 1 中，我们预期经济发展水平对候选人当选具有显著的正向影响。

（2）经济开放度。开放度即一个地区的对外开放度，是代表区域竞争力的重要指标。由于每个省份的 GDP 总量不同，我们引入开放度变量，使用候选人所在省份进出口贸易总额的对数表示。开放度越高，对外交流机会就越多，从而候选人就有更多的机会对外进行学术和技术的交流，学习国外的优秀知识和经验。在研究假设 2 中，我们预期经济开放度对候选人当选具有显著的正向影响。

（3）研发投入。研发投入代表一个地区对于科研的重视程度，也代表该地区对于创新的支持力度。我们引入候选人所在省份的研发投入，并将其进行对数化处理，得到对数化的研发投入变量。研发投入水平越高，候选人所能获得的研发资源也就越多，并且更能提升研发热情，有利于候选人产出科研成果。在研究假设 3 中，我们预期研发投入水平对于候选人当选具有显著的正向影响。

（4）城市化水平。城市化是经济社会发展的综合结果，既可以认为它是经济因素，因为它可以代表更高的收入水平，更重要的是城市的人才集聚和知识溢出功能，能够集聚更多的高校、产业和人才；也可以认为它是社会因素，因为它可以代表更好的公共资源设施和更高水平的社会化服务。用候选人所在省份常住人口占总人口的比重作为城市化水平的度量。在研究假设 4 中，我们预期城市化水平对候选人当选具有显著的正向影响。

（5）区域。中国经济社会发展具有明显的区域差异，呈现出沿海经济社会发展水平较高、中部次之、西部最弱的一个总体格局。这是中国改革开放以来不平衡发展战略的结果。参考有关文献，将中国大陆的 31 个省市区划分为三个大的区域（蔡昉、都阳，2000）。定义东部区域 Region = 1，中部区域 Region = 2，西部区域 Region = 3。在研究假设 5 中，我们预期来自不同区域的候选人当选院士的可能性存在显著差异，东部地区因总体发展水平较高而占有优势。

2. 控制变量

我们引入年龄、性别、受教育水平、候选人职务级别、国家级奖项等指标作为控制变量。简要说明如下。

（1）年龄。以候选人 2017 年申请院士评审时的年龄为准，将年龄（Age）、年龄的二次方（$Age^2$）设为控制变量。赵红州（1979）指出，存在一个最佳创造年龄规律。因此，年龄对候选人当选院士可能存在倒 U 形的选择性。

（2）性别变量。候选人如果为女性，变量值为 0，否则变量值为 1。

（3）受教育水平。总体来看，高科技人才成长的轨迹显示，学历越高，成就越高（熊麟，2013：18）。候选人的教育程度均在本科及以上，因此我们根据候选人是否具有学士、硕士、博士学位，设定教育的分类变量为 0、1、2，分别代表候选人相应的受教育水平。

（4）职务级别。以申请人申报时间之前曾经担任过的最高职位为标准。行政职务是直接的权力资源，也是重要的社会资本。候选人主要来自高校、科研院所等事业单位和国有企业、军队，较小部分来自民营企业。为了方便，简化职务层级，设定科级及以下为 0，处级为 1，局级及以上为 2。来自非国有企业的候选人，设定总裁、董事长、总工等为局级，中层为处级，其余为科级及以下。部队中少将对应局级，依此类推，校级对应处级。在中国，行政职务的影响是巨大的，这也是院士增选多次被诟病的重要原因。必须提醒的是，职务级别和个人能力通常呈正相关关系，但我们的数据还不能甄别这种关系。

（5）国家级奖项。有研究发现，获得国家自然科学奖、国家技术发明奖、国家科学技术进步奖三大奖项对院士当选具有一定的门槛效应（唐爱国，2012），当选院士获得国家科技奖励排名在第一位的比例较高（徐飞、赵明，2011）。本研究中，我们引入候选人获得三大国家级科技奖次数作为连续变量，没有获奖的以 0 次计算。

### 7.3.3 变量描述

针对本章重点关注的经济社会变量等因素，我们进行了较为简明的描述性分析。表 7-1 详细列出了各个变量符号和描述性统计结果。

**表 7-1 变量的描述性统计**

| 变量 | 符号 | 平均值 | 标准差 | 最小值 | 中位数 | 最大值 |
|---|---|---|---|---|---|---|
| 入选状态 | Y | 0.520 | 0.714 | 0 | 0 | 2 |
| 经济发展水平 | lnPGDP | 2.056 | 0.449 | 1.015 | 2.270 | 2.469 |
| 研发投入 | R&D | 6.712 | 0.865 | 3.077 | 7.303 | 7.618 |
| 经济开放度 | Open | 18.674 | 1.569 | 7.169 | 19.459 | 20.678 |
| 城市化水平 | Urban | 71.48 | 14.99 | 44.16 | 67.72 | 87.89 |
| 区域 | Region | 1.524 | 0.796 | 1 | 1 | 3 |
| 年龄 | Age | 55.79 | 4.71 | 44.50 | 55 | 74 |
| | $Age^2$ | 3134.84 | 541.18 | 1980 | 3006 | 5513 |
| 性别 | Sex | 0.932 | 0.252 | 0 | 1 | 1 |
| 受教育水平 | EDU | 1.733 | 0.586 | 0 | 2 | 2 |
| 国家级奖项 | Awards | 1.633 | 1.327 | 0 | 1 | 8 |
| 职务级别 | ZW | 1.385 | 0.617 | 0 | 1 | 2 |

注：对于分类变量，其平均值、标准差仅供参考，在一定程度上可以反映分布情况。

（1）经济发展水平。当地经济发展水平对于领军人才成长具有积极影响（李小平、李春森，2007）。一般来说，经济更加发达的地区的各种福利待遇会高于其他一些地区，从而会对人才产生更大的吸引力。同时，这些地区往往财力雄厚，能够提供更多、更好的创新资源，为科技精英的成长提供较好的条件。那么地区经济发展水平是否会对候选人当选产生影响呢？我们将人均 GDP 按数值大小均等划分为高、中、低三个组别后进行分析（见表 7-2）。

**表 7-2　2017 年中国工程院院士候选人所在地区经济发展水平与晋级情况**

| 人均 GDP | | 初评 | 第二轮 | 当选 | 小计 |
|---|---|---|---|---|---|
| 高收入 | 人数 | 108 | 44 | 28 | 180 |
| | 横向比例 | 60.00% | 24.44% | 15.56% | 100% |
| | 纵向比例 | 33.23% | 32.12% | 41.79% | 34.03% |
| 中收入 | 人数 | 117 | 41 | 16 | 174 |
| | 横向比例 | 67.24% | 23.56% | 9.20% | 100% |
| | 纵向比例 | 36.00% | 29.93% | 23.88% | 32.89% |
| 低收入 | 人数 | 100 | 52 | 23 | 175 |
| | 横向比例 | 57.14% | 29.71% | 13.14% | 100% |
| | 纵向比例 | 30.77% | 37.96% | 34.33% | 33.08% |
| 总计 | 人数 | 325 | 137 | 67 | 529 |
| | 横向比例 | 61.44% | 25.90% | 12.67% | 100% |
| | 纵向比例 | 100% | 100% | 100% | 100% |

注：为了反映更充分的信息，描述性分析中样本数不同于后续实证分析的样本数，样本中不包括香港 3 人和澳门 1 人，后同。

所有候选人中，高、中、低收入地区入选的比例相差并不大，均在 33%上下浮动。但从最终的比例来看，高收入地区的当选者所占比例最高，且相对于占全体候选人的比例而言上升了 7.76 个百分点；而中收入地区的当选者所占比例则下降了 9.01 个百分点；低收入地区的比例略有上升。在一定程度上，这表明地区收入与当选之间的关系并不完全清晰。猜测其中的原因，可能是高收入地区的候选人确实受益了，但低收入地区的候选人可能受益于国家科技战略布局，反而使得经济因素的作用被扰乱了。

（2）研发投入。研发经费投入是推动科技进步的重要力量。随着研发投入的增加，研发人员的创新能力将在学习和实践过程中得到不断提升。参照前述关于经济发展水平的处理，我们将研发投入水平按数值大小划分为高、中、低三个组别。如表 7-3 所示，高投入地区的候选人比例最高，达到了 51.98%；中投入地区的候选人所占比例最低，只有 14.74%；低投入地区的候选人所占比例为 33.27%。地区研发投入与地区候选人比例呈 U 形关系。从最终当选情况看，高投入地区当选的人数和比例均为最高，且当选比例相对于占候选人总体比例高 1.75 个百分点，中投入地区的当选比例也上升了 1.68 个百分点，而低投入地区则下降了 3.42 个百分点。这说明研发投入越高的地区，候选人越可能进入候选名单，而且后期当选的可能性会相对占优。

**表 7-3　2017 年中国工程院院士候选人所在地区研发投入与晋级情况**

| 研发投入 | | 初评 | 第二轮 | 当选 | 小计 |
|---|---|---|---|---|---|
| 高投入 | 人数 | 170 | 69 | 36 | 275 |
| | 横向比例 | 61.82% | 25.09% | 13.09% | 100% |
| | 纵向比例 | 52.31% | 50.36% | 53.73% | 51.98% |
| 中投入 | 人数 | 47 | 20 | 11 | 78 |
| | 横向比例 | 60.26% | 25.64% | 14.10% | 100% |
| | 纵向比例 | 14.46% | 14.60% | 16.42% | 14.74% |
| 低投入 | 人数 | 108 | 48 | 20 | 176 |
| | 横向比例 | 61.36% | 27.27% | 11.36% | 100% |
| | 纵向比例 | 33.23% | 35.04% | 29.85% | 33.27% |
| 总计 | 人数 | 325 | 137 | 67 | 529 |
| | 横向比例 | 61.44% | 25.90% | 12.67% | 100% |
| | 纵向比例 | 100% | 100% | 100% | 100% |

（3）经济开放度。Lemoine 和 Unal 指出，中国科技进步的主要原因在于自身经济开放，融入到了世界产业链条中（强永昌、符磊，2013）。将经济开放度按数值大小划分为高、中、低三个组别进行分析。如表 7-4 所示，全体候选人中，来自经济开放度高的地区的候选人占 48.58%，而经济开放度中等的地区的候选人只占 18.90%，地区经济开放度与地区候选人比例呈 U 形关系。最终当选的 67 位候选人中，经济开放度高的地区的

当选比例达到了 56.72%，而经济开放度中等地区的当选比例只占 10.45%，一升一降之间进一步拉大了高开放度与中等开放度之间的差别，而低开放度的比例基本保持不变。

**表 7-4　2017 年中国工程院院士候选人所在地区经济开放度与晋级情况**

| 经济开放度 | | 初评 | 第二轮 | 当选 | 小计 |
|---|---|---|---|---|---|
| 高 | 人数 | 154 | 65 | 38 | 257 |
| | 横向比例 | 59.92% | 25.29% | 14.79% | 100% |
| | 纵向比例 | 47.38% | 47.45% | 56.72% | 48.58% |
| 中 | 人数 | 71 | 22 | 7 | 100 |
| | 横向比例 | 71.00% | 22.00% | 7.00% | 100% |
| | 纵向比例 | 21.85% | 16.06% | 10.45% | 18.90% |
| 低 | 人数 | 100 | 50 | 22 | 172 |
| | 横向比例 | 58.14% | 29.07% | 12.79% | 100% |
| | 纵向比例 | 30.77% | 36.50% | 32.84% | 32.51% |
| 总计 | 人数 | 325 | 137 | 67 | 529 |
| | 横向比例 | 61.44% | 25.90% | 12.67% | 100% |
| | 纵向比例 | 100% | 100% | 100% | 100% |

（4）城市化水平。城市化水平代表一个地区经济社会发展的综合水平，尤其是公共基础设施建设和社会福利水平。城市化水平越高，对于候选人的吸引力和成长的帮助越大。将城市化水平按数值大小划分为高、中、低三个组别进行分析。如表 7-5 所示，城市化水平高的地区进入候选名单的人最多，达到了 45.75%，与经济发展水平、研发投入、经济开放度等因素的分析类似，我们发现中等城市化地区处于相对劣势。在最终当选的候选人中，来自城市化水平高的地区占比为 55.22%，城市化水平中等地区的候选人所占比例下降到 14.93%，城市化水平较低地区的候选人所占比例略有下降。

**表 7-5　2017 年中国工程院院士候选人所在地区城市化水平与晋级情况**

| 城市化水平 | | 初评 | 第二轮 | 当选 | 小计 |
|---|---|---|---|---|---|
| 高 | 人数 | 144 | 61 | 37 | 242 |
| | 横向比例 | 59. 50% | 25. 21% | 15. 29% | 100% |
| | 纵向比例 | 44. 31% | 44. 53% | 55. 22% | 45. 75% |
| 中 | 人数 | 87 | 29 | 10 | 126 |
| | 横向比例 | 69. 05% | 23. 02% | 7. 94% | 100% |
| | 纵向比例 | 26. 77% | 21. 17% | 14. 93% | 23. 82% |
| 低 | 人数 | 94 | 47 | 20 | 161 |
| | 横向比例 | 58. 39% | 29. 19% | 12. 42% | 100% |
| | 纵向比例 | 28. 92% | 34. 31% | 29. 85% | 30. 43% |
| 总计 | 人数 | 325 | 137 | 67 | 529 |
| | 横向比例 | 61. 44% | 25. 90% | 12. 67% | 100% |
| | 纵向比例 | 100% | 100% | 100% | 100% |

（5）区域。有研究指出，67. 56% 的两院院士在北方，远远高于在南方的两院院士的数量（吴殿廷等，2003）。东部地区候选人占到整体的 68. 05%，这是一个相当高的比例；中部地区最低，只有 12. 85%；西部地区达到了 19. 09%（见表 7-6）。从最终当选情况看，东部地区所占比例仍然最高，西部地区次之，中部地区最低。从候选比例与当选比例前后对比来看，东、中、西部没有显著的差异。但必须看到东部地区入围和当选的人数及比例远高于中、西部地区这一重要事实，因此，东、中、西部存在显著差异的事实不容否认。

**表 7-6　2017 年中国工程院院士候选人所在区域与晋级情况**

| 区域 | | 初评 | 第二轮 | 当选 | 小计 |
|---|---|---|---|---|---|
| 东部 | 人数 | 229 | 86 | 45 | 360 |
| | 横向比例 | 63. 61% | 23. 89% | 12. 50% | 100% |
| | 纵向比例 | 70. 46% | 62. 77% | 67. 16% | 68. 05% |

续表

| 区域 | | 初评 | 第二轮 | 当选 | 小计 |
|---|---|---|---|---|---|
| 中部 | 人数 | 33 | 26 | 9 | 68 |
| | 横向比例 | 48. 53% | 38. 24% | 13. 24% | 100% |
| | 纵向比例 | 10. 15% | 18. 98% | 13. 43% | 12. 85% |
| 西部 | 人数 | 63 | 25 | 13 | 101 |
| | 横向比例 | 62. 38% | 24. 75% | 12. 87% | 100% |
| | 纵向比例 | 19. 38% | 18. 25% | 19. 40% | 19. 09% |
| 总计 | 人数 | 325 | 137 | 67 | 529 |
| | 横向比例 | 61. 44% | 25. 90% | 12. 67% | 100% |
| | 纵向比例 | 100% | 100% | 100% | 100% |

## 7. 4　实证分析

### 7. 4. 1　模型设定

我们将候选人分为入围第二轮、第二轮评审通过、最终当选三种状态（Y=0、1、2）。结果变量与轮次之间有时间先后且不同轮次结果存在递进性，既不完全具备有序分类变量的性质，也不完全等同于无序分类。但有序 Logistic 模型不能捕捉相同的解释变量对候选人在不同轮次晋阶影响的差异，因此我们最终决定以入围初评而未入围第二轮的候选人为参照组，采用无序多分类 Logistic 模型，从而可以通过同一个回归分析模型分别得出解释变量对候选人进入第二轮评审和最终当选状态的影响。

参照第 6 章的处理方式，根据王济川和郭志刚（2001）的著述，针对 $j=0,1,2,\cdots,J$ 类的多分类结果变量，出现结果 $Y=j$ 相对于不出现结果 $Y=j$ 的风险由下式决定：

$$\ln \frac{p_j}{1-p_j} = \alpha_j + \sum_{k=1}^{K} \beta_{jk} x_k$$

式中，$p_j$ 表示结果事件 $j$ 发生的概率；$p_j/(1-p_j)$ 表示结果发生相对于结果不发生的概率；$\alpha_j$ 表示截距项；$\beta_{jk}$ 表示自变量对因变量产生影响的参数估计，采取似然函数获得；$x_k$ 包括了解释变量 lnPGDP、R&D、Open、Urban、Region 和控制变量 Age、$Age^2$、EDU、ZW、Awards。

### 7.4.2 回归结果

利用统计分析软件包 Stata 15.0 的 mlogit 命令执行上述模型，对 $\beta_{jk}$ 采用稳健标准差估计以消除异方差带来的影响。我们采用先对所有控制变量进行回归，再逐步加入核心解释变量的方式进行分析。为了节省篇幅，我们只报告加入了纯控制变量模型（模型 1）和加入全部解释变量后的最终模型（模型 2），包括回归系数、统计显著性 $p$ 值，结果见表 7-7。从模型拟合优度看，模型 1 和模型 2 的 Pseudo $R^2$（伪 $R^2$）分别为 0.041 和 0.071。随着解释变量的增加，伪 $R^2$ 提升了 0.03。根据 Stata 手册，模型的拟合优度可以用 $D=-2$（$LL_{model}-LL_{null}$）来计算。模型 1 和模型 2 的 $D$ 值分别为-39.111 和-67.133，说明引入核心解释变量后模型的拟合优度得到明显提升，增强了模型的解释力。因此，从伪 $R^2$ 标准和 $D$ 值来看，引入经济社会变量是有效的，增强了模型的解释力。

**表 7-7　2017 年中国工程院院士候选人晋阶的多分类 Logistic 模型结果**

| 自变量 | 模型 1 | | 模型 2 | |
|---|---|---|---|---|
| | 第二轮 | 终选轮 | 第二轮 | 终选轮 |
| lnPGDP | | | -1.504<br>(0.213) | -2.599<br>(0.110) |
| R&D | | | 1.061**<br>(0.006) | 1.029<br>(0.062) |
| Open | | | -0.204<br>(0.182) | -0.303*<br>(0.021) |
| Urban | | | 0.059*<br>(0.043) | 0.103*<br>(0.010) |

续表

| 自变量 | 模型 1 | | 模型 2 | |
|---|---|---|---|---|
| | 第二轮 | 终选轮 | 第二轮 | 终选轮 |
| Region（中部） | | | 1. 760** | 1. 425 |
| | | | (0. 001) | (0. 062) |
| Region（西部） | | | 1. 434* | 1. 345 |
| | | | (0. 016) | (1. 000) |
| Age | -0. 241 | 1. 465 | -0. 171 | 1. 415 |
| | (0. 472) | (0. 057) | (0. 608) | (0. 062) |
| $Age^2$ | 0. 002 | -0. 013 | 0. 001 | -0. 012 |
| | (0. 482) | (0. 065) | (0. 624) | (0. 071) |
| Sex | -0. 414 | -0. 502 | -0. 353 | -0. 46 |
| | (0. 321) | (0. 399) | (0. 388) | (0. 434) |
| EDU | -0. 115 | -0. 129 | -0. 129 | -0. 148 |
| | (0. 578) | (0. 599) | (0. 528) | (0. 555) |
| Awards | 0. 145 | 0. 263* | 0. 155 | 0. 291** |
| | (0. 073) | (0. 011) | (0. 061) | (0. 004) |
| ZW（处级） | 1. 313* | 14. 466*** | 1. 422* | 15. 182*** |
| | (0. 023) | (0. 000) | (0. 012) | (0. 000) |
| ZW（局级及以上） | 1. 452* | 15. 029*** | 1. 557** | 15. 713*** |
| | (0. 014) | (0. 000) | (0. 007) | (0. 000) |
| 常数项 | 5. 204 | -58. 068** | -1. 865 | -60. 987** |
| | (0. 583) | (0. 007) | (0. 849) | (0. 004) |
| *N* | 517 | | 517 | |
| log likelihood | -440. 684 | | -454. 695 | |
| Pseudo $R^2$ | 0. 041 | | 0. 071 | |
| $-2\ (LL_{model}-LL_{null})$ | -39. 111 | | -67. 133 | |

注：变量横向对应的第一列为稳健回归系数，系数下方括号内为回归系数对应的标准差。* 表示 $p<0.05$，** 表示 $p<0.01$，*** 表示 $p<0.001$。

总体上，我们发现，关于经济发展水平、经济开放度、区域差异的三个研究假设没有得到验证，实证结果与理论预期相反；关于研发投入与城市化水平的实证结果基本符合理论预期。控制变量方面，年龄和年龄的二次方在5%的统计水平上接近于显著，性别和受教育水平的影响均不显著，但获国家级奖项次数和候选人曾经担任过的最高行政职务具有显著的正向影响。尤其是职务级别的影响巨大，这在笔者的另一篇文章（唐家龙等，2020）中已经有所论及，这是由于职务既是人力资本——能力因素的体现，也是个体社会资本的重要载体。由于具有更大的关系网络、顶端更高、结构更合理、网络更丰富（边燕杰，2004），官员的社会资本效应更加明显。这对于候选人当选的作用是不言而喻的。下面主要对核心变量的作用进行具体的阐述和解释。

（1）经济发展水平的影响。lnPGDP 对于候选人进入第二轮评审和终选轮当选的影响均为负，且在最终轮中的系数绝对值更大，意味着在最终轮的负面影响更大。但 $p$ 值在5%的统计水平上均不显著，与我们的预期不符。但是，不能孤立地看待经济发展水平的影响。我们发现，如果在模型1的基础上单独引入经济发展水平变量，回归系数在两个轮次中均为正，尽管在5%的统计水平上影响不显著；当将研发投入引入模型后，lnPGDP 的回归系数在两个轮次中都变成了负值，但仍然不显著。

这意味着，当我们控制研发投入水平时，经济发展水平对候选人当选不具有显著的影响。即便总体的收入水平较高，但如果研发投入水平低，也可能不会对领军人才成长发挥显著作用。

（2）研发投入的影响。R&D 在两个轮次中对候选人当选均具有正向的影响，在第二轮中回归系数为1.061，在 $p<0.01$ 的水平上显著，在终选轮系数为1.029，$p$ 值为0.062，接近于5%的显著水平。具体地说，这意味着在其他条件不变的情况下，R&D 每增加一个（对数）单位，候选人进入第二轮的对数发生比将提高1.89倍，第二轮将提高1.80倍。正如上文所说，经济发展水平中实际投入 R&D 的经费对于领军人才成长有利，会增加候选人当选的概率。总体上，研发投入对院士候选人晋阶的影响符合我们的预期。

（3）经济开放度的影响。Open 变量在第二轮中估计的回归系数为 -0.204，但在 5% 的统计水平上不显著，在终选轮中回归系数为 -0.303，影响力进一步提升，而且在 5% 的统计水平上显著。从发生比角度看，这意味着在其他条件不变的情况下，经济开放度每提升一个对数单位，候选人在第二轮晋阶的可能性将下降 18.5%，在终选轮将显著地下降 26.2%。这一实证结果与我们的预期不符，意味着院士候选人晋阶和经济开放度存在着负相关关系。这可能和我国经济所处阶段有关。过去，我国经济更多地依靠引进消化再吸收的创新模式取得了明显成绩。我们猜测，一个省份如果过于依赖外向型发展作为驱动力，可能会对产业自主创新、研发投资等产生负面影响，使得科学研究得不到足够重视，造成对科研人才的培育和支持力度不够，反而掣肘了科研人才的成长。

（4）城市化水平的影响。研究表明，城市化会显著地促进技术创新（姜怀宇、徐效坡、李铁立，2005），从而产生更多的科研成果，促进人才的成长。Urban 变量在两轮中的回归系数均为正，分别为 0.059 和 0.103，且均在 5% 的统计水平上显著，这符合我们的研究假设。从发生比看，这意味着在其他条件不变的情况下，城市化水平每提升 1 个百分点，候选人在第二轮评审中胜出的可能性将提高 6.1%，在终选轮中胜出的可能性将提高 10.9%。

（5）区域差异。模型揭示，在第二轮遴选中存在着显著的区域差异，且中、西部优于东部地区，而在终选轮中各区域之间虽然存在差异，但这种差异并不显著。以东部地区为参照组，在第二轮中中部地区、西部地区的回归系数分别为 1.760、1.434，对应的发生比分别为 5.81、4.19，这意味着中部地区和西部地区的候选人在第二轮晋阶的可能性分别是东部地区的 4.81 倍、3.19 倍。终选轮的回归系数仍然为正但绝对值有所下降，且影响不显著。因此，区域差异对于候选人在院士遴选中胜出具有阶段性的作用。中、西部地区占优可能与近年来国家大力开发中、西部地区，支持开展了一系列军工、民生等重大科研活动有关，尤其是中部地区不断崛起，近年来取得了可喜的发展。这些地区的候选人在重大活动中得到了锻炼和成长，从而有利于其在院士晋阶中占优。这一结果也符合有关学者对2009年后院士增选可能会注意区域平衡的预期（陈仕伟、徐飞，2011）。当然，正因为过去多年院士遴选中存在着区域极化（吴殿廷等，2006），在新院士遴选时也可能出现向中、西部地区候选人倾斜的情况。

### 7.4.3 稳健性检验

1. 基于方法变换的稳健性检验

从方法上看，前述采用无序多分类 Logistic 模型时各分类之间并非相互独立而是存在着潜在的问题，尤其是参考组的选择不一定适宜。因此，我们分别采用有序多分类 Logistic 模型和分阶段二分类 Logistic 模型进行了分析，结果如表 7-8 所示。其中，分阶段二分类模型中，第二轮评审时，样本量为 517，未进入第二轮评审的有 315 人，晋级的有 202 人。最终评选时，通过第二轮评审的候选人有 202 人，最终当选的有 67 人，不同阶段的参照组会发生变化。

有序多分类 Logistic 模型估计的结果与分阶段二分类 Logistic 模型基本一致，lnPGDP 的影响为负但不显著，R&D、Urban 具有显著的正向影响，Open 具有显著的负向影响，东、中、西部区域之间存在着显著差异，且中、西部优于东部地区。分阶段回归的情况下，在第二轮独立的 Logistic 模型中，核心变量的影响与有序多分类 Logistic 模型基本一致，但终选轮中这些变量的影响均不显著，且系数的方向一致（唯一的例外是中部相对于东部的回归系数由正变为负，但作用不显著），但系数的绝对值大小均有明显下降。这意味着，在第二轮筛选中，地域经济社会因素发挥着重要且显著的作用，但在终选轮评审中，可能更多地聚焦于候选人个体的能力特征因素，而较少考虑到个体的地域经济社会的影响。

从不同方法的比较和样本拆分估计的结果看，模型 1 的结论总体来看是稳健的。

**表 7-8　有序多分类 Logistic 模型和分阶段二分类 Logistic 模型结果**

| 自变量 | 有序多分类 Logistic 模型 | 分阶段二分类 Logistic 模型 | |
|---|---|---|---|
| | | 第二轮 | 终选 |
| lnPGDP | -1.831<br>(0.060) | -1.885<br>(0.067) | -1.289<br>(0.532) |
| R&D | 1.018***<br>(0.001) | 1.065***<br>(0.001) | 0.057<br>(0.932) |
| Open | -0.261*<br>(0.014) | -0.250*<br>(0.022) | -0.107<br>(0.607) |
| Urban | 0.075**<br>(0.002) | 0.074**<br>(0.003) | 0.051<br>(0.284) |
| Region（中部） | 1.524***<br>(0.001) | 1.637***<br>(0.000) | -0.197<br>(0.836) |
| Region（西部） | 1.338**<br>(0.009) | 1.380**<br>(0.007) | 0.194<br>(0.847) |
| 控制其他变量 | 是 | 是 | 是 |
| 常数项 | — | -10.461<br>(0.260) | -61.602**<br>(0.002) |
| $N$ | 517 | 517 | 202 |
| log likelihood | -447.270 | -320.530 | -120.120 |
| Pseudo $R^2$ | 0.057 | 0.073 | 0.064 |
| $-2(LL_{model}-LL_{null})$ | -53.963 | -50.755 | -16.446 |

注：变量横向对应的第一列为稳健回归系数，系数下方括号内为回归系数对应的标准差。* 表示 $p<0.05$，** 表示 $p<0.01$，*** 表示 $p<0.001$。

2. 基于变量替换的稳健性检验

变量替换时，我们主要使用新变量替换模型 2 中的相关变量，其余变量不变。

（1）用人均可支配收入替换人均 GDP。发现其在第二轮评审中具有正向影响但不显著，在终选轮中影响为负且仍然不显著。同时，其他核心变量的回归系数方向与原模型一致，但个别变量的显著性发生变化，如 Urban 在第二轮中影响不再显著，Open 在终选轮影响不显著。伪 $R^2$ 下降了 0.1%，人均可支配收入替换后的解释力度弱于人均 GDP 指标。

（2）用研发强度替换研发投入。研发强度是研发投入与 GDP 之比。发现引入研发强度后，模型结果出现了较大的变化，首先，研发强度自身的影响在第二轮仍然为正但不显著，在终选轮为正且在 1% 的水平上显著；其次，其他核心变量出现了明显的系数符号和显著性变化。人均 GDP、Open 的影响在第二轮评审中都变成正向，但作用仍然不显著，在终选轮次中影响均为负但不显著；Urban 变量的影响均为正但都不显著，而东部和中部地区的区域差异仍然存在，与分阶段二分类 Logistic 模型基本一致。这说明研发强度可能并不是一个更合适的指标。正如前面指出，经济发展水平高并不代表在研发投入上多，研发强度高者可能在经济发展水平上并不高，从而研发投入不一定多，使得科研工作者并不一定能够从中获益。伪 $R^2$ 下降了 0.5%，相对指标的解释力度弱于绝对指标。

（3）用进出口贸易额占 GDP 比重替换绝对指标。发现比重指标对候选人晋级第二轮和终选轮的影响仍然为负，系数的绝对值非常小，且均不显著。其余核心解释指标的系数方向没有变化，但研发投入指标回归系数均有所下降且不显著，城市化水平指标在第二轮中出现不显著的情况，但区域虚拟变量在终选轮的影响出现变化，在第二轮中中部地区变得优于东部地区。总体来看，核心解释变量的系数方向没有变化。替换贸易额相对指标带来的系数变化，部分地体现到区域差异的影响中。伪 $R^2$ 下降了 0.1%，解释力度稍弱于绝对指标。

（4）用婴儿死亡率指标替换城市化水平指标。一般而言，城市化水平越高，婴儿死亡率越低，在一定程度上，婴儿死亡率代表城市的医疗卫生甚至公共服务水平。相关分析显示，婴儿死亡率与城市化水平负相关，且在 0.01 的统计水平上显著。替换为婴儿死亡率指标后，其对候选人当选的影响为负且显著，核心解释变量中除人均 GDP 的影响由负变正外，其余指标的符号均与原模型相同。lnPGDP 的影响在终选轮中甚至变为显著为正，而 R&D 的影响为正但不显著。这是因为虽然婴儿死亡率与 Urban 变量相关，但相关系数仅为-0.137，并不能完全捕获或替代 Urban 变量对候选人及其他核心解释变量的协同作用。

总体来看，变量替换后，其余核心解释变量的正负符号大多未发生根本性扭转。但由于新变量不能完全捕捉原变量对因变量的影响以及捕捉其他协变量相关时的影响，因此出现了一些差异。当以有序多分类 Logistic 模型为基础进行变量替换检验时发现：用可支配收入替换时，结果基本一致（仅经济开放度的影响为负但不再显著）；用研发强度替换时，与分阶段二分类 Logistic 模型替换结果基本一致；用进出口贸易额占 GDP 比重替换时，其自身的影响不再显著，研发投入的影响依然为正但不再显著；用婴儿死亡率替换时，人均 GDP 的影响由负变正，但除区域差异显著外，其他因素的影响均不显著。

同时，我们发现，方法变换和变量替换后，控制变量中的国家级奖项、职务级别的影响基本保持着高度显著的正向影响，说明这两个变量对候选人具有极强的筛选性，值得有关方面重点关注。

## 7.5　结论与讨论

### 7.5.1　结论

利用手工收集整理形成 2017 年中国工程院院士候选人的个体和省市宏观经济社会指标数据，我们研究了影响院士成长或选拔的社会经济因素，发现：仅有较高的人均 GDP 不能促使出现更多的院士人才，而切实的高研发投入、城市化水平能够显著地增大候选人晋阶院士的可能性，经济开放度可能通过引进导致对自主创新的轻视而弱化人才的培养，不利于院士人才的培养和选拔。过去一段时期，随着区域极化效应的扩大和中部地区的崛起，可能增加了当前中、西部地区院士候选人晋阶的可能性。另外，控制变量中获得国家级奖项的次数、职务级别在不同的模型和方法下，始终对候选人当选具有显著的正向影响。

### 7.5.2 讨论：环境的作用

无论是中国人才地理的历史变迁研究，还是德国心理学家勒温关于人与环境形成的心理生活空间理论（勒温，2003：14-15），都致力于阐明环境对于人才的成长具有重要的作用。本章的实证结论如果能够在现实中成立的话，事实上这也是地方政府的政策预期，那么将具有明确的政策含义：一是要着力优化科研人才成长的环境，从根本上转变经济发展方式，不能仅关注 GDP 的增长，需要更多地依靠自主创新促进高水平人才的涌现；二是要注重加大研发投入，为科研活动提供基础条件和经费支撑，从而培养出更多的高水平科研人才；三是要注重区域的平衡发展，从城市化水平、区域梯度的角度，关注到人才成长中科研条件以外的因素。当然，由于本研究仅基于中国工程院院士候选人的数据进行分析，且仅有一年的数据，具有较大的局限性，不能排除遗漏变量等因素的影响。后续研究考虑将更多年份的中国工程院院士增选数据以及中国科学院院士增选数据纳入分析，以更准确地把握院士人才成长和选拔的经济社会因素。

必须注意的是，人与环境的互动不仅局限于本章所讨论的宏观经济环境、社会环境，也包括整体的社会环境以及社会制度，还包括产业环境、科研环境、生活环境乃至家庭环境等各种因素。不仅环境作用于人，人与环境之间还有一个交互的过程，而政策的着眼点，可能需要盯住环境这一“力场”的基线作用和互动作用。所谓基线，是指静态条件下可以提供的基本环境条件；互动则是指政策需要适应动态的人适应环境后的变化，以及环境适应人需要的变化。

当前各个国家和各个地区热衷于创新生态体系建设，其实是科技秩序与政治秩序和经济秩序交互的产物。要实现人与环境关系的治理，必须先理顺每一秩序内部的关系，遵循各自领域的基本原则，科技界的普遍主义原则是其中一个重要方面，并考虑不同秩序交互下的作用机制，然后才能顺应“力场”的作用，构建合理的体制、机制，服务于人的发展——在这里，要服务于科技精英的成长和认可。

特别说明，本章内容来自笔者的论文：唐家龙，缪鹏. 区域发展与晋阶院士：来自 2017 年工程院院士遴选的证据［J］. 创新科技，2020，20（9）：10-20.

## ■ 本章参考文献

[1] 江珊，刘少雪. 高校人才资源竞争现状探析：以 2007—2015 年当选中国科学院院士职业流动为例 [J]. 高等教育研究，2018，39（5）：38-45.

[2] ADLER M. Stardom and Talent [J]. The American Economic Review，1985，75（1）：208-212.

[3] 顾海兵，李慧. 由英国的院士制度想到的 [J]. 科学中国人，2003（8）：17-19.

[4] 张鲜堂. 中国院士制度改革思辨 终身制背离优胜劣汰原则 [J]. 中国民营科技与经济，2003（9）：71-72.

[5] 潘家铮. 再论院士制度问题 [J]. 中国科技奖励，2010（3）：6-8.

[6] 勒温. 拓扑心理学原理 [M]. 高觉敷，译. 北京：商务印书馆，2003.

[7] 吴殿廷，陈向玲，刘超，等. 我国高级科技人才空间集聚的初步研究：以两院院士为例 [J]. 中国科技论坛，2006（6）：108-112.

[8] JONES B F. Age and Great Invention [J]. Review of Economics & Statistics，2010，92（1）：1-14.

[9] 徐飞，陈仕伟. 中国杰出科学家年龄管理策略的新思考：从近十年（2001—2010）中国科学院新增院士与诺贝尔奖获得者年龄比较的反差谈起 [J]. 科学学研究，2012，30（7）：976-982.

[10] 门伟莉，张志强. 科研创造峰值年龄变化规律研究综述 [J]. 科学学研究，2013，31（11）：1623-1629.

[11] 樊向伟，肖仙桃. 中国科学院院士的年龄及学历结构研究 [J]. 情报杂志，2015，34（11）：36-39.

[12] 李永瑞，黎翔. 50 后两院院士高等教育传记特征与政策建议 [J]. 北京师范大学学报（社会科学版），2010（4）：33-39.

[13] 张亚征，赵伟，彭洁. 教育经历对中国高层次科技人才成长的影响分析：以能源领域为例 [J]. 中国科技论坛，2012（3）：118-123.

[14] 李峰，吴蝶. 高等教育背景如何影响不同学科科技人才成长：以教育部长江学者特聘教授为例 [J]. 高等教育研究，2016，37（10）：42-48.

[15] 赵红州. 关于科学家社会年龄问题的研究 [J]. 自然辩证法通讯，1979（4）：29-44.

[16] 熊麟. 基于学缘的中国科学院院士成长特征研究 [D]. 成都：西南交通大学，2013.
[17] 杨媛媛. 我国高端人才长期工作地的文化地理选择：以两院院士为例 [J]. 环球人文地理，2017 (16)：16-19.
[18] 吴殿廷，李东方，刘超，等. 高级科技人才成长的环境因素分析：以中国两院院士为例 [J]. 自然辩证法研究，2003，19 (9)：54-63.
[19] 刘超，吴殿廷，顾苏丹，等. 高级人才成材因素的初步研究：中国科学院院士成材背景的统计分析 [J]. 人文地理，2004，19 (5)：64-68.
[20] 楼武林，吴殿廷，张艳平. 杰出经济学家成长的环境因素分析与启示：以诺贝尔经济学奖获得者为例 [J]. 传承，2010 (6)：98-101.
[21] 陈仕伟，徐飞. 中国科学院院士增选中的马太效应：以 2001 年—2009 年院士增选为例 [J]. 科学学研究，2011，29 (1)：37-43.
[22] 唐家龙，缪鹏，蔺洪全. 院士遴选的决定因素：基于 2017 年工程院院士候选人数据的实证分析 [J]. 中国科技论坛，2020 (1)：156-164.
[23] BRONFENBRENNER U，MORRIS P A. The Bioecological Model of Human Development [M] // DAMON W，LERNER R，LERNER R M. Handbook of Child Psychology：Vol 1：Theoretical Models of Human Development. 6th ed. New York：Wiley，2006：793-828.
[24] LEE E S. A Theory of Migration [J]. Demography，1966，3 (1)：47-57.
[25] 陈锐，王宁宁，赵宇，等. 基于改进重力模型的省际流动人口的复杂网络分析 [J]. 中国人口·资源与环境，2014，24 (10)：104-113.
[26] 于斌斌. 区域一体化、集群效应与高端人才集聚：基于推拉理论扩展的视角 [J]. 经济体制改革，2012 (6)：16-20.
[27] 郭鑫鑫，杨河清. 中国省际人才分布影响因素的实证研究 [J]. 人口与经济，2018 (3)：47-55.
[28] FLORIDA R，GATES G. Technology and Tolerance：Diversity and High-Tech Growth [J]. The Brookings Review，2002，20 (1)：32-36.
[29] 强永昌，符磊. 经济开放度与技术提升：来自 58 个发展中国家的面板数据分析 [J]. 商业时代，2013 (11)：11-13.
[30] QIAN H. Talent，Creativity and Regional Economic Performance：The Case of China [J]. Annals of Regional Science，2010，45 (1)：133-156.
[31] 艾尔曼. 科学在中国 (1550—1900) [M]. 原祖杰，等译. 北京：中国人民

大学出版社，2016.

[32] ROMER P M. Increasing Returns and Long-Run Growth [J]. Journal of Political Economy，1986，94 (5)：1002-1037.

[33] MARIJK V D W. International Academic Mobility：Towards a Concentration of the Minds in Europe. Research & Occasional Paper Series：CSHE. 3. 14. [J]. European Review，2015，23 (S1)：S70-S88.

[34] 刘俊，白永秀，韩先锋. 城市化对中国创新效率的影响：创新二阶段视角下的SFA模型检验 [J]. 管理学报，2017，14 (5)：704-712.

[35] 姜怀宇，徐效坡，李铁立. 1990年代以来中国人才分布的空间变动分析 [J]. 经济地理，2005 (5)：702-706.

[36] 韩茂莉，胡兆量. 中国古代状元分布的文化背景 [J]. 地理学报，1998 (6)：50-58.

[37] 梅介人. 中国状元及其地理分布 [J]. 中国人才，2002 (12)：25-27.

[38] 裴玲玲. 区域科技人才集聚与高技术产业发展的互动关系研究 [D]. 南京：南京航空航天大学，2016.

[39] 蔡昉，都阳. 中国地区经济增长的趋同与差异：对西部开发战略的启示 [J]. 经济研究，2000 (10)：30-37.

[40] 赵红州. 关于科学家社会年龄问题的研究 [J]. 自然辩证法通讯，1979 (4)：29-44.

[41] 唐爱国. 国家科技奖励是通向院士大门的敲门砖吗？[J]. 社会科学管理与评论，2012 (3)：31-36.

[42] 徐飞，赵明. 杰出科学家的国家认可机制探索：以中国科学院院士制度与国家自然科学奖励制度关联性为例 [J]. 学术界，2011 (11)：5-15.

[43] 李小平，李春淼. 优化领军人才成长环境 [J]. 中国人才，2007 (7)：14-15.

[44] 王济川，郭志刚. Logistic回归模型：方法与应用 [M]. 9版. 北京：高等教育出版社，2001.

[45] 边燕杰. 城市居民社会资本的来源及作用：网络观点与调查发现 [J]. 中国社会科学，2004 (3)：136-146.

# 第8章 晋阶院士之路：普遍主义原则与科学秩序

## 8.1 院士增选中的普遍主义

理想的科技界分层应该是基于个体的能力，在普遍主义逻辑下的科学秩序只能与科学有关。这是现代科学精神——普遍主义的基本内涵。由此，我们推论一位院士候选人晋阶为院士只能与其在科技领域的“优异”表现有内在关联而无论其他，如科学家的年龄、性别、教育经历、职务和出生地、工作地的宏观环境条件。然而，理想远不如现实那么丰满或令人充满惊喜。前述关于年龄、性别、教育经历、环境因素等的分析，得到了与此不完全一致的结果，或者更大胆地说，普遍主义遭遇了特殊主义的挑战。但普遍主义的精神真的消失了吗？本章将对此做一些分析。

### 8.1.1 普遍主义及其冲突

在默顿的著述中，普遍主义原初的含义指“关于真相的断言，无论其来源如何，都必须服从于先定的非个人性的标准，即要与观察和以前被证实的知识一致”。其本质径直指向科学主张的有效性只与科学本身有关而不关乎国籍和文化。对一个人的科学成就和贡献的判断，只应取决于这个人的成就而不依赖于他的任何社会属性。因此，科尔兄弟声明，科技界的社会分层是根据科学家的角色表现而划分的，主要的手段是同行认可，而与科学家的个人属性和社会属性无关（顾昕，1987）。科尔兄弟认为，美国科学界的社会分层较美国其他的社会体制更加符合普遍主义原则的内在逻辑。在科技界实现人尽其才、人与岗符、任人唯贤，其实是功能主义观点在科技界分层中的理论延伸。

在我国，院士制度是国内的最高科技荣誉制度。基于普遍主义原则，其遴选的标准必将以科学家的成就和贡献为唯一标准。院士的出生地、工作地、年龄、教育经历、职称、职务等社会属性不能作为评判其成就和贡献的基础。当然，必须维护道德和法律的底线。从而，优势积累的外部性、性别歧视、劣币驱逐良币的现象将趋于消失，所谓的玛蒂尔达效应、马太效应、格雷欣法则、“第四十一席”现象都将在普遍主义光辉的照耀下灰飞烟灭。

然而，院士制度作为我国社会制度中的一种，作为更大的社会结构的一部分，我们并不能排除个人因素和社会因素对科学界社会分层的干扰。科学秩序置身于更加宏大的社会秩序之下，各种不以客观性为基础的现象和特殊主义情形不断在现实中涌现，院士制度也不例外。冲突理论在院士增选过程中仿佛天然地拥有着自己的市场。《科学界的社会分层》的中文译者，在该书的译者前言中指出，年龄和权力在中国是两个重要变量，中国的科学体制在普遍主义规范上可能要弱一些，冲突理论可能比功能主义更符合中国的现实（科尔 J. 和科尔 S.，1989：译者前言 iii）。

巴斯德有一句名言，“科学家有祖国，科学无国界”（默顿，2003a：367）。这是科学主义与国家主义之间的纷争。而这一挑战的延伸，可能会出现很多变种。在院士增选中，可能会变为科学无国界，但是有省界、有校界、有年龄差异、有性别差异等，不一而足。针对当前院士制度实施中对科学秩序发起的挑战，一些学者提出或尖锐或温和的批评（顾海兵、王宝艳，2003；王扬宗，2014；潘家铮，2006a；付飞，2006；彭兴庭，2006）。凭借职位、金钱扰乱院士选举的公正性极大地破坏了院士称谓的“尊贵和高雅”，学术腐败和“学而优则仕”“仕而优则学”成为院士制度和院士被诟病的焦点。中央党校原副校长龚育之早年曾经指出，院士推选要把党政领导人排除在外（龚育之，2006）。基于院士制度引发的问题，中国科学技术协会原主席、中国科学院原院长周光召老先生曾公开呼吁，要求取消院士制度。成立较晚的中国工程院更是备受关注。中国工程院于 2000 年新增设了管理学部。有报告称，该学部当选的院士不是高官就是企业家（王婧、林茵，2010）。媒体报道，2011 年中国工程院管理学部增选的 44 名候选人中，近半数来自央企和政府部门（椿桦，2011）。

院士增选制度改革以前，各省市作为院士候选人推荐的主体。为了推举本省市科学家成为两院院士，各省市纷纷出台相应举措，搞攻关、争名额，将本省市新增院士作为重要的政绩工程。以至于 2001 年院士增选时，中国工程院专门召开新闻发布会，时任中国工程院副院长朱高峰在会上提醒各提名单位不要搞小动作（徐彬，2001）。在这样一个正式的官方场合，中国工程院副院长讲出这样的话，可以想象当时有多少“小动作”。

一个更加令人震惊的消息来自张曙光事件。《中国青年报》曾披露，原铁道部运输局局长兼副总工程师、中国高铁“第一人”张曙光申报中国科学院院士，最后以一票之差没有成功。报道指出，张曙光并非科学家，又缺少学术成果，他申报时的两本专著是由专家团队在集中时间段内集体完成的。张曙光被提起公诉时，公诉人指控，张曙光以“运作”院士为名索贿 2300 万元人民币。❶ 中国科学院官网直接对《中国青年报》的相关内容进行了全文转载，央视网对此也进行了报道。院士选举中送礼送钱成为令国人哗然的学术丑闻。在院士遴选中，这只是个案，不具有代表性。

老子说：“五色令人目盲，五音令人耳聋，五味令人口爽，驰骋畋猎令人心发狂，难得之货令人行妨。”院士头衔的稀缺性和荣誉的崇高性“令人发狂”，院士制度上的漏洞“令人行妨”。针对社会反响和媒体报道，中国科学院和中国工程院在 2003 年之后多次调整院士增选政策，甚至修订了院士章程，采取了一些改进举措。例如，在院士候选人提名推荐方式上，不再由省市负责推荐，改由院士提名推荐或中国科协领导下的学术团体推荐。对院士遴选的初评、中评和终评结果实行了公示制度，希望严格

---

❶ 中国青年报，张曙光增选院士过程还原，http://zqb.cyol.com/html/2013-09/18/nw.D110000zgqnb_20130918_1-07.htm，检索于 2020 年 2 月 10 日。

把控院士增选的程序公正性和结果公平性。在两年一度的院士增选活动启动之时，就强调增选活动的严肃性。例如，在2021年1月1日发布的《中国科学院关于推荐中国科学院院士候选人的通知》中提到[1]："院士增选工作是院士队伍建设的根本，增选质量直接关系到学部和院士群体的声誉和社会形象，关系到我国科技事业的健康和谐发展。坚持院士增选工作的科学性和公正性，保持院士增选这一片净土不受污染，维护院士这一国家设立的最高学术称号的良好声誉，是中国科学院学部和每一位院士的共同责任和义务。""希望各位院士遵循公正、客观的原则，严格把好院士的'入口关'。在增选工作中要避免'唯论文、唯职称、唯学历、唯奖项'的倾向，同时自觉抵制不正之风，共同营造风清气正的增选环境。如有违背增选纪律的情况，将依据《中国科学院学部纪律处分规定》和《关于严肃2021年院士增选工作纪律的通知》中的相关要求严肃处理。"

但从增选数据可以发现，院士候选人中具有厅局级及以上行政职务人员的比例仍然较高。根据对2017年中国科学院、中国工程院院士候选人的行政职务分析，我们发现中国科学院经过中期评审后确定的157名候选人中，相当于厅局级及以上干部的人数达到了61人，占院士候选人数量的38.85%；中国工程院初评后确定的205名候选人中，相当于厅局级干部的人数达到了108人，占院士候选人数量的52.68%。

尽管这与中国悠久的传统文化"学而优则仕"有着紧密关系，但我们无法区分"学优"与"仕"之间的先后关系，也无法区分二者之间是单向、双向的因果还是具有交互作用，不免让人感觉其中有特殊主义因素的存在。因此，这一事实让我们不得不面对这样一个问题：院士增选中普遍主义原则还适用吗？事实上，前面的一些章节已经尝试回答了这个问题。

鉴于中国科学院和中国工程院本身的差异性，我们在前面并未区分科学领域和技术领域院士的遴选情形。但从普遍主义视角，也许这二者的对比有助于加深我们对中国院士遴选工作的认识。从这两个相互对照的例

---

[1] 中国科学院官网，中国科学院关于推荐中国科学院院士候选人的通知，http://casad.cas.cn/yszx2017/yszx2021/tzgg_2021zx/202012/t20201229_4772851.html，检索于2021年1月29日。

子，也许我们可以看到一个更加全面的院士遴选过程，从而对基于普遍主义原则的功能观和基于利益争夺的冲突观在中国的适用情况有一个更加清晰的认识。

### 8.1.2　普遍主义和冲突理论的研究假设

从普遍主义出发，院士增选虽然不能“唯论文、唯职称、唯学历、唯奖项”，但免不了还是要确立一个可用的标准。在前述章节中，我们已经呈现出了基于个体属性（年龄、性别）和宏观因素，普遍主义与冲突理论在中国院士遴选中的具体表现，但还没有从理论层面对普遍主义和冲突理论的模型设定和变量进行讨论。回到默顿的荣誉性认可理论（默顿，2003b：578-582），可以认为院士头衔是候选人获得的荣誉性奖励，从而使其成功跻身中国至高的学术荣誉团体，得到国家权威机构对其科学技术成就的最大认可。

其实，国家科学技术奖也是对科学家的荣誉性奖励，但这个奖每年的数量和获得人数较多，从而降低了其在科技界分层中的功效。根据《国家科学技术奖励条例》，国务院设立国家最高科学技术奖、国家自然科学奖、国家技术发明奖、国家科学技术进步奖、中华人民共和国国际科学技术合作奖等国家科学技术奖。[1] 有学者称这些奖励为当选院士的“敲门砖”（唐爱国，2012），也有学者指出院士得到国家自然科学奖的比例虽然不低，但院士制度与国家自然科学奖励制度的关联不尽理想（徐飞、赵明，2011）。然而，国家科学技术奖励可能更多地是发挥“敲门砖”的作用，是候选人晋阶院士时帮助他们打开进入中国两院大门的钥匙之一。因此，国家科学技术奖励在院士遴选中发挥的是工具性认可的作用，而非荣誉性奖励的作用，它是通向更高的荣誉性奖励——院士称谓的基础。

因工作关系，笔者曾有幸多次近距离聆听两院院士的演讲、发言或听他们闲聊。张伯礼院士曾经用一个简明的图示提及成长为院士的路径问

---

[1] 这里引用的是最新的奖励条件。中国政务网，国家科学技术奖励条例，http://www.gov.cn/zhengce/content/2020-10/27/content_5555074.htm，检索于 2021 年 1 月 29 日。

题。笔者根据他讲座的图示和现场内容做了一些整理（见图 8-1）。他提出了类似于“2+1”的院士培养路线，或者说院士成长路径。“2”指的是高水平的科技论文和获得国家科技奖励，这是能够参与院士遴选的重要基础和条件；“1”是指候选人需要为经济社会和科技发展做出了杰出的贡献。按这种说法，只有前两个方面优秀的科学家，还不符合院士的标准。当然，他是中国工程院的老先生，主要讲的是中国工程院院士的成长路径问题，但大抵与中国科学院的成长路径相似。从笔者的经验来看，可能科学研究人才更符合这一成长三角，而工程技术人才可能对工程技术研究，对试验、设备、设施等资源有着较大的需求，如果没有项目资助和经费来源，恐怕很难形成高水平的科研论文，很难获得国家层面的科技奖励。因此，拓展版的院士人才成长三角可能需要将承担国家重大科研项目或工程立项作为一个重要的基础。

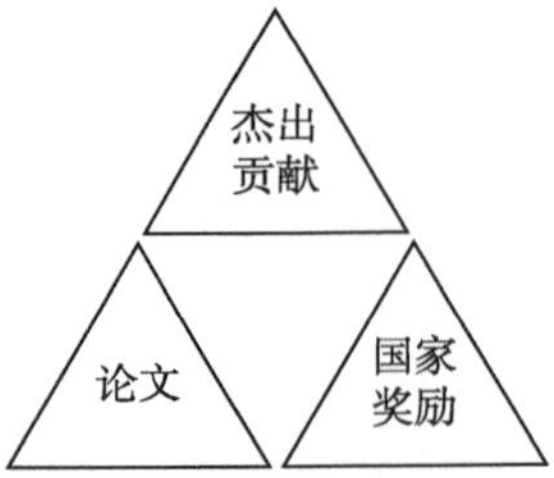


**图 8-1　院士成长三角示意图**

由是观之，国家科技奖励作为晋阶院士的工具性认可制度安排，应该说具有较强的合理性。同时，如果我们假定国家科技奖励作为符合普遍主义原则的科学评价的结果，那么它就可以成为我们在院士遴选分析中关于普遍主义原则的代理变量。

我们可以尝试检验基于普遍主义原则的这样一个假设：其他条件不变时，获得过国家科技奖励的候选人更有可能在院士增选中胜出。同时，如果普遍主义原则适用，我们应当会发现，年龄、性别、受教育程度以及个人的职务、地区的经济发展水平、研发投人等不会影响候选人当选为院士的可能性。

事实上，在第 6 章和第 7 章我们已经检验了前述个体属性和社会情境因素对中国工程院院士候选人能否晋阶到金字塔顶端的影响，发现了一些有趣的现象。实证结果表明，至少在中国工程院院士的遴选中普遍主义原则受到了挑战——年龄、行政职务以及一些社会属性因素显著地影响到候选人能否当选，尤其是职务差别越大，当选的可能性差别就越大，在一定程度上让人怀疑科技界分层中夹杂了非科学的因素；但同时也在一定程度上证实了普遍主义原则的存在——获得的国家科技奖励越有竞争力，候选人就越容易当选为院士。

### 8.1.3　对普遍主义原则和冲突理论的再检验

基于上一小节的分析，我们从国家科技奖励与院士候选人当选的关系着手，重点考察普遍主义原则的适用性问题。根据 2017 年中国科学院和中国工程院公布的候选人信息，我们收集整理了两院院士候选人信息。如前所述，2017 年中国科学院增选初步候选人为 157 人，中国工程院有效增选候选人为 533 人，经过筛选后进入第二轮增选名单的有 205 人。因此，我们选择具有可比性的进入倒数第二轮的两院院士候选人作为分析对象。

我们整理了自国家科技奖设立以来的获奖项目信息、参加人信息和获奖类别信息，然后按照姓名、领域与候选人的数据进行匹配。为了简化起见，我们将获奖情况区分为是否获得过国家科技奖励和获得过多少次国家科技奖励，但没有区分获得国家科技奖励的类型。一般而言，中国科学院院士候选人大多与国家自然科学奖和国家技术发明奖有关，而中国工程院院士候选人大多与国家技术发明奖和国家科学技术进步奖有关。整理得到的结果如表 8-1 所示。

数据显示，以国家科技奖励为代理变量的普遍主义原则在两院院士增选中都得到了一定程度的证实。从表 8-1 可知，中国科学院院士候选人在获得过国家科技奖励的 102 人中，有 44 人当选，占当选人数的 72.13%；在未获过奖的 55 人中，有 17 人当选，占当选人数的 27.87%。未获奖者当选的比例低于获过奖者当选比例 44.26 个百分点。从中国工程院来看，亦有类似的情况。

**表 8-1　2017 年院士候选人当选与获得国家科技奖励情况**

| 当选情况 | 中国科学院 | | | 中国工程院 | | |
|---|---|---|---|---|---|---|
| | 未获奖 | 获过奖 | 小计 | 未获奖 | 获过奖 | 小计 |
| 未当选人数 | 38<br>(39.58%) | 58<br>(60.42%) | 96<br>(100%) | 29<br>(21.01%) | 109<br>(78.99%) | 138<br>(100%) |
| 当选人数 | 17<br>(27.87%) | 44<br>(72.13%) | 61<br>(100%) | 17<br>(25.37%) | 50<br>(74.63%) | 67<br>(100%) |
| 合计 | 55<br>(35.03%) | 102<br>(64.97%) | 157<br>(100%) | 46<br>(22.44%) | 159<br>(77.56%) | 205<br>(100%) |

注：括号内为当选情况人数与小计人数的比例。

同时，也可以看到，中国科学院获过奖的人未当选的比例也远高于未获过奖的人未当选的比例，而中国工程院这一差距更大。这意味着国家科技奖励能够为院士候选人当选提供支持，能否从候选人晋阶为真正的院士，获得国家科技奖励只是增加了可能性，因为不仅存在着获奖者与未获奖者之间的竞争，获奖者与获奖者之间也有着激烈的竞争。或者，当把获得国家科技奖励作为代理变量时，其实还忽略了张伯礼院士讲到的杰出贡献问题。存在很大的可能性，国家科技奖励并不代表科技贡献杰出到能够与院士的荣誉性认可的条件匹配，即默顿提到的“优异”（默顿，2003b：570），或者类似发达国家院士制度中强调的杰出的科学成就。尤其是国家科技奖励只公布了通用项目的获奖情况，因此，我们的数据集中的候选人如果获得了非通用类的国家科技奖励，很可能成为统计中不能发声的沉默者。2017 年院士增选的一个新特点在于，加强了对国防和国家安全领域的重视，成立了国防和国家安全特别推荐小组。这意味着有一部分非通用类的国家科技奖励获得者没有进入我们的数据集。与此同时，还存在一些媲美国家科技奖励的荣誉，例如获得何梁何利基金会的奖励。

描述性统计分析能够作为探索性分析方法帮助我们了解普遍主义原则的适用性，但我们不可能用简单的关联分析来完全或准确地捕捉院士遴选面临的个体因素、社会因素等带来的复杂性。因此，我们参照第 6 章、第 7 章对中国工程院院士候选人的个体特征因素分析和情境因素分析，来快速地检验和对照一下中国科学院院士候选人的境遇。表 8-2 显示了中国科学院院士候选人的相关变量的描述性统计结果。基于中国科学院院士候选人中受教育水平几乎全为博士毕业（只有 2 位候选人是硕士，“变量”几乎没有变化，因此不纳入模型分析，即使纳入模型也会自动被剔除）。除了获奖相关的变量设定，其余变量的定义与第 6 章基本一致。

**表 8-2　2017 年中国科学院院士候选人个体属性和社会属性变量描述**

| 变量名称 | 样本量 | 平均值 | 标准差 | 最小值 | 众数 | 最大值 |
| --- | --- | --- | --- | --- | --- | --- |
| 是否当选 | 157 | 0.39 | 0.49 | 0 | 0 | 1 |
| 年龄 | 157 | 54.31 | 4.71 | 39 | 54 | 72 |
| 年龄的二次方 | 157 | 2971.10 | 531.37 | 1521 | 2916 | 5184 |
| 性别 | 157 | 0.95 | 0.22 | 0 | 1 | 1 |
| 海外经历 | 157 | 0.30 | 0.46 | 0 | 0 | 1 |
| 人才称号 | 157 | 0.86 | 0.35 | 0 | 1 | 1 |
| 职务级别 | 157 | 1.27 | 0.66 | 0 | 1 | 2 |
| 是否获奖 | 157 | 0.65 | 0.48 | 0 | 1 | 1 |
| 获奖次数 | 157 | 0.94 | 0.86 | 0 | 1 | 3 |
| 获奖得分 | 157 | 252.76 | 243.11 | 0 | 225 | 900 |
| GDP 对数 | 157 | 10.31 | 0.50 | 8.88 | 10.15 | 11.30 |
| 技术交易额对数 | 157 | 1766.86 | 1649.85 | 20.44 | 780.99 | 3940.98 |
| 东中西部地区 | 157 | 1.38 | 0.72 | 1 | 1 | 3 |

注：表中是否当选、性别、人才称号、职务级别、是否获奖、东中西部地区等虚拟变量的最小值、众数、最大值和标准差仅作为数据分布的参考。

参照前面章节的方法，利用统计分析软件包 Stata 15.0，采用二分类 Logistic 模型的 logit 命令进行分析。为了减少异方差和多重共线性的影响，对模型进行了稳健标准差回归处理。最初当我们在模型中引入是否获得国家科技奖励变量时，变量的回归系数为正但不显著。我们怀疑也许获奖次数对结果会有影响，或者获奖人获得奖励的类型以及获奖时候选人在其中的排名会有影响。当我们在模型中引入获奖次数或获奖的质量指标——获奖得分时，确实发现了其对候选人当选可能性的正向影响。上一章中的国家科技奖励就采用了获奖次数这一变量。限于篇幅，这里仅报告了以获奖次数为普遍主义原则代理变量的回归结果，见表 8-3。模型Ⅰ~模型Ⅲ显示，随着核心解释变量的加入，无论是 Pseudo $R^2$ 还是−2（$LL_{model}-LL_{null}$），拟合优度均在不断提高，表明我们的模型与数据拟合较好。

**表 8-3　基于国家科技奖励对中国科学院院士增选的 Logistic 模型分析**

| 变量 | 模型Ⅰ | 模型Ⅱ | 模型Ⅲ |
| --- | --- | --- | --- |
| 获奖次数 | 0.417**<br>(2.08) | 0.482**<br>(2.26) | 0.584**<br>(2.56) |
| 年龄 | | 0.114<br>(0.24) | 0.170<br>(0.34) |
| 年龄的二次方 | | −0.001<br>(−0.31) | −0.002<br>(−0.42) |
| 性别（男） | | 0.634<br>(0.68) | 0.778<br>(0.87) |
| 海外经历 | | 0.615<br>(1.56) | 0.674<br>(1.60) |
| 人才称号 | | 0.146<br>(0.30) | 0.154<br>(0.30) |
| 职务级别（处级） | | −0.477<br>(−1.26) | −0.440<br>(−1.12) |
| 职务级别<br>（局级及以上） | | −0.541<br>(−1.00) | −0.647<br>(−1.17) |
| GDP 对数 | | | −0.340<br>(−0.77) |
| 技术交易额对数 | | | 0.000<br>(0.92) |

续表

| 变量 | 模型Ⅰ | 模型Ⅱ | 模型Ⅲ |
| --- | --- | --- | --- |
| 地区（中部） | | | -1.000<br>(-1.33) |
| 地区（西部） | | | -0.186<br>(-0.28) |
| 常数项 | -0.859***<br>(-3.33) | -3.935<br>(-0.30) | -2.138<br>(-0.14) |
| $N$ | 157 | 155 | 154 |
| Pseudo $R^2$ | 0.0227 | 0.0468 | 0.0711 |
| $-2\ (LL_{model}-LL_{null})$ | -4.7673 | -9.6411 | -14.5708 |

注：变量横向对应的第一列为稳健回归系数，系数下方括号内为回归系数对应的标准差。* 表示 $p<0.1$，** 表示 $p<0.05$，*** 表示 $p<0.01$。

模型Ⅰ显示，当模型中只包含代理变量国家科技奖励获奖次数时，回归系数为 0.417，且在 5% 的统计水平上显著，表明中国科学院院士增选中，将获得国家科技奖励作为重要的考量指标。似然比分析表明，获奖次数每发生一个单位变化，将使候选人当选院士相对于未当选的发生比例提高 51.77%。即便加入个体的年龄、性别、海外经历、人才称号、职务级别因素（模型Ⅱ），再在模型Ⅱ的基础上加入宏观的经济科技发展、所在地理区域等因素，获奖次数对候选人当选为院士的正向促进作用仍然在 5% 的统计水平上显著为正，回归系数进一步上升到 0.584，候选人当选院士相对于未当选的发生比例将提高 80.05%，比不控制时反而高出 30% 左右。这意味着考虑其他因素后，进一步提升了国家科技奖励在院士评选中的重要性。同时，个体因素、宏观经济因素在中国科学院院士遴选中没有出现回归系数具有显著影响的变量，即院士是否当选不受个体属性变量和社会属性的影响。综合实证结果来看，中国科学院院士增选符合普遍主义的原则。

第 6 章中对中国工程院院士候选人的有关分析发现，不仅获得国家科技奖励对候选人当选有着显著的正向促进作用，候选人的年龄、人才称号、职务级别等个体属性、所在地区等外部属性均对其当选具有筛选的功能。二者对比，我们看到了既有相同也有区别的两院院士增选场景。中国科学院院士增选较好地遵循了普遍主义原则；而中国工程院在坚持普遍主义原则时，掺杂了对候选人个体属性、成就工具性认可（国家层面的人才称号或类似人才项目的称号）等因素的影响，不仅年龄、人才称号具有显著影响，职务级别因素也非常重要。这事实上为学者和媒体关于中国工程院院士遴选中权力发挥了作用的推测提供了一定依据。例如，有报道披露，2009 年中国科学院新增的 35 名院士中，八成是高校或研究机构的现任官员；中国工程院新增的 48 名院士中，超过 85% 是现任官员（王婧、林茵，2010）。过去近 10 年，我们发现中国工程院院士候选人中，局级及以上职务级别的候选人在晋阶院士之路上仍然显著地占优，而中国科学院当选院士中虽然仍然有 38.85% 的局级及以上干部，但统计模型中并没有发现不同职务级别人员在晋阶中有占优的情况。

有限的数据信息反映出，中国科学院在院士遴选中展现出了现代科学精神——普遍主义原则，而中国工程院在坚持这一原则的同时还掺杂了特殊主义或冲突理论的杂音。遗憾的是，我们没有更多的样本数据来进一步检视和验证这一发现。由于数据收集整理的工作量非常大，我们仅仅收集整理了 2017 年中国科学院和中国工程院的院士候选人数据，没有对院士制度改革之前和之后的数据进行对比，因此无法获得院士制度改革的成效，但可以看到院士制度改革后的一些情况。希望今后有机会弥补这一缺憾，或者有学者如果感兴趣可以进行院士遴选的多年份跨期研究。

### 8.1.4 基于普遍主义原则的院士提名渠道分析

我国院士制度过去采用院士提名、省级行政单位推荐和部委推荐的办法。为了争取院士名额，导致各省市纷纷出奇招、大招推荐本地院士。这引起了中国科学院和中国工程院资深院士或在任院士的不满（潘家铮，2006b；潘家铮，2010），中国工程院的副院长级高官甚至公开呼吁大家不要搞小动作（徐彬，2001）。鉴于此，中央提出了改进和完善院士制度的工作部署和要求，中国科学院和中国工程院推动了院士提名制度改革，不再采用政府行政部门主导的推荐方式，并引入院士提名和学术团体提名两种方式。学术团体提名则委托中国科协负责组织各学术团体推荐。中国工程院自 2015 年增选开始采用这两种提名方式，在公布有效增选候选人名单的同时公布了提名渠道。遗憾的是，中国科学院至今没有公布提名方式。在 2021 年的增选通知中，中国科学院提出了明确说法："为强化院士推荐责任，本次院士增选将在向社会公示初步候选人的个人基本信息和主要学术成就与贡献的同时，公布推荐人姓名或推荐渠道。"

提名方式的改变为我们侧面考察院士增选提供了视角。从发达国家的经验来看，主要是采用现任院士提名的方式，当然也包括学术团体的推荐，如日本学士院的提名机制中就包括了高校院所提名的方式。但采用院士提名和学术团体提名时，存在一些差别。一般而言，院士提名代表了同行或获得院士荣誉/头衔的科学家对候选人的认可，但学术团体提名可能欠缺一些公信力。或者说，如果一个候选人连推荐自己候选院士的人都找不到，或多或少地可以认为他在科技界的影响力或认同度还有待提升。

在这种情况下，我们可以认为，院士提名能够较好地体现普遍主义原则——同行甚至更高层次科学家对候选人的认可。基于这一出发点，我们对不同提名方式的候选人最终是否成功当选的情况进行了分析（见表 8-4）。可以看到，2007—2011 年采用了院士提名、科协遴选、部委遴选、省市遴选四种推荐方式，2013 年公布了中国科学院和国有大企业推荐的方式，2015 年及以后则只使用院士提名和科协提名（遴选）两种方式。

考察院士提名和科协提名两种方式，可以发现一个有趣的现象，那就是在历年的候选人中，院士提名所占的比例越来越高（2013 年除外），从 2007 年的 35.12% 上升到 2019 年的 77.21%；而由科协提名的候选人在 2013 年之前所占比例非常低，为 1%~2%，2013 年上升到 5.89%，2015 年不再由部委和省市推荐后，纯粹科协提名（有一小部分候选人使用了院士提名和科协提名两种方式，但计算到院士提名渠道中）所占比例达到最高值 39.54%，但随后逐渐下降，2019 年纯粹科协提名只占了 22.79%。

**表 8-4　2007—2019 年中国工程院院士候选人提名推荐渠道**

| 年份 | 院士提名 | 科协遴选 | 部委遴选 | 省市遴选 | 中国科学院 | 企业集团 | 小计 |
|---|---|---|---|---|---|---|---|
| 2007 | 170 | 10 | 201 | 103 | 0 | 0 | 484 |
| | 35. 12% | 2. 07% | 41. 53% | 21. 28% | 0 | 0 | 100% |
| 2009 | 176 | 5 | 177 | 91 | 0 | 0 | 449 |
| | 39. 20% | 1. 11% | 39. 42% | 20. 27% | 0 | 0 | 100% |
| 2011 | 203 | 11 | 162 | 109 | 0 | 0 | 485 |
| | 41. 86% | 2. 27% | 33. 40% | 22. 47% | 0 | 0 | 100% |
| 2013 | 167 | 33 | 163 | 135 | 35 | 27 | 560 |
| | 29. 82% | 5. 89% | 29. 11% | 24. 11% | 6. 25% | 4. 82% | 100% |
| 2015 | 315 | 206 | 0 | 0 | 0 | 0 | 521 |
| | 60. 46% | 39. 54% | 0 | 0 | 0 | 0 | 100% |
| 2017 | 399 | 134 | 0 | 0 | 0 | 0 | 533 |
| | 74. 86% | 25. 14% | 0 | 0 | 0 | 0 | 100% |
| 2019 | 410 | 121 | 0 | 0 | 0 | 0 | 531 |
| | 77. 21% | 22. 79% | 0 | 0 | 0 | 0 | 100% |
| 总计 | 1840 | 520 | 703 | 438 | 35 | 27 | 3563 |
| | 47. 56% | 12. 74% | 23. 2% | 14. 46% | 1. 16% | 0. 89% | 100% |

注：年份对应的第一行为某类提名推荐方式的人数，第二行为当年该类提名推荐方式占总体的比例。当某个候选人存在多种提名方式时，按名单公布时提名方式排序优先归入排在前面的分类方式，且不重复。其中，中国科学院推荐中包括两名中国核工程物理研究院的推荐人选。

如果我们假定各种提名方式符合普遍主义原则，那么当选的比例应该是相称的。但这一假设并不一定成立。这时存在两种可能：一种可能是，有的提名方式“含金量”更高，推荐的候选人的成就、贡献更大，如前面提到的院士提名、中国科学院的提名推荐，候选人的成就获得了科学家同行的认可；另一种可能是，不同的提名方式意味着不同的提名主体或被提名主体具有不同的院外游说能力。如果是第一种可能，提名中选的比例对应于被提名的候选人的成就，那么这就是一种完美的且无须调整的提名机制。

但是，从提名渠道和当选结果来看，不同的提名方式具有不同的当选比例（见图 8-2）。表 8-5 显示，企业集团提名的 27 人中，有 6 人当选，提名当选成功率在所有提名方式中是最高的，达到了 22.22%。由表 8-4 可知，只有 2013 年明确公布了企业集团参与提名的情况。这些企业集团包括中国兵器工业集团、中国航天科工集团公司、中国航天科技集团公司、中国核工业集团公司、中国船舶重工集团公司、中国长江三峡集团公司、中国铁路总公司、中国海洋石油总公司、中国石油化工集团公司、中国石油天然气集团公司、中国建筑工程总公司等实力雄厚的大型企业集团。

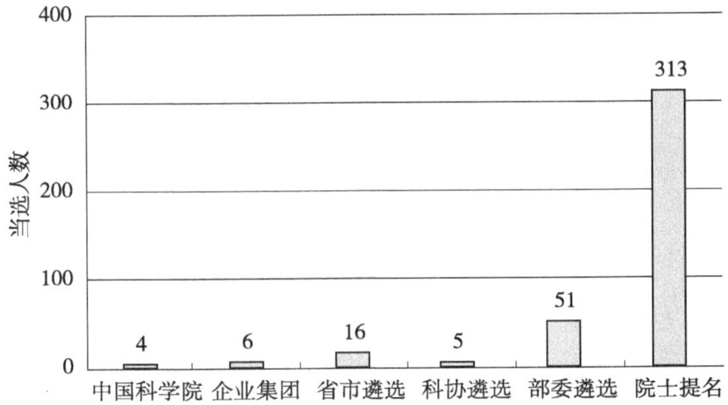


**图 8-2　2007—2019 年不同推荐方式下中国工程院院士当选人数**

**表 8-5　2007—2019 年中国工程院院士提名推荐方式与当选情况**

| 当选情况 | 小计 | 院士提名 | 科协遴选 | 部委遴选 | 省市遴选 | 中国科学院 | 企业集团 |
|---|---|---|---|---|---|---|---|
| 未当选 | 3168（88.91%） | 1527（82.99%） | 515（99.04%） | 652（92.75%） | 422（96.35%） | 31（88.57%） | 21（77.78%） |
| 当选 | 395（11.09%） | 313（17.01%） | 5（0.96%） | 51（7.25%） | 16（3.65%） | 4（11.43%） | 6（22.22%） |
| 总计 | 3563（100%） | 1840（100%） | 520（100%） | 703（100%） | 438（100%） | 35（100%） | 27（100%） |

注：括号内为当选情况人数的占比。

如果剔除企业集团提名的方式，院士提名的候选人中，有 17.01% 的比例当选，排名最高；而科协遴选的当选比例非常低，只有0.96%，提名的520人中只有5人当选。2013年以后，在只保留两种提名方式的情况下，科协提名当选的比例更低，只有0.87%。在2017年，科协提名的候选人中没有人当选院士。另外，2013年引入的中国科学院提名的当选比例也比较高，达到了11.43%，其次是部委遴选和省市遴选，部委遴选成功率高于省市遴选成功率。

提名方式后面蕴藏着玄机，不同提名方式背后可能有着不同的作用机制。如果将部委、省市的参与看作行政力量对科学秩序的介入，把企业集团的参与看作市场力量的参与，恐怕并不为过。因此，2013年的提名方式变革也许可以看作行政力量、市场力量对科学秩序侵蚀的一场自然实验。尽管不能说其他年份中行政力量和市场力量不曾介入，比如前面提到的张曙光，既是企业集团的总工程师，也相当于局级及以上干部，具备了行政和市场的双重力量。如果没有贪腐案件的曝光，他可能已经“荣升”为院士了。1955年时任中宣部部长的陆定一，当时正指导建立学部委员制度，但他没有成为学部委员。龚育之先生指出，无论是出于中央政治局的指示，还是陆定一的个人选择，这都是值得称道的事（龚育之，2006），对于当前中国的院士遴选仍然具有十分重要的启发意义。

随着中国工程院实行院士提名和学术团体提名，部委遴选、省市遴选等渠道退出了历史舞台，在一定程度上有助于普遍主义的回归或有助于社会大众对遴选过程的价值认同。而作为理性人，候选人在参与过程中必将认识到院士提名（既是对自身能力的认可，也是直接的选票支持）对自身的影响，而科协提名这一方式随着提名当选比例不断降低，恐怕将越来越得不到候选人和院士群体的认同，除非能够达成与院士提名相同的当选比例——推选的候选人具有与院士提名候选人相同的成就和贡献，并获得院士群体的认可，回归到科学的普遍主义原则之下。

## 8.2　回归普遍主义原则

### 8.2.1　政治秩序、经济秩序对科学秩序的扰动

科技界具有鲜明的分层结构，这是现代科学的普遍主义原则得以体现的必然结果。但反过来说，如果我们观察到了鲜明的科技界的分层，是否必然意味着普遍主义原则得到了实现呢？显然这是两个不同的问题。正如马克思·韦伯指出的那样，共同体内部的权力分配将受到阶级、身份和政党的影响（韦伯，2019b：1284-1301）。科技界的社会分层也会受到行政因素和经济因素的冲击，从而使得科学秩序可能出现扰动。在这种情况下，普遍主义原则必然受到冲击。

科学秩序作为社会秩序中的一个更小的类，与政治秩序、经济秩序必然产生交叉和相互作用。注意这里的政治秩序可能更加具体而微观，包括类似办公室政治这样的细微之处，类似于一个组织内部的权力分配，而不必然联系到党派间政治斗争这样的事物。由于院士头衔下巨大的明星光环效应，以及实打实的名望、利益甚至权力（这一权力并不一定是行政权力，可能是一种职位和职务带来的支配资源甚至其他人的权力）的归属，必须在整个社会产生对院士（即本初的荣誉制度）头衔的追逐。因此，在改革开放后，尤其是 20 世纪 90 年代以后的院士遴选中出现了很多不符合普遍主义原则下科学精神的噪声。科技界的象牙塔和权力者的竞技场争锋的结果，冲击了科学的秩序。

这种扰动带来了诸多的负面效应。首先，可能损害中国科技界最高荣誉的国际声誉和国内社会声誉。不仅是 1993 年学部委员转为院士带来的院士能力标准的下降，当类似“权力=院士”“资本=院士”的等价公式成立时，这种不良的示范效应会造成学术氛围和社会风气的极大败坏，而且在短时期内难以扭转和恢复。其次，这种扰动可能导致部分“有志青年”为劣币所驱逐，使其耻于与某些人为伍而退出院士候选人领域。从世界科技史来看，凡是有所成就的杰出科学家，都有着鲜明的个性甚至表现为偏

执——对科学的偏执和对原则的坚持。他们很可能退出对院士头衔的角逐，从而拉低院士群体的总体水平。他们也可能因为这样的原因而消极下去，甚至可能因此而远走异国他乡。目前，已经有科学家在受挫后宣布永远不再参与院士增选活动，但也出现了部分人才回流的现象。回顾英国皇家学会的发展历史，非科学理事的退出有利于形成科学家群体的共同价值观，对于英国院士制度的确立和英国科技的崛起起到了非常重要的作用。

我国的院士制度几经改革，正逐渐向更加成熟的科学体制迈进。2013年11月公布的《中共中央关于全面深化改革若干重大问题的决定》中，明确要求改革院士遴选和管理体制。随后，中国科学院和中国工程院调整了相关章程和增选办法，在新的增选年度发布增选通知时细化了增选的要求，形成了一整套程序和形式较为规范的增选工作推进体系与增选办法。目前看来，改革仍然需要继续深化，需要谨慎地巩固当前的成果，回避前行中的雷区，防止权力侵蚀、金钱侵蚀。需要保有原本科技界荣誉性认可“成就=荣誉”的单一合理路径，坚决抵制“权力→能力→成就→荣誉”或者“资本→能力→成就→荣誉”的恶路径，避免将科技人才的竞技场变成权力和资本的竞技场。

不仅要关注政治秩序和经济秩序带来的不良扰动，还要关注院士制度本身对科学秩序的不良影响。例如，院士评审的标准问题使袁隆平、屠呦呦、李爱珍等科学家在参加院士增选活动时遇到了挫折，应避免出现类似的问题，或者对类似的现象给出坚定有力的回应，保证科学精神在院士增选中也得到坚守。要避免由于院士名额限制而使标准多元化和不统一，造成中国科技界出现“第四十一席”现象。迟到的荣誉伤人心，永远不曾抵达的荣誉也伤人心。一位令人尊敬的老院士曾提起，他参加院士选拔时，有一位同行的老院士坚决反对，直到那位院士逝世后他才能够当选。这显然是来自科学共同体内部的扰动，到底什么样的同行才具有代表性呢？可能还是要以学术成就为第一标准。然而随着科学技术的分野越来越细，专业越来越专，找不到同行的情况也可能难以避免。默顿对如何给予杰出科学家荣誉性认可的问题进行了较大篇幅的讨论（默顿，2003b：573-604）。

对今天的中国来说，这仍然是一个不可回避的重要问题。2016 年以来，科技部等部门已经刊发了为数众多的关于评价评估的规范和文件。对于科学家而言，恐怕还需要从细处着手，朝着形成一个“当我需要它时它就在我身边”的理想场景进发，避免出现“荣誉”来得太迟就显得“太轻”的尴尬局面。

因此，前进路上，需要进一步贯彻好全面深化改革的中央精神，围绕本初的合理路径，构建有利于科学家荣誉认可的善路径，切断“权力→院士”“资本→院士”的通道。从当前增选流程来看，提名方式、评审方式都有着改进的空间。从各发达国家的成熟举措来看，也有可以借鉴之处。例如，各国的唯学术成就是举的遴选标准、美国的提名与匿名评审方式、日本对院士核定限额的方法等都值得学习。不仅是院士制度，大学和科研院所等科学建制都面临着普遍主义原则前提下的二次发展问题。

### 8.2.2　重塑普遍主义原则下的科学秩序

在 2016 年 5 月 30 日召开的全国科技三会（全国科技创新大会、中国科学院第十八次院士大会和中国工程院第十三次院士大会、中国科学技术协会第九次全国代表大会）上，习近平总书记向世界和全国人民庄严宣告，中国开启了建设世界科技强国的新征程。习近平总书记指出，在这个征程中，人才是创新的根基，创新驱动实质上是人才驱动，谁拥有一流的创新人才，谁就拥有了科技创新的优势和主导权。引进一批人才，有时就能盘活一个企业，甚至撬动一个产业。无疑，人才已经成为国家和民族发展中最宝贵的资源。

习近平总书记指出，综合国力竞争归根到底是人才竞争，哪个国家拥有人才上的优势，哪个国家最后就会拥有实力上的优势。中国正在大力推进创新驱动发展国家战略，创新战略的实现离不开人才的驱动。随着科学技术在国别经济和世界经济中发挥着越来越重要的作用，从“互联网+”到智能经济，从一般的技术创新到颠覆性创新，都离不开人才资源的重要贡献。更狭义地理解，当代经济社会和科技本身的发展，对人才资源尤其是科技人才资源的依赖性越来越大。具有科学技术知识、创新意识和创造能力的科技人才已成为最有价值的资本和核心资源，是经济增长的主要源泉和主体要素。科技人才是一国综合科技实力的重要表征，是提高自主创新能力、实施创新驱动发展战略、建设创新型国家的重要基础和保障。

党的十九届五中全会提出，坚持创新在我国现代化建设全局中的核心地位，把科技自立自强作为国家发展的战略支撑。面对当前日益严峻的国际竞争态势和蓬勃的科技发展态势，科技人才尤其是科技精英的作用就更加凸显。2020 年中国国内生产总值已经突破了百万亿人民币，原有的增长路径已经受到了巨大的内外部约束。在当前劳动力成本上涨、国际贸易保护主义抬头和产业从中国向外转移的条件下，要实现中国经济和科技发展的转型，寻找新的增长点，拓展技术可能性，扩大生产边界，实现质量和效益并行提升的高质量发展，必须充分发挥科技精英人才的支撑和引领作用。

从经济学角度来看（见图 8-3），科技精英的重要作用体现在推进知识生产、技术研发或者实物生产的可能性边界从 $S_1$ 向 $S_2$ 提升，或者实现相同投入现实生产可能性 $Y_1$ 向潜在可能的产出 $Y_2$ 逼近。在知识和技术领域，科技精英人才可以实现知识和技术前沿的拓展；在产品和服务生产领域，科技精英人才可以通过要素的组合或生产模式创新实现总产出的增长。如果对生产可能性边界 $S$ 或产出 $Y$ 赋予以质量和效益为基础的内涵，科技精英人才的重要作用就在于推动原有的相对低质低效条件下的生产可能性边界 $S_1$ 或产出 $Y_1$ 向更高质量和效益的边界 $S_2$ 或 $Y_2$ 提升。

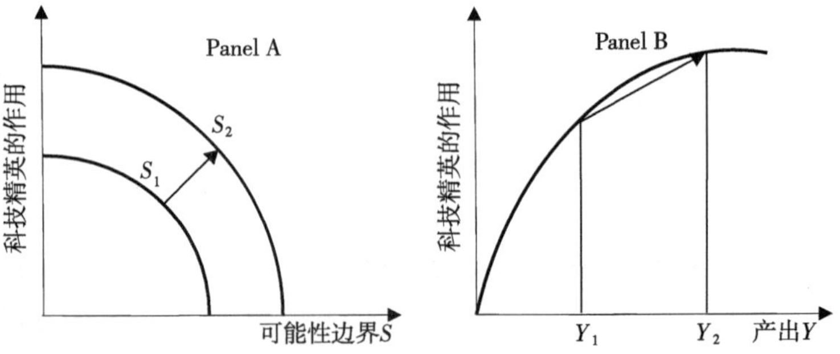


**图 8-3　科技精英对技术和生产的功效示意图**

## 8.3　结论与讨论

### 8.3.1　结论

在我国，院士制度是国内的最高科技荣誉制度。院士在中国科技人才中处于至高无上的地位，占据了科技人才金字塔的顶端。普遍主义原则要求职业向所有人开放，唯才是举是普遍主义原则的具体表现。本章通过对普遍主义及其扰动的理论探讨和实证分析，得出以下观点和证据。

（1）基于普遍主义原则，荣誉性认可的遴选标准必须以科学家的成就和贡献为唯一标准。院士的出生地、工作地、年龄、受教育水平、职称、职务级别等社会属性不能作为评判其成就和贡献的条件。

（2）院士制度作为科技界分层的重要工具，与政治秩序和经济秩序有着千丝万缕的关系。政治秩序和经济秩序对科学秩序的冲击，可能导致普遍主义原则在院士制度的实施中不能得到充分体现。媒体报道和文献研究发现，职位、金钱等对院士选举公正性存在扰乱作用。

（3）普遍主义原则在两院院士遴选中得到了坚守。2017 年中国科学院院士增选较为完美地体现了普遍主义精神，作为普遍主义代理变量的国家层面的工具性荣誉认可——国家科技奖励在 5% 的统计水平上显著提升了候选人晋阶院士的可能性。这一效应对于中国工程院院士仍然存在，但同时面临着年龄、地域，尤其是行政职务的干扰，形成了对普遍主义原则的挑战。

（4）对中国工程院院士候选人提名推荐渠道的分析发现，不同渠道提名的候选人当选比例差别较大。从不同渠道候选人当选比例来看，企业集团提名>院士提名>中国科学院提名>部委遴选>省市遴选>科协遴选，表明普遍主义原则仍然发挥着作用，但权力和资本的存在可能使遴选有所异化，从而形成对普遍主义原则的挑战。

（5）权力之杖和市场之矛对科学秩序冲击的结果，可能带来不良的社

## ■ 本章参考文献


[1] 顾昕. 科学共同体的社会分层 [J]. 自然辩证法通讯, 1987 (4): 21-29.

[2] 科尔 J, 科尔 S. 科学界的社会分层 [M]. 赵佳苓, 等译. 北京: 华夏出版社, 1989.

[3] 默顿. 科学社会学: 理论与经验研究　上册 [M]. 鲁旭东, 林聚任, 译. 北京: 商务印书馆, 2003a.

[4] 顾海兵, 王宝艳. 中国院士制度存在的问题 [J]. 北京观察, 2003 (9): 38-40.

[5] 王扬宗. 院士危机频频为哪般? [J]. 社会观察, 2014 (2): 34-36.

[6] 潘家铮. 潘家铮: 我给院士制度提五点建议 [J]. 中国科学院院刊, 2006a (5): 368-369.

[7] 付飞. 对院士制度要有清醒的认识 [J]. 瞭望新闻周刊, 2006 (22): 5.

[8] 彭兴庭. 被异化的"院士" [J]. 观察与思考, 2006 (1): 6.

[9] 龚育之. 学术不端: 从自然科学想到社会科学 [J]. 科学与无神论, 2006 (3): 14-15.

[10] 潘家铮. 不要把院士异化为"学术贵族" [J]. 科技潮, 2006b (9): 23.

[11] 潘家铮. 再论院士制度问题 [J]. 中国科技奖励, 2010 (3): 6-8.

[12] 王婧, 林茵. 官而优则院士? [J]. 领导文萃, 2010 (7): 42-45.

[13] 椿桦. 中国工程院不是"中国工程队" [J]. 法律与生活, 2011 (12): 21.

[14] 徐彬. 增选院士别搞小动作　朱高峰提醒提名单位勿帮倒忙: 2001 年中国工程院 8 个学部总增选名额不超过 87 名 [J]. 科学新闻, 2001 (2): 15.

[15] 原春琳, 张国. 院士们到底享受啥待遇 [N]. 中国青年报, 2014-05-19 (003).

[16] 唐爱国. 国家科技奖励是通向院士大门的敲门砖吗? [J]. 社会科学管理与评论, 2012 (3): 31-36.

[17] 徐飞, 赵明. 杰出科学家的国家认可机制探索: 以中国科学院院士制度与国家自然科学奖励制度关联性为例 [J]. 学术界, 2011 (11): 5-15.

[18] 默顿. 科学社会学: 理论与经验研究　下册 [M]. 鲁旭东, 林聚任, 译. 北京: 商务印书馆, 2003b.

[19] 龚育之. 陆定一不当中国科学院学部委员［J］. 炎黄春秋，2006（10）：47-49.
[20] 韦伯. 经济与社会：第二卷（上册）［M］. 阎克文，译. 上海：上海人民出版社，2019b.
[21] 宋春悦. 把歪嘴和尚的嘴医好：写在 2014 年两院院士大会之际［J］. 中国科技奖励，2014（6）：16-18.

# 后　记

写作是一个学习的过程。如果自身功夫不够硬还要“硬”写，那就变成了一个折腾自己的过程。在这里，我必须再次声明，本书中有数据、有事实、有思考，但是缺乏思想的火花，恐有余食赘行之弊。思想都已经直接地、显性地，或者间接地、隐性地出现在科学社会学的鼻祖默顿等前辈先贤的著述中，本书只是在众多先贤著述中拾遗罢了。

首先向各位读者介绍一下本书写作的缘起。

2006 年，我第一次接触到院士。那一年，正是天津市滨海新区开发开放纳入国家战略的第一年。当时，天津市上下精神振奋，市区县各个层面高度重视这一难得的历史性机遇。中共天津市委组织部委托开展了一个“滨海新区科技领军人才队伍及创新团队建设问题研究”的调研课题，由我主笔。调研报告完成后，有关领导要求请高水平专家对调研成果进行论证，当时邀请了市里的好几位院士出席。犹记张伯礼院士当时对课题组讲了三点——人才成长离不开好的待遇、职业空间、事业空间，给我以至今依然鲜活的记忆。

2011—2017 年，天津市连年在中国科学院和中国工程院两院院士增选中失利。因工作关系，我多次听到市领导和各级领导在多个场合表达了对此的焦虑。作为长期关注科技创新、科技政策的研究人员，作为一个在天津工作、奋斗多年的天津人，出于对工作的责任感和对天津莫名的情感，我多么希望天津能够涌现出更多的院士，为天津的经济社会和科技发展做出引领性贡献，提升天津在我国乃至全球的影响力。由此，我逐渐对院士是如何产生的发生了兴趣。

2017 年 9 月，我从科研院所调入高校工作，正好有一笔科研经费可用于出版，我就选定要研究院士的“生”——从哪里来的问题。当时选题设计拟对国内外院士制度进行回溯研究，对中国的院士遴选制度及其变迁进行分析，然后收集整理相关数据，对院士年龄、性别、受教育水平、工作背景等进行实证研究。恰好，同期指导一名硕士研究生完成毕业论文，于是给他选定了 2017 年中国工程院院士遴选的题目，并指导他完成了相关实证分析的内容。

写这本书，其实不仅是起因于对中国科技界的超级精英——院士如何成长成才的好奇，也源于在我国科技体制改革过程中受到的触动。后来我才从经典文献中了解到，这正是默顿和科尔兄弟等关于科学社会学的研究问题，其实涉及中国科技界的社会分层问题。科技界的社会分层，除了受到个体的智力因素影响外，作为存在于社会大环境中的小个体，必然受到环境的影响。因此，科技界的社会分层也必然受到政治秩序和经济秩序的影响。科技体制改革的取向可能需要回归现代科学精神倡导下的普遍主义原则。

再重点介绍一下写作的进程。

虽然这个题目的筹谋和酝酿超过了三年，但真正提笔才发现，要完成这样一本书，自己的知识、能力是如此匮乏。原先只是想以《院士修炼手册：领军人才成长历程的实证研究》为题，探讨领军人才成长的规律和经验。着手写了几章之后，蓦然发现自己对于这个领域的理论、经典居然知之甚少。虽然过去有 15 年的科技战略与科技政策研究的经历，但限于时间、精力和不求甚解的本我，对“科学学”这一学科也只是了解皮毛，对它的历史、现在亦是懵懂无知。

因此，本书在写作过程中经历了较为明显的“阵痛”，恶补了不少科学社会学的国内外文献。从默顿的《十七世纪英格兰的科学、技术与社会》《科学社会学：理论与经验研究》，到巴伯的《科学与社会秩序》、朱克曼的《科技界的精英：美国的诺贝尔奖金获得者》、科尔兄弟的《科学界的社会分层》，乃至追溯到韦伯的《社会学的基本概念》《新教伦理与资本主义精神》，以及国内科学学领域先驱赵红州的《科学能力学引论》等著述，既让我了解到科学社会学的历史、论纲，也让我倍感自身创造力的匮乏、基础知识的贫瘠和综合能力的粗陋浅薄，在往圣先贤的睿智面前近乎“小白”。因此，写作过程中，我一边在经典文献中疯狂地汲取，一边向本书章节进行着困难的传输。

写作中不仅面临研究框架设计、知识结构重塑和补课方面的挑战，还有数据难寻的苦恼。中国科学院和中国工程院院士数据，如果只是院士的姓名、学部、当选年份、所在领域还可以较为轻松地获取（但也经历了多方的查找，其中还有一些重名之人），但确定院士出生年月、籍贯（出生地）等信息则花费了较长的时间。例如，公开渠道对 2019 年新当选的两院院士的信息披露直到 2020 年下半年才算基本完成。到目前为止，还有极个别院士的出生月份没有公布，出生省份有了但出生所在地市没有披露。对于候选而未当选的“准院士”——默顿提出的“坐第四十一席者”（未获得与成就相当的荣誉性认可的人），他们的数据（官方的或非正式的）披露往往更加不全面。在收集 2017 年院士候选人籍贯数据的过程中，得到了在中国工程院工作的朋友的支持，在此予以感谢。在信息收集过程中，下了一些笨功夫，一个一个数据收集，一点一点探析，希望发掘出院士人才遴选、成长、任用中有益的规律、特征，也包括存在的一些问题。

在理论有了一定基础，数据也基本准备就绪之后，便继续推进本书的撰写。如前所述，书名原拟为《院士修炼手册：领军人才成长历程的实证研究》，但感觉写如何“修炼”的少，描述的多，参照本书恐怕难以“修炼”成院士，因此不再沿用前题。当下妄称《中国科技界的精英——院士研究》，然则在理论深度、站位高度、阐释宽度、内容丰度上并非名副其实，而是斗胆参照前贤朱克曼女士《科技界的精英：美国的诺贝尔奖金获得者》确定了本书书名。朱克曼书中的内容、章节目录、研究方法、观点与结论对本书起到了重要的引领作用。书写到近半时定下了目前这个名字：《中国科技界的精英——院士研究》。这些内容对本书最终的成稿和修订、内容增补等起到了先行示范作用，在此对前述作者予以特别感谢。

本书的完成得到了很多无私的帮助，在此要表达我真诚的谢意。

首先，感谢众多先贤和当代学者关于科技界分层、科技精英、院士制度以及中国两院院士的相关研究，您们的研究工作为本书的出版提供了一盏指路明灯，以及大量的数据资料。这是一本无关个人利益，纯粹由兴趣驱动的著作，它花费了我很多精力，为了达到出版专著的质量和体量要求，在理想的实证分析框架下增加了很多理论性、史实性的回顾内容。其中大量引用了您们的文献，或有不妥不当不确之处，还请批评和宽容一二。

其次，感谢天津市科学技术局（原天津市科学技术委员会）、天津市人力资源和社会保障局、天津市政治协商委员会、天津市人才工作领导小组办公室、天津市科学技术协会、天津市社会科学联合会、中共天津市委研究室等机构和部门对本研究的资助，与相关领导和处室工作人员的共事和讨论让我受益良多，为本书的完成提供了研究基础。

感谢天津工业大学的支持。2017 年年底，学校给予我 20 万元“十三五综投经费”作为科研启动经费，为本书的出版提供了经费来源。感谢经济与管理学院提供的宽松环境，让我能够静下心、沉下心、放下心，安心做好创新战略、科技政策方面的资政服务。

最后，感谢我的父亲、母亲、妻子和女儿。父母在，不远游。我已经游远经年，每念及此，不觉泪目。妻子以我和孩子为中心，默默付出。孩子逐渐长大，也越来越有自己的主见，希望她能够更好地认识这个世界，为自己的人生增加选择做什么和不做什么的能力。

本书付梓时，希望这一轮新冠肺炎病毒已殁，希望中国和世界的科技精英们已经为这场人间之毒画下了终结符，人间只余理想中的最完美的社会分层——由个人的表现决定分层，而与个体属性和社会属性无关。

让我们谨记玛丽·居里的箴言：“在科学上，我们应该注意事，不应该注意人。”

谨以致谢。